COURS DE TRAVAUX PRATIQUES

A L'USAGE DES CANDIDATS AU

CERTIFICAT D'ÉTUDES PHYSIQUES

CHIMIQUES ET NATURELLES

MANIPULATIONS
DE PHYSIQUE

PAR

A. LEDUC

DOCTEUR ÈS SCIENCES, AGRÉGÉ DE L'UNIVERSITÉ,
ANCIEN ÉLÈVE DE L'ÉCOLE NORMALE SUPÉRIEURE
MAÎTRE DE CONFÉRENCES A LA FACULTÉ DES SCIENCES DE PARIS.

Avec 144 figures intercalées dans le texte

PARIS
LIBRAIRIE J.-B. BAILLIÈRE et FILS
19, rue Hautefeuille, près du boulevard Saint-Germain

1895

MANIPULATIONS

DE PHYSIQUE

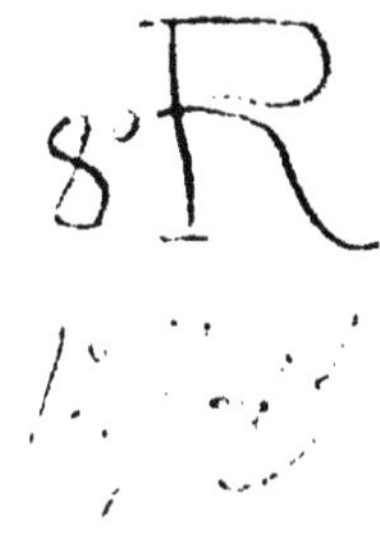

9188-94. — CORBEIL. Imprimerie ÉD. CRÉTÉ.

MANIPULATIONS

DE PHYSIQUE

PAR

A. LEDUC

DOCTEUR ÈS SCIENCES, AGRÉGÉ DE L'UNIVERSITÉ,

ANCIEN ÉLÈVE DE L'ÉCOLE NORMALE SUPÉRIEURE,

MAITRE DE CONFÉRENCES A LA FACULTÉ DES SCIENCES DE PARIS.

Avec 144 figures intercalées dans le texte

PARIS

LIBRAIRIE J.-B. BAILLIÈRE ET FILS

19, rue Hautefeuille, près du boulevard Saint-Germain

1895

PRÉFACE

Le présent livre est destiné à venir en aide aux candidats au Certificat d'études physiques, chimiques et naturelles.

Il a été spécialement écrit pour eux, et nous avons cherché, en nous éclairant des avis de plusieurs de nos Collègues, à y réunir sinon toutes les manipulations susceptibles d'être mises en œuvre par ces Élèves, du moins celles qui ont paru devoir leur être le plus profitables.

Le nombre des séances consacrées aux exercices pratiques ne permettra certainement pas d'exécuter toutes ces manipulations dans le courant d'une année scolaire. Nous serions très heureux si, malgré les difficultés matérielles et les tâtonnements inévitables au début d'un enseignement nouveau, MM. les Professeurs et Chefs des travaux se trouvaient d'accord avec nous pour choisir les exercices qu'ils porteront au programme de chaque année parmi ceux que nous avons décrits.

Lorsque nous avons accepté d'écrire ce livre, M. Bouty, professeur à la Faculté des Sciences de Paris, nous avait chargé de réorganiser et de réinstaller dans les locaux de la Nouvelle Sorbonne le service des manipulations du laboratoire d'enseignement de la physique, attaché à sa chaire.

Nous nous sommes trouvé ainsi particulièrement à même de faire une étude critique approfondie des manipulations proposées aux candidats à la licence ès sciences physiques. Un grand nombre de ces manipulations se rattachant à la fois aux deux programmes, nous espérons que ce travail aura été profitable au présent ouvrage.

D'un autre côté, ce livre offrira de nombreux points communs avec la première partie d'un volume plus étendu destiné aux candidats à la licence : ceux-ci pourront donc y trouver un assez grand nombre de renseignements et de préceptes expérimentaux relatifs à la partie élémentaire de leur programme, qui donne lieu au plus grand nombre des manipulations proposées à l'examen.

Le profit qu'on peut retirer de l'usage d'un livre dépend beaucoup de l'esprit dans lequel il a été conçu.

Il nous a semblé qu'un Traité de Manipulations ne devait différer essentiellement d'un Cours de Physique expérimentale que par les trois points suivants :

1° Il n'y est question que d'expériences pouvant faire l'objet d'un exercice pratique, et non d'une recherche ;

2° Les démonstrations et les notions théoriques se rattachant à chaque expérience ne sont rappelées qu'autant qu'elles servent à en faire comprendre les détails ;

3° Les détails expérimentaux sont au contraire examinés plus longuement, et de simples tours de main peuvent faire l'objet d'une description.

Il nous a paru utile d'introduire au commencement de chaque série de manipulations, sous la rubrique *Généralités*, les notions que l'élève doit avoir bien présentes à l'esprit au moment où il va les mettre en pratique, afin de tirer le meilleur profit de l'exercice qu'il entreprend.

Ce serait se livrer à une besogne matérielle à peu près stérile que de répéter une manipulation en se contentant de suivre pas à pas les indications d'un tableau bien fait, comme peut le faire un aide bien exercé mais dénué de connaissances théoriques.

D'autre part, tout en insistant sur le *mode opératoire*, sur les précautions à prendre dans les diverses mesures pour mener l'opération à bonne fin et trouver des résultats exacts, nous n'avons pas cru devoir nous attarder sur certains détails qui ont leur importance pour un débutant, mais deviennent bien vite fastidieux.

Le Préparateur indiquera en quelques mots à l'élève, en présence de l'appareil, beaucoup mieux qu'on ne pourrait le faire en une longue description, comment on doit se placer pour regarder dans un instrument d'optique, comment on doit tenir une vis micrométrique, et en général bon nombre de choses qui ne s'apprennent vraiment que par l'usage, — quelquefois même par un long usage.

Nous nous estimerons très heureux si nous avons réussi à tenir un juste milieu.

On trouvera à la fin de l'ouvrage une série de tableaux numériques qu'il est souvent utile de consulter, et qui dispenseront d'avoir recours aux ouvrages spéciaux.

A. LEDUC.

Paris, le 1er mars 1893.

MANIPULATIONS DE PHYSIQUE

I

INSTRUMENTS DE MESURE

NIVEAU A BULLE D'AIR

Un grand nombre d'instruments de mesure possèdent un ou plusieurs niveaux à bulle d'air permettant de rendre telle pièce verticale ou telle autre horizontale. Nous allons donc rappeler sommairement la structure de cet appareil et montrer la marche à suivre pour le vérifier ou le régler, puis, à titre d'exemple, rendre horizontale une surface plane supportée par trois vis calantes.

Description. — La pièce essentielle d'un niveau est un tube de verre très légèrement arqué, fermé aux deux bouts et contenant un liquide très mobile et incongelable comme l'alcool. On y a laissé, au remplissage, une bulle d'air qui tend à occuper le sommet de la courbure lorsque l'appareil est placé sur une table à peu près horizontale, ainsi que le suppose la figure 1. On voit sur celle-ci le tube de verre enchâssé dans une gaine de laiton, montée elle-même sur une tablette très épaisse dont la partie inférieure est bien plane. La gaine est articulée à l'une des extrémités au moyen d'une charnière ; à l'autre, elle s'appuie sur un ressort à boudin contre lequel elle est pressée par une vis de réglage.

Le tube porte deux graduations symétriques par rapport au milieu de l'appareil. La ligne qui passe par les deux traits les plus rapprochés de ce milieu, dite *ligne des repères*, doit être parfaitement parallèle au plan de base.

Réglage. — Pour voir si cette condition est réalisée, on place le niveau sur un plan bien poli et à peu près horizontal, et l'on cherche à lui donner une position telle que la bulle vienne se placer entre les repères ou les dépasse exactement de la même quantité ; c'est ce qu'il est facile de réaliser si le niveau n'est pas trop déréglé ; dans le cas

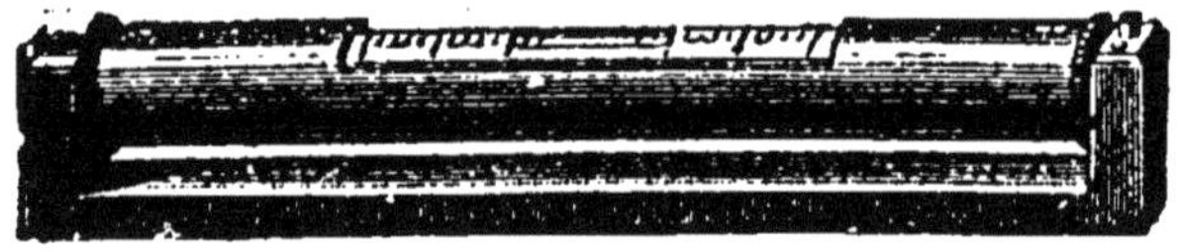

Fig. 1. — Niveau à bulle d'air.

contraire, on lui donne une position quelconque et on agit sur la vis de manière à obtenir ce résultat. Puis on retourne le niveau bout pour bout, et, pour être sûr de le faire tourner exactement de 180°, on l'applique contre une règle bien dressée qui ne bouge pas pendant cette opération.

Si le niveau est réglé, la bulle revient à sa position primitive : la ligne du plan sur laquelle reposait le niveau était une *horizontale*. Si non, on note le nombre de divisions dont la bulle s'est déplacée, et on lui en fait parcourir la moitié en sens inverse, en agissant sur la vis. Puis on recommence l'essai.

N. B. — Si la courbure du tube était circulaire, le réglage se ferait en une seule fois.

Application. — Soit à rendre horizontal un plan muni

de trois vis calantes. On place le niveau dans la direction de deux des vis, et l'on agit sur celles-ci de manière à amener la bulle entre les repères : la ligne suivant laquelle repose la tablette est ainsi rendue horizontale. Puis on fait tourner l'instrument de 90°, et l'on agit sur la *troisième vis* de manière à obtenir le même résultat.

Cette nouvelle direction est devenue horizontale; si la première n'avait point changé pendant ce temps, le plan contiendrait deux horizontales rectangulaires (en tous cas non parallèles) et serait par suite horizontal. Mais si la ligne qui passe par les extrémités des deux premières vis n'est pas sensiblement horizontale, le premier réglage se trouve partiellement détruit. On revient donc à la première position pour obtenir l'horizontalité parfaite.

Nous verrons à propos du cathétomètre une opération toute semblable.

I. — MESURE DES LONGUEURS

RÈGLES DIVERSES

Pour mesurer une longueur avec précision, on se sert ordinairement d'une règle divisée en millimètres et accompagnée d'un *vernier*.

Le plus souvent la règle est en laiton et sa forme varie suivant les usages particuliers auxquels on la destine. Les règles dites *étalons*, telles qu'on les fait aujourd'hui pour la *métrologie*, ont une section en forme d'X ou d'H (fig. 2). Ces formes ont été déterminées de manière que la règle reposant horizontalement sur deux traverses convenablement placées (points neutres ou de flexion minima), la distance des deux traits extrêmes ne varie point

d'une manière appréciable. De plus, ces règles sont à *traits*
et non à *bouts*, c'est-à-dire que, ayant un peu plus d'un
mètre de longueur, elles portent deux traits très fins et
parfaitement perpendiculaires à la direction de la règle,
dont la distance doit représenter très exactement à 0° la longueur du mètre international.

On est arrivé, au Bureau international des poids et me-

Fig. 2. — Règles en forme d'X et d'H.

sures, à construire un certain nombre de règles en platine
iridié qui réalisent cette longueur à quelques microns ([1])
près, et l'on a pu déterminer à quelques dixièmes de micron
près, à toute température comprise entre 0° et 40°, la longueur de ces règles par rapport au protype international.

Les mesures, même d'une certaine précision, se font en
général au moyen de règles beaucoup moins parfaites.
La longueur du mètre y est représentée, par exemple, à

([1]) Le *micron* est le millième de millimètre; on le représente par
la lettre μ.

1 ou 2 dixièmes de millimètre près, et l'épaisseur des traits est assez grande pour qu'il soit illusoire de chercher à dépasser la précision du centième de millimètre.

Il suffit alors de comparer la règle dont on fait usage avec une règle étalon, soit au moyen du cathétomètre en la suspendant verticalement, soit au moyen de la machine à diviser en la disposant parallèlement à la vis de cette machine. Nous n'insisterons pas ici sur cette opération dont on se rendra bien compte lorsque nous parlerons de ces deux instruments (Voy. pages 8 et 77).

Il sera toujours facile de tenir compte, au besoin, des différences que l'on aura constatées une fois pour toutes entre la règle employée et l'étalon : nous supposerons donc désormais qu'elle est parfaite. Nous aurons seulement à nous rappeler que les divisions ne sont des millimètres vrais qu'à 0°, et comme les lectures ne se font pas ordinairement à cette température, il faudra multiplier la longueur lue directement par le binôme de dilatation du métal qui constitue la règle. Cette correction est loin d'être négligeable ; nous en donnerons un exemple à propos du baromètre (Voy. pages 47 et suiv.).

Vernier. — Les règles destinées à mesurer avec précision des longueurs quelconques sont accompagnées d'une petite réglette appelée *vernier*, du nom de son inventeur.

Supposons, pour fixer les idées, qu'il s'agisse de mesurer une règle limitée à ses extrémités par deux plans perpendiculaires à sa longueur, et que la règle divisée dont on fait usage soit elle-même un mètre à *bouts* portant une graduation en millimètres le long de l'une de ses arêtes.

Appliquons une extrémité de chacune des règles sur un *talon* bien plan O (fig. 3). L'autre extrémité de la règle à mesurer se trouve, par exemple, entre les numéros 273

(OA) et 274 ; la longueur de celle-ci est donc comprise entre 273 et 274 millimètres.

Sur l'extrémité B de la règle appliquons la réglette BD qui comprend 9 millimètres divisés en dix parties égales.

Deux cas peuvent se présenter, entre lesquels il n'y a pas en général d'hésitation avec un bon instrument. — Dans le premier, un trait du vernier coïncide visiblement mieux que ses deux voisins avec une division de la règle, — soit la troisième par exemple (en C).

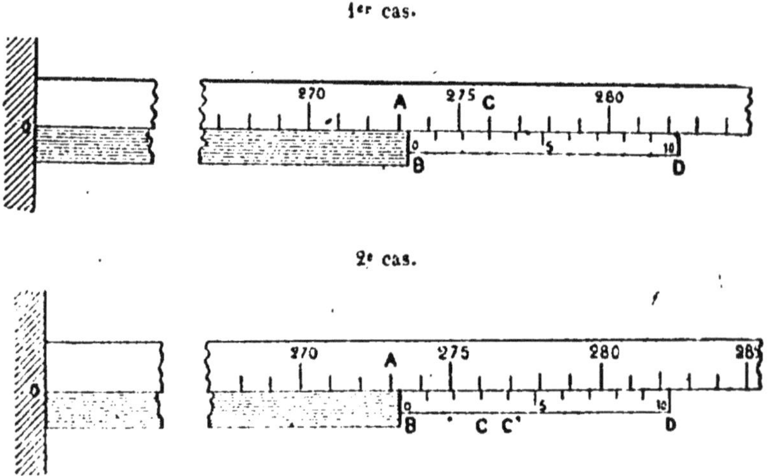

Fig. 3. — Usage du vernier.

La longueur AB qu'il faut ajouter à 273 millimètres peut s'écrire AC — CB, c'est-à-dire 3 mm., moins 3 fois 9/10e de mm., ou 3/10e mm. On a donc au total 273^{mm},3.

Dans le deuxième cas, deux traits C C' du vernier sont compris en re deux traits de la règle, et sensiblement à égale distance (3 et 4 par exemple) : la longueur à ajouter est > 3/10e de mm., mais < 4/10e, et l'on prend 273^{mm} + 7/20e ou 273,35. Il est facile de voir que dans les deux cas la longueur est connue à 1/20e de mm. près.

Le vernier que nous avons décrit est dit au 1/10°; on fait aussi usage de verniers au 1/20° et au 1/50°.

Notons que ce dernier permettrait de déterminer une longueur à 1/100° de mm. près dans le cas particulier considéré, et en général toutes les fois que l'origine de la longueur coïncide parfaitement avec l'origine de la graduation de la règle.

De même, pour mesurer les angles avec précision (il s'agit toujours d'angles au centre), il n'est pas nécessaire d'employer des cercles de très grand rayon. Le plus souvent ils ne sont divisés qu'en degrés; mais ils possèdent un vernier au 30° (29° en 30 parties) qui permet de déterminer chaque extrémité d'arc à 1 minute près.

Les cercles de plus grandes dimensions portent des divisions très fines de 10 en 10 minutes, et possèdent un vernier au 1/60° qui permet de faire les lectures à 5 secondes près, etc.

MACHINE A DIVISER

Nous verrons, à propos de la graduation des thermomètres, comment la machine à diviser permet de mesurer avec une très grande précision la distance de deux traits tracés sur un tube, ou en général la distance de deux points. Nous renverrons donc à ce chapitre (Voy. pages 77 et suiv.).

II. — MESURE DES HAUTEURS

CATHÉTOMÈTRE

L'instrument le plus usité pour mesurer la distance verticale de deux points est le *cathétomètre*. Nous ne décrirons pas les instruments plus parfaits dont on se sert dans les recherches de précision.

Le cathétomètre se compose essentiellement d'une lunette L (fig. 4) que l'on peut déplacer le long d'une règle divisée mobile elle-même autour d'un axe qui lui est parallèle. Le réglage de l'instrument, sur lequel nous devons insister particulièrement, consiste à rendre l'axe de la lunette perpendiculaire à l'axe de rotation, puis celui-ci bien vertical.

Ajoutons qu'avant tout le préparateur aura pris soin d'effectuer une fois pour toutes deux réglages que nous nous bornerons à signaler :

1° La lunette est solidaire d'un niveau à bulle d'air, et repose au moyen de deux colliers cylindriques sur une fourchette F que l'on peut incliner plus ou moins au moyen de la vis V. La bulle doit avoir ses extrémités à égale distance des repères lorsque la lunette est horizontale. — Pour s'assurer de ce que le réglage a été effectué, on amène d'abord là bulle dans cette position en agissant sur les vis calantes du pied de l'appareil ; puis on enlève la lunette et on la replace sur la

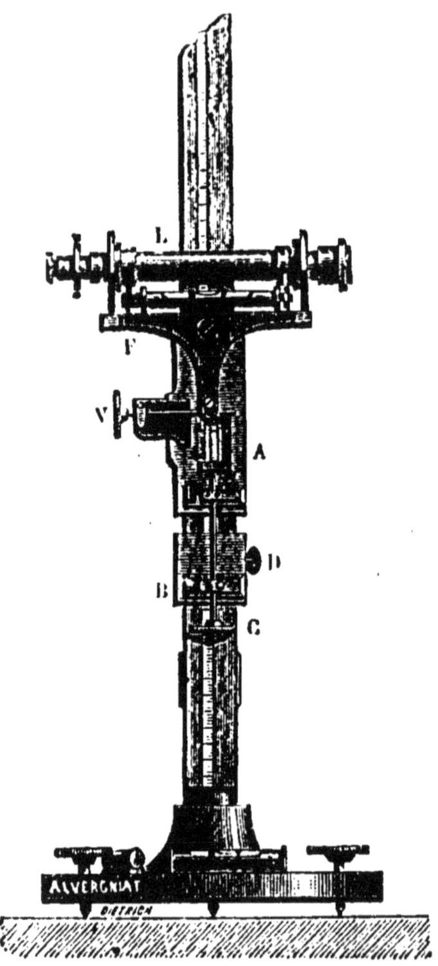

Fig. 4. — Cathétomètre.

fourchette en sens inverse : la bulle doit se placer de nouveau entre les repères.

2° L'axe optique ou ligne de visée de la lunette est déterminé par le centre optique de l'objectif et le point de croisée des fils du réticule. Ces deux points doivent se trouver sur l'axe géométrique (axe des deux colliers). Pour s'en assurer, on vise un point quelconque dont on amène l'image sur la croisée des fils ; puis on fait tourner la lunette sur elle-même : l'image du point visé ne doit pas quitter la croisée des fils.

Réglages à effectuer. — Pour rendre l'axe de la lunette perpendiculaire à l'axe de rotation de l'appareil, on amène la bulle du niveau aux repères, en agissant sur les vis du pied ; puis on fait tourner tout l'appareil de 180° : si la lunette est réglée, la bulle revient aux repères. Dans le cas contraire, on lui fait parcourir en sens inverse à peu près la moitié de son déplacement en agissant sur la vis V, et le reste au moyen des vis du pied.

On fait tourner de nouveau de 180° et l'on recommence, s'il y a lieu, la manœuvre plusieurs fois de la même manière. Deux ou trois tâtonnements suffisent en général. Nous ferons observer d'ailleurs que ce réglage ne devrait être fait qu'une fois pour toutes si l'instrument était toujours manié avec soin.

Enfin, pour rendre l'axe vertical (et par suite la lunette horizontale dans toutes ses positions), on place la lunette dans la direction de deux vis du pied, et l'on amène la bulle aux repères comme ci-dessus au moyen de ces deux vis. Puis on fait tourner l'appareil de 90°, et l'on agit sur la troisième vis pour ramener la bulle, si elle a quitté les repères.

Si le cathétomètre reposait sur une table horizontale,

ce réglage serait terminé en deux temps, comme nous venons de le dire ; mais, dans le cas contraire, la deuxième opération peut détruire partiellement l'effet de la première ; on repassera donc de la deuxième position à la première pour achever le réglage.

Ce dernier réglage doit être effectué chaque fois que l'appareil a été déplacé.

Nous trouverons une application du cathétomètre dans l'observation du baromètre. Nous nous réservons de donner à ce moment quelques détails sur les lectures cathétométriques. Nous ferons remarquer seulement sur la figure que la partie de l'appareil qui se déplace verticalement avec la lunette (chariot), se compose de deux pièces A et B reliées par la vis C. On amène d'un mouvement rapide l'ensemble à la hauteur voulue ou à quelques millimètres près. Puis on serre la vis de pression D, et l'on agit sur la vis de rappel C qui permet de donner à la pièce A un mouvement de translation très lent.

Viseurs. — On emploie beaucoup dans les manipulations les *viseurs*, sorte de cathétomètres un peu rudimentaires que l'on trouve déjà entre les mains de Gay-Lussac.

Ces instruments se composent d'une règle graduée, que l'on rend verticale, et d'un chariot portant une lunette, comme le cathétomètre. Mais la lunette et son niveau sont fixés à demeure sur ce chariot, et par suite ne sont pas susceptibles de réglage. On est obligé de s'en rapporter au constructeur qui a dû rendre l'axe de la lunette perpendiculaire à la règle divisée, — à très peu près du moins. D'un autre côté, la règle n'est pas mobile autour d'un axe comme dans le cathétomètre, de sorte qu'elle ne permet de repérer que des points situés dans un même plan vertical.

Ces appareils rendent surtout des services quand il

s'agit de repérer exactement un point par rapport à une graduation : observation précise d'un thermomètre vertical par exemple.

III. — MESURE DES ÉPAISSEURS

SPHÉROMÈTRE

Cet instrument qui permet, comme l'indique son nom, de déterminer le rayon d'une sphère, sert le plus souvent à mesurer avec précision l'épaisseur de lames à faces bien parallèles, ou plus généralement à étudier les lames au point de vue de l'épaisseur.

Il se compose essentiellement d'une vis *micrométrique* V (fig. 5), c'est-à-dire dont le filet bien régulier remplit son écrou aussi parfaitement que possible, et qui possède une large tête divisée. Elle est terminée par une pointe mousse P. L'écrou fait corps avec un trépied que l'on fait reposer sur un

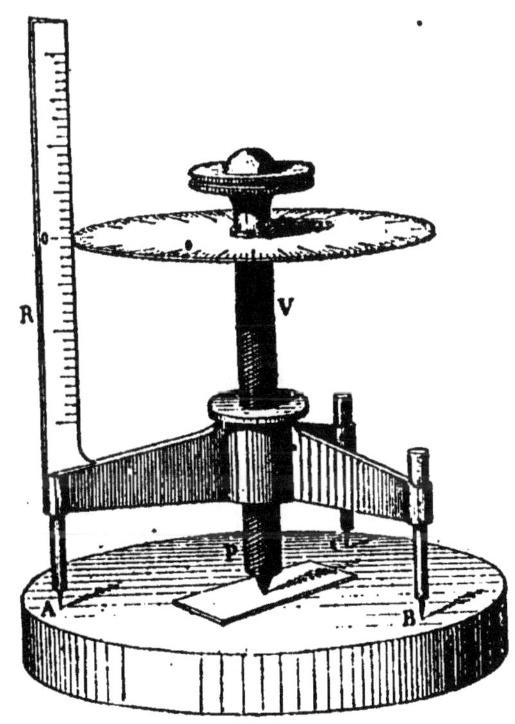

Fig. 5. — Sphéromètre.

plan de verre parfaitement poli. L'axe de la vis doit être exactement perpendiculaire à ce plan.

Le pas de la vis est ordinairement de 1/2 millimètre, et la

tête est divisée en 500 parties égales. Cette division se déplace devant une petite réglette R dont le bord tranchant est divisé en 1/2 millimètres. On peut ainsi préciser facilement à 1/500ᵉ de tour, c'est-à-dire à 1/1000ᵉ de millimètre près, la position de la vis.

Usage. — Soit à déterminer l'épaisseur d'une petite lame à faces parallèles. On place le sphéromètre sur le plan de verre et on enfonce la vis, en agissant sur le bouton supérieur, jusqu'à ce que sa pointe vienne toucher ce plan. On s'en aperçoit aisément à ce que l'instrument tout entier est entraîné si l'on essaie de faire tourner la vis. Quand cela se produit, on note la position de l'index sur la tête divisée, puis on tourne la vis en sens contraire et l'on revient avec précaution vers la première position. On obtient ainsi le zéro vrai de l'appareil, qui ne coïncide pas toujours avec celui de la graduation, par suite de l'usure inégale des quatre pointes, ou même d'un défaut de construction.

Cela fait, on relève la vis ; on introduit sous la pointe mousse la lame à étudier, et on reproduit l'affleurement comme tout à l'heure. Supposons que dans le premier cas l'index s'arrête au n° 27 (la tranche de la tête graduée étant légèrement au-dessus du zéro de la réglette), et dans le deuxième cas au n° 342, la tranche se trouvant entre les nᵒˢ 15 et 16 ; l'épaisseur de la lame est 15 demi-millimètres $+$ (342—27) millièmes, soit 7ᵐᵐ,815.

PIED A COULISSE OU A BEC

Parmi les instruments qui servent dans les arts à mesurer avec quelque précision les épaisseurs, signalons le *pied à coulisse,* qui rend des services dans les laboratoires. La figure 6 représente suffisamment cet instrument bien connu pour qu'il soit inutile de le décrire. Disons seulement que la pièce mobile porte un vernier au 1/20° qui se déplace devant la graduation de la règle, et que les deux zéros doivent coïncider lorsque les deux parties du bec sont en contact.

Pour déterminer l'épaisseur de la lame précédemment étudiée au sphéromètre, plaçons-la entre les branches du bec; le zéro du vernier se place entre les n°ˢ 7 et 8 de la règle, et le n° 16 du vernier coïncide sensiblement

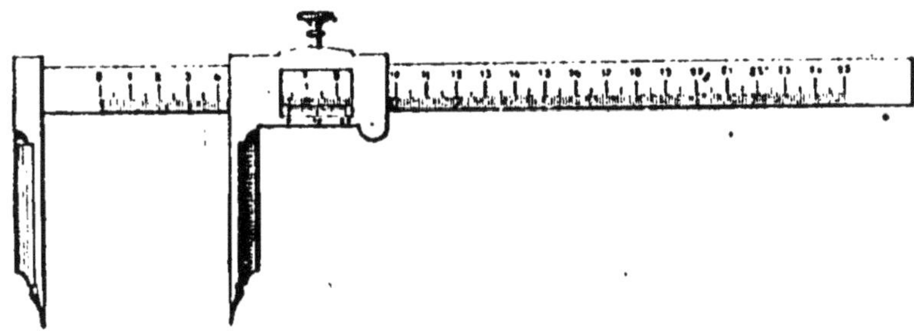

Fig. 6. — Pied à coulisse ou à bec.

avec une division de la règle, ce qui donne pour l'épaisseur cherchée 7ᵐᵐ 16/20, ou 7,8 à 1/40° de millimètre près.

N. B. — Si les zéros ne coïncidaient pas comme nous l'avons supposé, on en tiendrait compte de la manière suivante : supposons, par exemple, qu'au départ le zéro du vernier soit en arrière de celui de la règle et que son n° 17 coïncide avec le n° 16 de la règle ; il faudra ajouter aux lectures 3/20 de millimètre, ou 0ᵐᵐ,15.

COMPAS A VIS OU PALMER

Cet instrument s'emploie concurremment avec le précédent pour mesurer les faibles épaisseurs. Sa constitution rappelle celle du sphéromètre; mais il ne comporte

qu'une précision de 10 à 50 fois moindre, suivant le soin
apporté à sa construction.

Il se compose essentiellement d'une sorte d'étrier AB
en acier ou en bronze (fig. 7), dont l'une des branches B est taraudée et sert d'écrou à une vis micrométrique V. Celle-ci se termine en E par un plan perpendiculaire
à son axe, et vient s'appuyer, lorsqu'on la tourne à fond,
sur une petite surface plane F, qui termine dans les meilleurs instruments une autre vis K très ajustée que l'on
ne peut faire tourner qu'au moyen d'un tourne-vis.

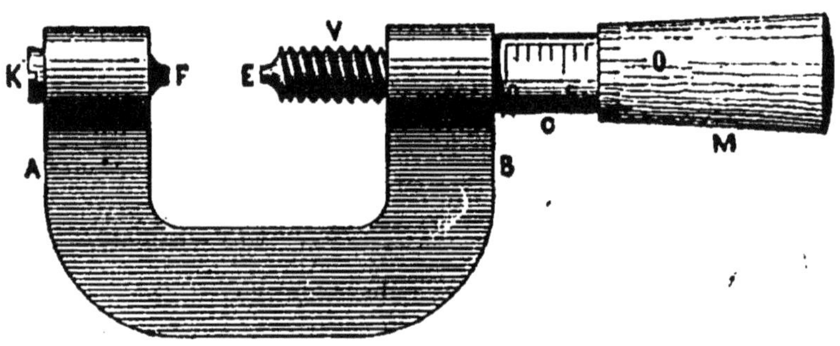

Fig. 7. — Palmer.

La tête de la vis micrométrique est recouverte d'un
manchon M à l'intérieur duquel se prolonge un cylindre C,
faisant corps avec l'écrou B, et qui porte une graduation
en demi-millimètres, si tel est le pas de la vis. Cette tête
est elle-même graduée en 10, 20 ou 25 parties ; les traits
de division viennent se placer successivement dans le prolongement d'un trait longitudinal sur lequel s'appuie la
graduation du cylindre, et qui sert de repère.

L'appareil étant bien réglé et les plans E et F en contact, le manchon doit recouvrir exactement la graduation C jusqu'au zéro, et le zéro de la tête graduée doit se
trouver exactement en face du repère. S'il n'en était pas

ainsi, on agirait sur la vis K, de manière à obtenir ce résultat.

Plaçons entre les deux surfaces EF la lame que nous venons d'examiner au sphéromètre, et serrons légèrement la vis de manière à assurer un bon contact. Si le pas de la vis est de $1/2^{mm}$, et la tête graduée en 25 parties, la graduation C se trouvera découverte jusqu'au n° 15 inclus, et le n° 16 de la tête sera en face du repère : l'épaisseur mesurée est donc 15 demi-millimètres $+ 16/50^e$ de millimètre, soit $7^{mm},82$.

On peut voir que, si la distance de deux traits de la tête graduée est au moins égale à l'épaisseur de chacun d'eux ainsi que du trait de repère, chaque lecture est faite à $1/100^e$ de millimètre près ; l'épaisseur de la lame n'est connue cependant qu'à $1/50^e$ de millimètre près ; car elle résulte de deux lectures. Encore faut-il, pour atteindre cette précision, que la vis soit très bien construite.

Cet appareil est continuellement employé pour déterminer le diamètre des fils métalliques.

II

BALANCE — DENSITÉS

POIDS ET MASSES

Le poids d'un corps est, par définition, la résultante des actions de la pesanteur sur les particules de ce corps. C'est une force verticale que l'on peut considérer comme appliquée au centre de gravité du corps.

L'attraction terrestre varie avec la latitude et l'altitude; le poids d'un corps diminue quand on s'élève ou quand on se déplace vers l'équateur. On pourrait le constater en suspendant ce corps à un ressort convenable, appelé suivant sa forme et ses usages dynamomètre ou peson, pourvu que les moindres déformations de celui-ci fussent rendues visibles.

La balance ne permet pas de faire ces comparaisons; elle est insensible aux variations d'altitude et de latitude, parce qu'on équilibre l'effort exercé sur l'un des plateaux par le corps à peser au moyen d'un effort de même nature appliqué à l'autre plateau. Ces deux forces variant toujours proportionnellement s'équilibrent constamment.

La balance ne détermine donc pas à proprement parler des poids, mais des *masses*. C'est d'ailleurs la seule chose qui importe d'ordinaire, et l'on obtient au besoin le *poids* d'un corps en multipliant sa masse, que donne la balance, par la valeur g de l'accélération terrestre obtenue au moyen du pendule :

$$p = mg.$$

On prend aujourd'hui pour *unité de masse* celle d'un centimètre cube d'eau distillée à 4°, l'unité de longueur étant le *centimètre*. En y ajoutant ·la *seconde* du temps solaire moyen comme unité de temps, on a les 3 unités fondamentales du système C. G. S.

En pratique, toutes les fois qu'il ne s'agit que de forces dues à la pesanteur, ce système ne diffère pas essentiellement du système métrique ; mais une simplification s'introduit quand on compare, par exemple, une force électrique à un poids. L'unité de force dans le système C. G. S. est définie indépendamment du lieu où l'on se trouve : la force qui communique à l'unité de masse une accélération égale à 1 centimètre par seconde : c'est la *dyne*. Dans l'ancien système, au contraire, l'unité de force (gramme) était le poids d'un centimètre cube d'eau distillée à 4°, dans le vide, à 45° de latitude et au niveau de la mer.

En un lieu ainsi défini, l'accélération terrestre est à très peu près la même qu'à Paris : 981 centimètres par seconde ; le gramme-poids vaut donc 981 dynes.

Il ne faut pas craindre d'insister sur ce point : c'est par suite d'une confusion dans le langage que nous parlons de poids et de pesées, alors qu'il s'agit de masses et de leur détermination au moyen de la balance. Il est bien clair que lorsque nous parlons d'un kilogramme d'un corps nous entendons préciser une certaine *masse* de ce corps (ce qu'on appelle communément une certaine *quantité*), sans nous préoccuper de son poids, qui varie avec le lieu où l'on se trouve.

Nous devrions donc appeler *masses marquées* ce que l'on appelle d'habitude des *poids marqués*, et dire : la masse de tel corps est de 25 grammes, — au lieu de : tel corps pèse 25 grammes.

BALANCE

La balance se compose essentiellement d'un levier mobile appelé *fléau*, aux extrémités duquel sont suspendus deux plateaux (fig. 8).

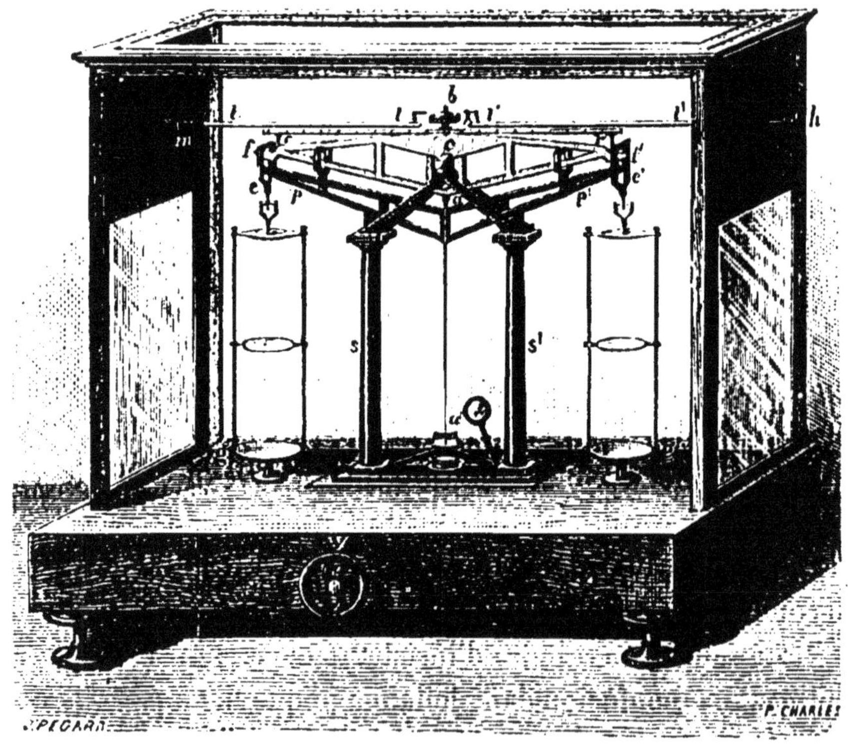

Fig. 8. — Balance de précision de Collot.

Dans les balances de précision, le fléau est traversé par trois petits prismes triangulaires appelés *couteaux*, qui sont fixés perpendiculairement au fléau, l'un au milieu, les deux autres aux extrémités. Le premier, que l'on voit en O dans la figure 9, repose par l'une de ses arêtes sur un plan horizontal en agate et supporte tout le poids de la partie mobile. Chacun des deux autres, A et B, reçoit le plateau correspondant. La figure 9 montre suffisamment les deux dispositions, qui sont inverses.

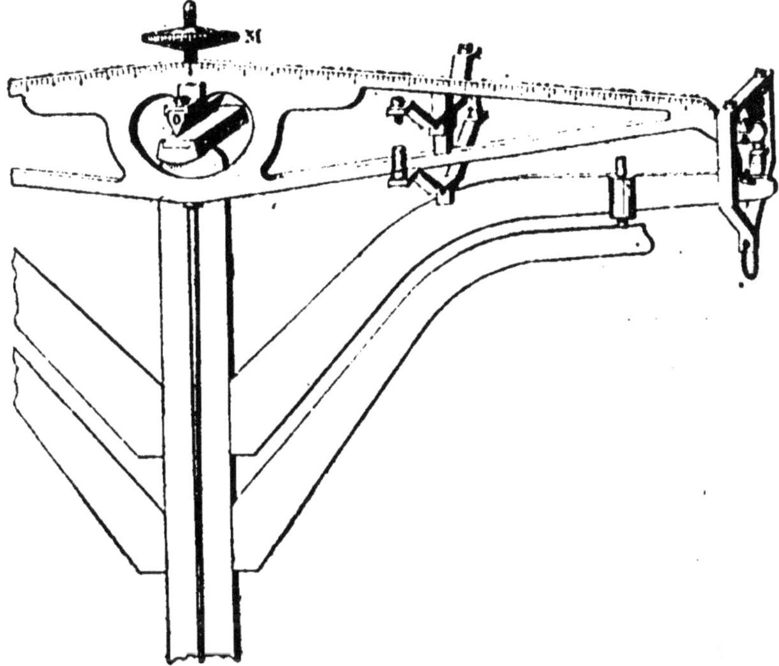

Fig. 9. — Disposition du fléau et des couteaux dans la balance de précision.

Les couteaux sont ordinairement en acier ; on remplace avantageusement ce métal par l'agate, qui s'use moins vite et ne risque pas de s'altérer dans un laboratoire où il se dégage quelquefois des vapeurs acides, par exemple.

Dans une balance bien construite, les arêtes des trois couteaux sont parfaitement parallèles et situées dans un même plan. De plus, ils sont très sensiblement équidistants, ce que l'on exprime en disant que les deux bras du levier sont égaux (OA=OB, fig. 10).

Si la première condition n'était pas réalisée, la position

du corps à peser ou des poids marqués sur les plateaux aurait une influence sur la pesée. En vue d'annuler cet effet, les constructeurs ont imaginé divers modes de suspension des plateaux qu'il serait trop long de décrire un à un. Toutefois on fera bien, pour éviter tout mécompte, de placer la charge autant que possible au milieu de chaque plateau.

Fig. 10. — Disposition des couteaux d'une balance.

Sensibilité. — Les balances des laboratoires sont ordinairement *sensibles* au milligramme, c'est-à-dire qu'elles permettent d'apprécier une surcharge d'un milligramme ajoutée sur l'un des plateaux après que l'équilibre a été établi. Mais il est bon de se faire une idée exacte de cette propriété.

Pour observer l'inclinaison que prend le fléau, on lui fixe ordinairement une longue aiguille verticale dont l'extrémité se déplace devant un arc divisé a (fig. 8).

Or, suivant que l'on observe les déplacements à l'œil nu, à la loupe ou au moyen d'un petit viseur fixe muni d'un réticule, on peut préciser la position de l'index à une division près, par exemple, ou à $1/10^e$ de division. Si donc une surcharge de 1 milligramme fait déplacer l'aiguille d'une division, on dit que la balance donne le milligramme, en supposant que l'on observe à l'œil nu ; mais elle donnera le $1/10^e$ de milligramme si l'on se sert d'un viseur ou de tout autre système équivalent. C'est à la condition toutefois que les arêtes des couteaux soient parfaitement rectilignes et sans aucune bavure.

On peut représenter la sensibilité par l'angle dont s'incline le fléau pour une surcharge d'un milligramme, c'est-à-dire par $\frac{x}{p}$, si la surcharge de p milligrammes produit une inclinaison x; et l'on démontre que

$$\frac{tg\,x}{p} = \frac{l}{\varpi d}$$

en désignant par l la longueur OA ou OB, par ϖ le poids du fléau, et par d la distance de son centre de gravité G à l'arête O du couteau central (voy. fig. 10).

On voit que la sensibilité est proportionnelle à la longueur du fléau et en raison inverse de son poids. Ces deux conditions sont contradictoires; les constructeurs cherchent à les concilier en donnant à un fléau de longueur donnée une forme particulière évidée, et le poids minimum compatible avec la rigidité indispensable au bon fonctionnement de l'appareil, variable d'ailleurs avec le maximum de charge qu'il est destiné à supporter.

On peut au contraire disposer dans des limites très larges du troisième facteur d de la sensibilité.

Une masse additionnelle M (fig. 9) en forme d'écrou peut se déplacer le long d'une tige filetée verticale; en l'élevant, on relève le centre de gravité du fléau : on diminue donc la distance d et l'on rend la balance plus sensible. Pour les pesées courantes, il est commode d'abaisser la masse M et de réduire ainsi la sensibilité à sa valeur strictement utile ; car la durée des oscillations du fléau est à peu près proportionnelle à la racine carrée de la sensibilité.

Nous avons supposé dans ce qui précède que les arêtes OAB des couteaux étaient dans un même plan, c'est-à-dire les trois points OAB de la figure 10 en ligne droite. S'il en était autrement, la sensibilité diminuerait à mesure que l'on ferait augmenter la charge totale.

Étude expérimentale d'une balance. — L'étude d'une balance commence tout naturellement par ces deux points :

1° Quelle est la sensibilité de la balance dans l'état actuel, à vide?

2° Cette sensibilité est-elle constante, c'est-à-dire indépendante de la charge?

Pour répondre à la première question, mettez la balance en expérience, en dégageant *doucement* le fléau des étriers qui le soutiennent habituellement pour éviter l'usure réciproque des couteaux et des plans d'agate. On a disposé à cet effet un bouton V (fig. 10) extérieur à la cage, qu'il suffira de tourner dans un sens convenable. L'aiguille va osciller de part et d'autre du zéro de la graduation; lorsque les oscillations seront suffisamment faibles, on notera les positions extrêmes de l'aiguille. On trouvera par exemple $+6-9+4$ [1] : la position moyenne de droite qui correspond à l'élongation -9 de gauche est $\dfrac{6+4}{2}=+5$. On en peut conclure que l'aiguille s'arrêterait au bout de quelque temps sur le n° $\dfrac{-9+5}{2}=-2$.

On met sur le plateau de gauche un centigramme, et l'on observe maintenant les élongations $-2, +8, 0$: la position d'équilibre serait au n° $\dfrac{-1+8}{2}=+3,5$.

Le centigramme a donc produit un déplacement de la position d'équilibre de 5 divisions 1/2. On voit qu'il suffira de se placer bien en face de la graduation pour observer

---

[1] Le signe $+$ indique les élongations à droite, le signe $-$ à gauche du zéro.

les oscillations si l'on se propose de faire une pesée à 2 ou 3 milligrammes près ; mais si l'on tient à préciser le chiffre des milligrammes, il faudra disposer devant l'appareil une loupe ou mieux un petit viseur permettant de déterminer en toute sûreté les positions extrêmes de l'aiguille à 1/2 division près.

Pour répondre à la deuxième question, on place sur les plateaux deux charges se faisant équilibre (égales ou à peu près égales, ainsi que nous allons le voir), inférieures bien entendu à la charge maxima pour laquelle la balance est construite. Puis on répète l'expérience. précédente. Il se peut que le centigramme ne produise cette fois qu'un déplacement de 4 ou 5 divisions tout au plus. Je dois dire cependant qu'il n'en est pas ainsi avec les balances de haute précision que l'on trouve aujourd'hui dans nos laboratoires.

Justesse. — On dit qu'une balance est juste lorsque l'aiguille indicatrice se tient en équilibre sur le zéro de la guaduation : 1° à vide ; 2° lorsqu'on place des poids égaux sur les deux plateaux.

La première condition est facile à réaliser : il suffit d'ajouter au besoin à l'un des plateaux un petit bout de fil métallique par exemple ; c'est ce que l'on fait généralement.

Quant à la deuxième propriété, elle exige que les deux bras de levier OA et OB soient rigoureusement égaux. Il est rare que cette condition soit parfaitement réalisée : l'un des bras de levier, dans les meilleures balances, peut être plus long que l'autre de plusieurs cent-millièmes et même de plus d'un dix-millième. Dans ce dernier cas, un poids de 100 grammes placé du côté du plus long bras ferait équilibre à $100^{gr},01$ placé de l'autre côté. Si donc on pesait un même corps du poids réel de 100 grammes en le plaçant successivement sur les deux plateaux, on trouverait qu'il pèse tantôt $100^{gr},01$, tantôt $99^{gr},99$.

On voit par là que, pour trouver exactement le poids apparent dans l'air d'un corps au moyen d'une balance qui n'est pas juste, il suffit d'établir l'équilibre à deux reprises, en plaçant le corps successivement dans les deux plateaux, et de prendre la moyenne arithmétique des deux résultats [1].

Double pesée. — Le plus souvent on applique la méthode de Borda, dite *double pesée*. Elle est fondée sur le principe suivant dont nous rencontrerons plusieurs applications.

Si deux forces appliquées successivement à un même appareil dans des conditions identiques produisent exactement le même effet, — font équilibre par exemple à une troisième force inconnue mais appliquée à ce même appareil dans des conditions toujours identiques, —'ces deux forces sont égales.

Mettons le corps à peser sur l'un des plateaux, et sur l'autre de la *tare*, c'est-à-dire des corps quelconques de masse convenable, tels que des morceaux de métal, des grains de plomb, puis des brins de papier, jusqu'à ce que l'équilibre soit parfaitement réalisé [2].

Enlevons ensuite le corps et remplaçons-le par des masses, marquées, de manière à rétablir l'équilibre. En vertu de la remarque précédente, celles-ci représentent

---

[1] Il serait plus rigoureux de prendre leur moyenne géométrique ; mais la différence entre les deux moyennes est ordinairement insignifiante.

[2] On remplace avantageusement la tare par une série de poids hors de service que l'on a soin de marquer d'un signe particulier, afin de ne pas les confondre avec les poids étalonnés. On évite ainsi les tâtonnements et quelques autres désagréments.

exactement la masse du corps, que la balance soit juste ou non, à la condition toutefois de faire la correction de la poussée atmosphérique comme il sera dit plus loin (p. 41).

Simple pesée. — Lorsqu'on doit faire successivement plusieurs pesées au moyen de la même balance, on abrège ces opérations en déterminant au préalable le rapport des bras de levier, ce qui est fort simple. On sait, en effet, que si les deux poids P et P' agissant aux extrémités des deux leviers l et l' (qui sont en ligne droite) se font équilibre, on a

$$P \times l = P' \times l'$$

c'est-à-dire
$$\frac{l'}{l} = \frac{P}{P'}.$$

Si donc l'équilibre est réalisé « à vide », mettons 200 grammes dans le plateau de gauche, et dans le plateau de droite le poids nécessaire pour établir l'équilibre ; il faudra par exemple employer les deux poids de 100 grammes plus 36 milligrammes.

En admettant que la boîte de poids soit parfaitement étalonnée, c'est-à-dire que le poids de 200 grammes vaille exactement la somme des deux poids de 100 grammes,

on a
$$l \times 200 = l' \times 200,036$$

d'où :
$$\frac{l}{l'} = 1,00018.$$

Pour contrôler notre hypothèse relative aux poids, il suffit de permuter le poids de 200 grammes avec les deux de 100 grammes : l'équilibre doit subsister. Admettons que cela soit.

On voit que 1 gramme placé dans le plateau de gauche fait équilibre à 1^{gr},00018 dans celui de droite, de sorte que si l'on a soin de mettre toujours le corps à peser dans le plateau de droite et les poids marqués dans celui de gauche, il suffit pour avoir le poids exact de multiplier le nombre obtenu par 1,00018.

Il faut observer d'ailleurs que dans beaucoup de cas, dans la recherche des densités par exemple, on se propose de comparer des poids ou des masses, et non de les mesurer en valeur absolue. Il est alors tout à fait inutile de faire cette multiplication, pourvu que l'on opère toujours avec la même balance, et que l'on ait soin, comme nous l'avons dit plus haut, de mettre toujours le corps du même côté. Pour la même raison, il n'importe pas en général de connaître la valeur absolue des poids marqués que l'on emploie; mais il est essentiel qu'ils aient été comparés entre eux, comme nous allons le dire, surtout si l'on emploie plusieurs boîtes de poids de constructeurs différents.

Étalonnage des poids marqués. — Supposons qu'il s'agisse d'une série de poids dont le plus gros est 1 kilogramme. Si l'on se propose de déterminer des masses en valeur absolue, c'est-à-dire en kilogrammes légaux ([1]), il faut d'abord comparer le kilogramme de la boîte à un kilogramme étalon. Mais, ainsi que nous venons de le dire, il suffit ordinairement, le prenant pour unité arbitraire, de le comparer à la somme des autres poids de la boîte, qui représente précisément 1 kilogramme. On compare ensuite le poids de 500 grammes à la somme des

---

([1]) On appelle *kilogramme légal* celui qui est déposé aux Archives, et dont les copies, faites par le Bureau international des poids et mesures, font foi sous le nom de kilogramme étalon. Il ne répond pas rigoureusement à la définition donnée lors de la création du système métrique pour le kilogramme théorique : il est trop lourd de plusieurs centigrammes.

suivants, puis celui de 200 grammes à la somme des deux poids de 100 grammes, etc.

Exemple. — Supposons qu'on opère par double pesée.

1ᵉʳ Équilibre. — On met le poids de 1 kilogramme dans l'un des plateaux, et la tare convenable dans l'autre plateau.

2ᵉ Équilibre. — On remplace le poids par la somme des poids divisionnaires ; on trouve qu'il faut y ajouter 14 milligrammes pour rétablir l'équilibre. Désignons par x la valeur vraie du poids marqué 500 grammes et par y la somme de tous les autres :

$$x + y = 1000^{gr} - 0^{gr},014 = 999^{gr},986.$$

3ᵉ Équilibre. — On établit la tare du poids de 500 grammes.

4ᵉ Équilibre. — On remplace celui-ci par les poids divisionnaires, et l'on trouve qu'il faut leur ajouter 6 milligrammes pour parfaire l'équilibre.

On en tire une deuxième équation

$$x = y + 0^{gr},006,$$

qui, jointe à la précédente, donne par addition et soustraction :

$$\begin{cases} x = 499^{gr},996 \\ y = 499^{gr},990. \end{cases}$$

Soit maintenant a la valeur exacte du poids marqué 200 grammes, b et b' celles des deux poids de 100 grammes et c la somme des poids inférieurs ; en comparant comme ci-dessus b à b' et à c, puis a à $b + b'$, on a quatre nouvelles équations à quatre inconnues.

Désignons par ε ε' ε'' les quelques milligrammes qu'il

faut ajouter pour parfaire chacun des équilibres (on leur
donnerait le signe — s'il fallait les placer du côté de l
tare).

On aura

$$a + b + b' + c = 499^{gr},990$$
$$a = b + b' + \varepsilon$$
$$b = b' + \varepsilon'$$
$$b = c + \varepsilon''.$$

On continuera cette étude en partant du poids b marqu
100 grammes qui est maintenant connu, et en suivan
exactement la même marche.

Correction de la poussée de l'air. — Dans les pesées
même de précision médiocre, il importe de tenir compte d
la masse d'air déplacée par le corps et par les poids mar
qués. Nous y reviendrons plus loin (V. p. 40). Observon
seulement que cette correction se supprime d'elle-mêm
lorsque le corps à peser a la même densité que les poid
marqués : c'est précisément le cas dans l'étude qu
précède.

DENSITÉS

On appelle *densité* d'un corps la *masse de l'unité a
volume* de ce corps ([1]).

La détermination d'une densité comporte donc deu:

([1]) Nous avons conservé cette définition, bien qu'un grand nombr
de physiciens soient d'avis d'introduire le plus possible la notion d
densité relative, qui est « le rapport du poids d'un corps a
poids d'un volume d'eau à 4° égal à celui du corps à une certain
température (ordinairement 0°) ». Ces deux définitions coïncide
raient si le kilogramme étalon avait exactement la masse du déci
mètre cube d'eau distillée à 4°. Nous avons déjà dit qu'il s'en fallai
de plusieurs cent-millièmes. Si donc on déterminait avec précisio
la densité *absolue* d'un corps par le premier procédé, et sa densit

mesures : celle d'une masse et celle d'un volume. La première n'est autre chose qu'une pesée ; la deuxième présente de nombreuses variantes dont nous allons étudier quelques-unes.

I. — CORPS SOLIDES

1° Évaluation directe du volume. — Lorsque le corps affecte certaines formes simples, on peut calculer son volume à l'aide de la géométrie. Il suffit alors d'exprimer la masse du corps en grammes et son volume en centimètres cubes, et d'effectuer le quotient des nombres qui mesurent cette masse et ce volume.

Voici par exemple un prisme droit à base carrée, en verre, qui a pour côté de base 2 centimètres et pour hauteur 5 centimètres. Il pèse $52^{gr},46$ (sa masse est de $52^{gr},46$). La densité de ce verre est donc :

$$\frac{52,46}{2^2 \times 5} = 2,623.$$

Il faut observer ici que l'on ne peut obtenir exactement la densité par cette méthode que si les poids marqués et la règle divisée qui ont servi à effectuer les mesures ont été comparés aux étalons. Ces comparaisons sont au contraire inutiles dans les méthodes suivantes.

2° Méthode du flacon. — Au lieu de calculer le volume du corps, on peut le remplacer par la masse d'un égal volume d'eau, puisque, — d'après la définition même du

relative par le deuxième, les deux résultats différeraient par le chiffre des cent-millièmes.

Ajoutons qu'une pareille précision est bien difficile à atteindre, et que c'est là ce qui nous a engagé à négliger l'erreur que nous venons de signaler.

gramme-masse dans le système CGS, — le volume du corps en centimètres cubes est exprimé par le même nombre que la masse du même volume d'eau en grammes [1].

Prenons un flacon de 50 à 100 centimètres cubes (fig. 11) dont le goulot, large de 15 millimètres environ et légèrement conique, reçoit un bouchon de verre B, creux et soigneusement rodé à l'émeri. Ce bouchon est continué par un tube C ayant de 1 à 2 millimètres de diamètre intérieur et 2 centimètres de longueur, surmonté lui-même par un petit entonnoir D. On a tracé au diamant un trait de repère sur le tube C.

Cet appareil permet d'opérer facilement à une température déterminée ; on préfère 0°, parce qu'il est facile de maintenir cette température constante aussi longtemps qu'on le désire.

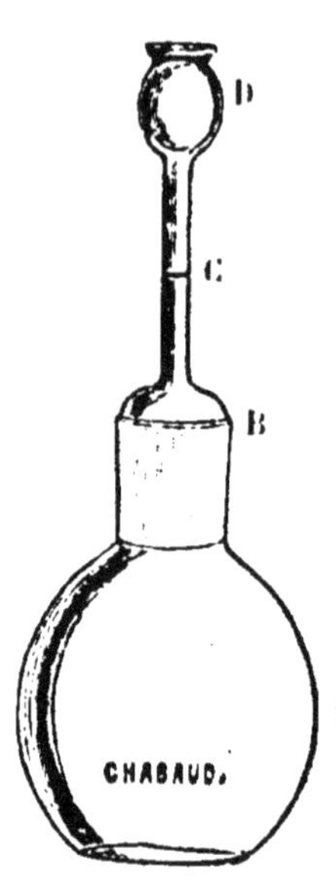

Fig. 11. — Flacon à densités de Regnault pour les solides.

1° On remplit le flacon d'eau distillée de préférence privée d'air par ébullition et encore tiède. Pour cela, après avoir ôté le bouchon, on verse l'eau dans le flacon jusqu'à ce qu'elle forme un léger bourrelet (ménisque) au-dessus du goulot.

Puis on approche le bouchon, et au moment où il touche le liquide, on l'enfonce vivement : si le tube est bien propre et ne contient pas à l'avance de gouttes d'eau, l'eau déplacée par le bouchon monte jusque dans l'entonnoir. On achève de remplir celui-ci ; puis on entoure le flacon de glace finement concassée, ou mieux « râpée » au moyen d'un rabot spécial, et arrosée d'eau distillée.

[1] Voir la note précédente, page 28.

Au bout de quelques minutes, le flacon est à une température inférieure à 4°. On enlève, au moyen d'une petite pipette ou de papier buvard, l'eau qui reste dans l'entonnoir et dans le tube étroit jusque vers le trait de repère. La température continuant à s'abaisser, l'eau se dilate, comme on sait, et remonte peu à peu au-dessus du repère. Au bout de 10 à 15 minutes le niveau est parfaitement fixe : l'appareil est à 0°. On enlève le petit excès

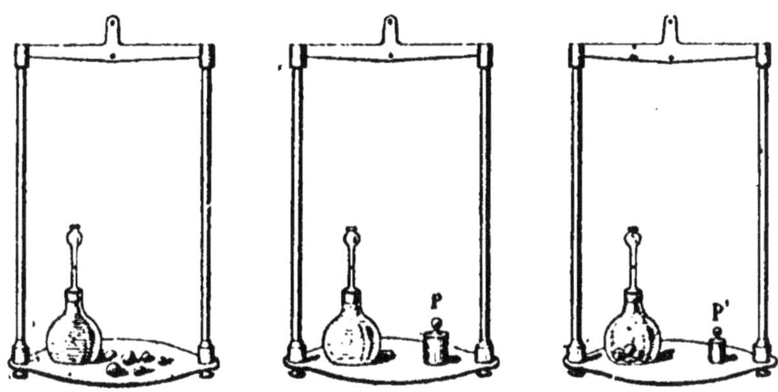

Fig. 12. — Densité d'un solide : méthode du flacon.

d'eau situé au-dessus du repère, on sèche bien l'intérieur de l'entonnoir, puis on retire le flacon de la glace et on lui laisse reprendre la température extérieure ([1]).

On peut même, pour gagner du temps, le plonger dans de l'eau à 15° ou 20°, ou bien le réchauffer entre les mains. On l'essuie alors soigneusement et l'on procède à une première pesée.

Le flacon ainsi rempli est placé sur l'un des plateaux de la balance avec le corps à étudier, réduit en fragments assez petits pour entrer facilement dans le flacon (fig. 12). On éta-

([1]) On comprend que si le flacon était notablement au-dessous de la température ambiante, il se recouvrirait de rosée et présenterait un excès de poids inconnu, celui de l'eau condensée à sa surface.

blit la *tare*, puis on enlève le corps et on le remplace par des poids marqués P. Ces poids représentent la masse du corps obtenue, comme on le voit, par double pesée, — à la condition de lui faire subir, comme nous le dirons plus loin, la correction relative à la poussée atmosphérique (page 42).

2° On ouvre le flacon et l'on y introduit le corps. On agite légèrement de manière à faire disparaître les bulles d'air adhérentes, ou bien, pour plus de sûreté, on place le flacon non bouché sous le récipient de la machine pneumatique, et l'on maintient le vide à quelques centimètres près pendant dix minutes (¹).

Cela fait, on achève de remplir le flacon à 0° avec les mêmes précautions que tout à l'heure, on l'essuie et on le reporte sur la balance.

Il y a maintenant sur le plateau les mêmes masses que tout à l'heure, sauf l'eau déplacée par le corps. Il faut donc, pour rétablir l'équilibre, mettre de ce côté des poids marqués P', qui représentent la masse d'eau déplacée par le corps à 0°.

(¹) Si le corps est poreux comme la craie, le bois ou le liège, par exemple, cette précaution est indispensable, et il convient même de maintenir le flacon dans le vide pendant plusieurs heures si l'on tient à connaître la densité vraie et par suite le volume réellement occupé par la substance étudiée, et non le volume limité à sa surface et partiellement occupé par de l'air.

Si l'on se propose, au contraire, d'obtenir la densité apparente, c'est-à-dire si l'on considère comme occupé par le corps le volume limité à sa surface, on a soin de recouvrir celle-ci d'une mince couche de vernis, de manière à empêcher l'eau de pénétrer dans les pores, et l'on se garde bien de le soumettre au vide.

On comprendra bien toute l'importance de cette distinction si l'on compare les densités de deux sortes de bois, le hêtre et le peuplier par exemple. Par le premier procédé on trouve pour les deux sortes de bois des nombres presque égaux et voisins de 0,9, tandis que par le deuxième, on trouve 0,85 pour le premier et 0,38 pour le second.

L'étude des dilatations nous apprend que le volume occupé par 1 gramme d'eau à 0° est $1^{cmc},00013$. Le volume du corps à 0° est donc $P' \times 1,00013$ et par suite la densité du corps à 0°

$$D = \frac{P}{P' \times 1,00013}$$

ou simplement $D = \frac{P}{P'}$, si l'on ne se propose pas de connaître la densité à plus de $1/5000^e$ près de sa valeur.

Prenons pour exemple une expérience faite sur le soufre octaédrique, cristallisé dans le sulfure de carbone.

On a trouvé

$$P = 32^{gr},614 \qquad P' = 16^{gr},065$$

$$D = \frac{32,614}{16,065 \times 1,00013} = 2,0298$$

ou plus simplement, en tenant compte de ce que l'erreur peut atteindre facilement plusieurs unités sur le dernier chiffre conservé :

$$D = 2,030.$$

Remarque. — Si le flacon était rempli dans chaque opération à une température t autre que 0°, on obtiendrait la densité du corps à cette température en multipliant le nombre P' par le volume occupé par 1 gramme d'eau à $t°$ et non à 0°. On en déduirait la densité à 0° en multipliant le résultat par le binôme de dilatation cubique du solide $(1 + k t)$.

Voici, par exemple, les résultats d'une expérience faite sur l'étain à 15°.

Poids de l'étain : $P = 140^{gr},125$.

Poids de l'eau déplacée à 15° : $P' = 19^{gr},478$.

Volume occupé par 1 gramme d'eau à 15° : $1^{cmc},00085$.

Coefficient de dilatation cubique de l'étain : 0,000059.

On a donc pour la densité de l'étain à 15° :

$$D_{15} = \frac{140,125}{19,478 \times 1,00085}$$

et à 0°

$$D_0 = D_{15}(1 + 15 \times 0,000059) = \frac{140,125 \times 1,00088}{19,478 \times 1,00085} = 7,194.$$

3° Méthode hydrostatique. — Bien que cette méthode

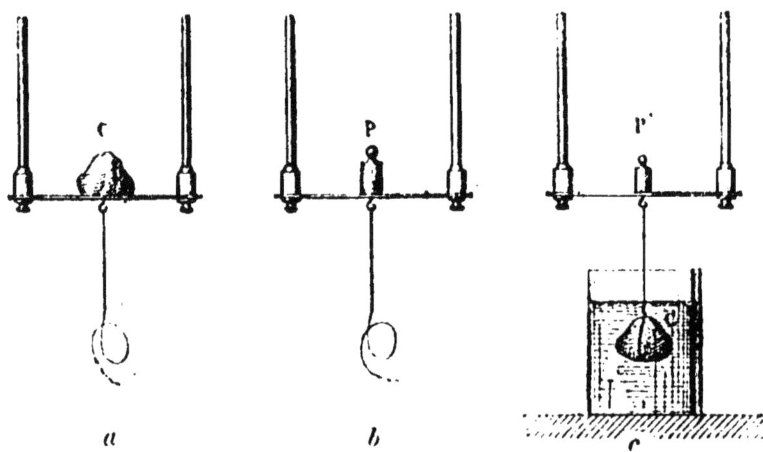

Fig. 13. — Détermination de la densité d'un solide par la méthode hydrostatique.

soit très peu employée et se prête difficilement aux déterminations précises, nous l'indiquerons rapidement.

Au lieu d'employer la balance à crémaillère décrite dans la plupart des traités sous le nom de balance hydrostatique, on se sert avantageusement d'une balance ordinaire, présentant seulement cette particularité que sous l'un des plateaux on a fixé un petit crochet permettant de suspendre le corps au moyen d'un fil métallique très fin. Le fond de la cage de la balance et la table sur laquelle elle repose sont percés de trous pour laisser passer ce fil.

1° On place sur le plateau le corps avec le fil métallique (fig. 13 a), et on établit la tare ;

2° On enlève le corps et on le remplace par des poids marqués (fig. 13 *b*). On a ainsi la masse P du corps ;

3° On enroule le fil autour du corps, une fois seulement ; on accroche le système sous le plateau, puis on fait plonger le corps et une très petite longueur du fil dans un vase contenant de l'eau distillée à température connue $t°$. Il faut pour rétablir l'équilibre mettre sur le plateau des poids P' qui, d'après le principe d'Archimède ([1]), représentent la masse d'eau déplacée (fig. 13 *c*).

Le volume du corps est donc égal à celui qu'occupe la masse d'eau P' à la température t de l'expérience. On l'obtiendra, comme plus haut, en multipliant P' par le nombre qui représente le volume occupé par 1 gramme d'eau à la température t.

Mais comme on ne se propose pas généralement d'atteindre une grande précision par cette méthode, et que l'on opère à une température peu élevée, on se contente de prendre pour ce volume l'unité et pour la densité le quotient

$$D = \frac{P}{P'}.$$

D'ailleurs il suffirait de traiter les poids P et P', comme dans l'exemple précédent, pour obtenir la densité exacte à 0°, si l'on n'était arrêté par quelques difficultés expérimentales dont les principales sont les suivantes :

1° Les indications de la balance sont faussées par les moindres mouvements qui se produisent dans le liquide et par le frottement du corps sur celui-ci.

([1]) Le corps reçoit une *poussée* égale au poids de l'eau déplacée, qui est équilibrée par le poids des masses marquées P'. Celles-ci ayant même poids que l'eau déplacée ont aussi même masse.

2° Une petite quantité d'eau est soulevée autour du fil, et l'influence de ce phénomène (dit capillaire) est difficile à évaluer avec précision.

Première remarque. — Si l'on a affaire à un corps *plus léger que l'eau*, on suspend à demeure sous le plateau de la balance, pendant toute la durée de l'expérience, le fil métallique auquel on a fixé un corps assez lourd, — un morceau de métal ou une boule de verre lestée, par exemple. Ce corps plonge constamment dans l'eau, de sorte qu'il n'a d'autre influence que de modifier la tare placée sur l'autre plateau. Dans la deuxième partie de l'expérience, on fixe à ce lest le corps à étudier.

Deuxième remarque. — Lorsque le corps solide est *soluble dans l'eau*, on applique l'une des deux méthodes précédentes en remplaçant seulement l'eau par un liquide dans lequel ce corps n'est pas soluble.

Soit P″ la masse de ce liquide déplacée par le corps dont le poids est P (dans l'une ou l'autre expérience), et D′ la densité de celui-ci à la même température $t°$, — à 0° de préférence. D'après la définition de la densité, la masse P″ occupe à $t°$ un volume $\dfrac{P''}{D'}$ qui n'est autre que celui du corps plongé. La densité de celui-ci est donc

$$ P : \frac{P''}{D'} = \frac{P}{P''} \times D'. $$

On appelle *densité relative* d'un premier corps par rapport à un deuxième le rapport de la densité du premier à celle du deuxième, c'est-à-dire le rapport des masses ou des poids de volumes égaux de ces deux corps. Le rapport $\dfrac{P}{P''}$ est donc la densité du corps solide par rapport au liquide auxiliaire, et l'on voit qu'il suffit de multiplier ce nombre par la densité absolue de ce dernier liquide pour avoir la densité absolue du solide.

II. — LIQUIDES

1° Détermination directe du volume. — Si l'on possède une éprouvette soigneusement graduée en centimètres cubes, à 0° ou à une température connue, il suffira de tarer cette éprouvette contenant le liquide jusqu'à une certaine division, puis d'enlever le liquide et de remettre l'éprouvette bien essuyée, sur la balance. Les poids marqués qu'il faudra mettre pour rétablir l'équilibre représenteront la masse du liquide dont le volume est connu d'autre part.

Mais il est facile de voir que cette méthode ne peut fournir que des résultats grossiers ; et comme d'ailleurs la graduation ne peut se faire convenablement qu'au moyen de jaugeages à l'eau, on retombe dans la méthode suivante.

2° Méthode du flacon. — Le flacon usité depuis Regnault est représenté par la figure 14. Il a, selon les cas, une capacité de 10 à 50 centimètres cubes. Le col C est formé par un tube très étroit surmonté

Fig. 14. — Flacon à densités pour les liquides.

par un entonnoir. Celui-ci est fermé par un bouchon à l'émeri afin d'éviter l'évaporation pendant les pesées. En C se trouve un trait de repère.

Soit à déterminer la densité de l'alcool :

1° On place sur l'un des plateaux de la balance, avec le

flacon vide et sec ([1]), des poids marqués dont la masse soit supérieure à celle du liquide le plus lourd devant remplir le flacon (l'eau dans le cas présent), et on établit la tare.

2° On remplit le flacon d'alcool jusqu'au trait de repère à 0° et on le reporte sur la balance en observant les mêmes précautions que pour les solides. Il faut enlever pour rétablir l'équilibre un certain nombre de poids P qui représentent la masse d'alcool contenu dans ce flacon à 0°.

3° On enlève l'alcool, on rince plusieurs fois le flacon à l'eau distillée, puis on le remplit avec celle-ci, toujours à 0°.

Il faut cette fois, pour établir l'équilibre, enlever un poids P'; c'est la masse de l'eau qui remplit le flacon à 0°. Le volume de celui-ci s'obtiendra donc en multipliant P' par le volume occupé par 1 gramme d'eau à 0° (1^{cmc} 00013).

EXEMPLE. — 1° Le flacon a environ 2 centimètres de diamètre et 6 centimètres de hauteur; son volume est donc inférieur à 30 centimètres cubes. Je place à côté de lui sur le plateau de la balance 30 grammes, et j'établis la tare;

2° Le flacon est rempli d'alcool à 0°; il ne faut laisser sur le plateau que 7^{gr},373. La masse de l'alcool est donc P = 22^{gr},627;

3° Le flacon est rempli d'eau distillée; il ne reste sur le plateau que 2^{gr},568; donc P' = 27^{gr},432; le volume du flacon jusqu'au trait de repère à 0° est :

$$27^{cmc},432 \times 1,00013 = 27^{cmc},436,$$

et la densité de l'alcool à 0°

$$D = \frac{22,627}{27,436} = 0,8247.$$

<hr>

([1]) Il renferme évidemment de l'air atmosphérique.

Première remarque. — L'étroitesse du col C rend le remplissage assez difficile. Le procédé le plus simple consiste à introduire un tube effilé et recourbé jusque dans le flacon, verser le liquide dans l'entonnoir, puis aspirer l'air du flacon au moyen du tube.

Deuxième remarque. — Lorsque le même flacon est employé dans une série de déterminations, il est bien évident que la troisième posée, qui a pour but de faire connaître le volume du flacon, se fait une fois pour toutes.

Une simplification analogue a lieu dans la recherche de la densité des solides.

Troisième remarque. — On se contente quelquefois de remplir le flacon à la température ambiante, la même dans les deux cas, bien entendu, 15° par ex. On obtient alors le volume du flacon à 15° en multipliant P′ par le volume occupé par 1 gramme d'eau à cette température ($1^{cmc},00085$), et le quotient $\dfrac{P}{P' \times 1,00085}$ exprime la densité du liquide à 15°. On obtiendra la densité à 0° en multipliant cette dernière par le binôme de dilatation du liquide entre 0° et 15° :

$$D_o = D_{15} (1 + 15 \,\delta).$$

3° **Méthode hydrostatique.** — 1° On suspend sous l'un des plateaux de la balance, comme nous l'avons dit plus haut, une ampoule de verre convenablement lestée, et l'on établit la tare ;

2° On fait plonger cette boule dans le liquide à étudier, et l'on rétablit l'équilibre au moyen de poids marqués P qui mesurent la masse d'un volume de ce liquide égal à celui de l'ampoule à la température *t* de l'expérience ;

3° On fait plonger de même l'ampoule dans l'eau distillée à la même température ; on rétablit l'équilibre au moyen de poids P′ qui mesurent la masse d'eau déplacée.

Comme plus haut, on obtiendra le volume exact de l'ampoule en multipliant P' par le volume v du gramme d'eau à cette température. La densité du liquide à $t°$ est :

$$D = \frac{P}{P' \times v}$$

et sa densité à $0°$:

$$D_0 = \frac{P(1 + \delta t)}{P'v}.$$

Exemple. — Densité du chloroforme à $14°$.

Poussée subie par l'ampoule dans le chloroforme à $14°$: $P = 26^{gr},132$.

Poussée subie dans l'eau à $14°$: $P' = 17^{gr},390$.

Volume occupé par 1 gramme d'eau à $14°$: $v = 1,00071$.

$$D_{14} = \frac{26,132}{17,390 \times 1,00071} = 1,502$$

le coefficient de dilatation $\delta = 0,00110$, d'où :

$$D_0 = 1,502(1 + 14 \times 1,0011) = 1,525.$$

RÉDUCTION AU VIDE

Nous avons supposé implicitement dans tout ce qui précède que les pesées étaient effectuées dans le vide; car nous n'avons pas tenu compte de la poussée exercée par l'air ambiant sur les corps à peser ni sur les poids marqués (V. p. 28). L'erreur commise de ce chef ne serait négligeable que si ces corps et ces poids avaient à peu près la même densité. Nous allons calculer la correction lorsqu'il s'agit de trouver soit le poids d'un corps, soit sa densité.

Pesée isolée. — Désignons par x le poids véritable (dans le vide) d'un corps qui, placé sur l'un des plateaux d'une balance juste, fait équilibre à des poids marqués P, par V le volume de ce corps, par Δ la densité du métal dont sont formés les poids marqués, et par a le poids du litre d'air dans les conditions de l'expérience.

Le poids d'air déplacé par le corps est $V a$, et par suite son poids apparent est $x - V a$. Le volume des poids marqués est $\dfrac{P}{\Delta}$; ils déplacent donc un poids d'air $\dfrac{P}{\Delta} a$, et par suite leur poids apparent est $P - \dfrac{P}{\Delta} a$, ou $P\left(1 - \dfrac{a}{\Delta}\right)$. En vertu de l'équilibre, on a donc :

$$x - V a = P\left(1 - \frac{a}{\Delta}\right).$$

D'un autre côté, si l'on désigne par D la densité du corps supposé homogène(¹), on a $V = \dfrac{x}{D}$ et par suite :

$$x\left(1 - \frac{a}{D}\right) = P\left(1 - \frac{a}{\Delta}\right).$$

Cette équation ne se réduit à $x = P$ que si D et Δ sont voisins l'un de l'autre et d'ailleurs assez grands, comme cela se présente le plus souvent. Supposons, par exemple, que l'on pèse de l'eau avec des poids en laiton ($\Delta = 8,4$). On a :

$$x = P\frac{1 - \dfrac{0,0013}{8,4}}{1 - \dfrac{0,0013}{1}} = P \times 1,0012,$$

(¹) S'il n'est pas homogène, D représente la *densité moyenne* que l'on définit par le quotient du poids par le volume.

de sorte que le poids réel d'une masse d'eau évaluée à 1 kilogramme serait en réalité supérieur de 12 décigr.

L'erreur sur 1 kilogramme de platine serait en sens contraire et d'un décigramme seulement.

Densités. — Soient y le poids vrai d'un égal volume V du corps pris comme terme de comparaison (l'eau, ordinairement), D' la densité de celui-ci, et P' les poids marqués qui font équilibre à y dans l'air.

On a, comme précédemment :

$$y\left(1 - \frac{a}{D'}\right) = P'\left(1 - \frac{a}{\Delta}\right)$$

de sorte que la densité est :

$$D = \frac{x}{y} = \frac{P}{P'} \cdot \frac{1 - \dfrac{a}{D'}}{1 - \dfrac{a}{D}}$$

Première remarque. — Comme tout à l'heure, la correction apportée à l'expression $\dfrac{P}{P'}$ n'est négligeable que si les densités D et D' sont voisines et assez grandes.

Deuxième remarque. — Il semble d'après cette expression que le calcul exact de D exige la connaissance préalable (au moins approximative) de cette grandeur, puisque D entre déjà au dénominateur de l'expression. On pourrait alors remplacer D par $\dfrac{P}{P'}$ dans ce dénominateur.

Mais remplaçons x et y dans les expressions primitives par VD et VD'. Nous avons :

$$V(D - a) = P\left(1 - \frac{a}{\Delta}\right),$$

$$V(D' - a) = P'\left(1 - \frac{a}{\Delta}\right)$$

d'où, en divisant membre à membre,

$$\frac{D-a}{D'-a} = \frac{P}{P'}$$

et
$$D = \frac{P}{P'}(D'-a) + a.$$

Appliquons cette formule en prenant l'eau comme terme de comparaison ($D' = 1$). Nous pouvons écrire :

$$D = \frac{P}{P'} - a\left(\frac{P}{P'} - 1\right).$$

Sous cette forme, on voit bien quelle est l'importance du terme correctif.

ARÉOMÈTRES A POIDS CONSTANT

Nous ne ferons que signaler ici ces instruments comme servant ou pouvant servir à déterminer la densité des liquides. Les uns, à graduation uniforme (aréomètres de Baumé, de Cartier, etc.), exigent un calcul ou l'emploi de tables (¹); les autres, dont les divisions ne sont pas équidistantes, sont gradués de manière à donner directement les densités.

L'usage de ces instruments ne nécessite aucun apprentissage; mais nous croyons utile de faire une manipulation spéciale du dosage de l'alcool dans les vins, etc.

Alcoomètre centésimal. Essai d'un vin. — On a souvent besoin de déterminer la proportion d'alcool contenu dans un liquide fermenté.

Il ne faut pas oublier que les alcoomètres ne peuvent

(¹) Nous donnons à la fin de l'ouvrage deux de ces tables (pages 369 et 371).

fournir directement ce renseignement que si l'on a affaire
à un simple mélange d'alcool et d'eau. Le vin, la bière, le
cidre, etc., contiennent en outre un certain nombre de
substances qui, modifiant la densité, faussent les indications de l'instrument.

Le moyen le plus sûr pour éliminer toute erreur consiste à distiller le liquide. Suivant la richesse du mélange,
on continue la distillation jusqu'à ce que l'on ait recueilli
un volume égal à 1/2, 1/3 ou 1/4 du volume primitif, et
l'on rétablit exactement ce dernier au moyen d'eau distillée. On n'a plus ainsi qu'un mélange d'eau et d'alcool
qui contient exactement la même proportion d'alcool que
le liquide à étudier.

L'essai se fait souvent au moyen d'un alambic de très
petites dimensions, qui permet d'opérer rapidement et sur

Fig. 15. — Appareil de Salleron pour l'essai des vins.

de très petites quantités de liquide. La figure 15 représente
l'appareil de Salleron.

OPÉRATION. — Remplissez l'éprouvette L de liquide jusqu'au trait *a* et versez le contenu dans le ballon B. — Réu-

nissez le ballon au serpentin au moyen d'un petit tube de caoutchouc rouge D ; remplissez d'eau froide le récipient C, placez l'éprouvette comme le montre la figure et allumez la lampe à alcool A.

Supposons qu'il s'agisse d'un vin très alcoolique ; vous laisserez fonctionner l'appareil jusqu'à ce que le liquide recueilli affleure au trait $\frac{1}{2}$, — à peu près du moins. Enlevez alors l'éprouvette, ajoutez de l'eau distillée jusqu'au trait *a*, et plongez-y un petit alcoomètre *ad hoc* et un petit thermomètre qui accompagnent l'appareil. Notez les indications de ces deux instruments et reportez-vous à la table à double entrée spéciale, due à Gay-Lussac, et que nous reproduisons à la fin de l'ouvrage (p. 370). A l'intersection des deux colonnes, vous trouverez le titre exact.

Ainsi, supposons que, dans notre cas, l'alcoomètre marque 14° et le thermomètre 19° ; le vin essayé contient 13,3 p. 100 d'alcool.

Remarque. — On peut trouver très rapidement et d'une manière suffisamment approchée, dans certains cas, la richesse alcoolique d'un vin en déterminant son point d'ébullition sous la *pression normale* (on fera la correction convenable dans le cas contraire). Il suffit d'employer un thermomètre très sensible et de se reporter aux tables de correspondance, ou bien de faire usage de certains *ébullioscopes* munis de thermomètres à graduation spéciale.

On fera bien de comparer les indications de l'ébullioscope au résultat obtenu ci-dessus.

III

PRESSION ATMOSPHÉRIQUE

Indépendamment de ses applications importantes et bien connues à la détermination des altitudes et à la prévision du temps, le baromètre est un instrument de première nécessité dans tout laboratoire. Il faut remarquer d'ailleurs que les baromètres anéroïdes, qui sont, grâce à leur grande commodité, à peu près seuls employés par les voyageurs et les météorologistes, ne conviennent pas aux déterminations physiques de quelque précision.

Calcul de la pression. — Dans les baromètres à mercure, quelle que soit leur forme, la pression atmosphérique est mesurée par le poids d'une colonne cylindrique de ce liquide ayant pour base l'unité de surface (1 cent. carré) et pour hauteur celle de la colonne soulevée au-dessus du niveau de la cuvette, ou la différence des niveaux dans les deux branches de l'appareil (baromètre à siphon de Gay-Lussac).

Supposons d'abord que le tube barométrique soit assez large pour qu'il n'y ait pas à se préoccuper des *phénomènes capillaires.*

Soient H cette hauteur observée et t la température du mercure, que nous supposerons être aussi celle de l'échelle divisée qui sert à mesurer cette hauteur. Soient encore g la valeur de l'accélération terrestre au lieu où se fait l'observation, d_0 la densité du mercure à 0°, et μ son coefficient de dilatation, et proposons-nous d'exprimer d'abord la pression atmosphérique en *dynes*, par centimètre carré.

1° PRESSION EN DYNES. — La hauteur du cylindre de mercure dont le poids représente la pression sur chaque centimètre carré n'est pas exactement H ; car l'échelle divisée s'est dilatée, de sorte que chacune de ses divisions se trouve augmentée dans le rapport $(1 + \lambda t)$, si l'on désigne par λ son coefficient de dilatation.

Le volume de ce cylindre est donc $H(1 + \lambda t)$, puisqu'il a pour base l'unité de surface.

La densité du mercure à $t°$ est $\dfrac{d_0}{1 + \mu t}$. La masse du mercure contenu dans ce cylindre est donc :

$$\frac{H(1 + \lambda t)d_0}{1 + \mu t}$$

et son poids :

$$\frac{H(1 + \lambda t)d_0 g}{1 + \mu t}.$$

Ce poids sera exprimé en *dynes* si H et g sont mesurés en centimètres.

Supposons, par exemple, que la hauteur barométrique soit lue sur une règle en laiton dont le coefficient de dilatation est $\lambda = 0,0000186$, et que $t = 15°,2$ et $H = 75^{cm},34$.

On sait que le coefficient de dilatation du mercure est $0,0001815$, et qu'à Paris $g = 981$ cent. On aura donc :

$$\text{Pression} = \frac{75,34(1 + 15,2 \times 0,0000186) \times 13,596 \times 981}{1 + 15,2 \times 0,0001815}$$

en dynes par centimètre carré.

Quand on ne tient pas à une extrême précision, on remplace le quotient $\dfrac{1+\lambda t}{1+\mu t}$ par $[1-(\mu-\lambda)t]$ qui en diffère très peu. On aurait donc ici :

$$75,34(1-15,2 \times 0,000163) \times 13,596 \times 981 \text{ dynes.}$$

2° PRESSION EN GRAMMES. — Pour avoir la valeur de la pression en grammes, il suffit de diviser le précédent résultat par le nombre de dynes contenues dans 1 gramme-poids. Or, ce dernier n'est autre chose que le poids du centimètre cube d'eau (dont la masse est précisément prise pour unité) à la latitude de 45° et au niveau de la mer. D'ailleurs, si l'on désigne par p le poids d'un corps dont la masse est m, et par g_0 l'accélération de la pesanteur en un lieu ainsi défini, on a

$$p = m \times g_0$$

de sorte que, dans le système CGS, le poids p de l'unité de masse ($m=1$) est exprimé en dynes par le même nombre que g_0 en centimètres, soit 980,7, d'après les expériences les plus récentes.

La pression atmosphérique en grammes sera donc exprimée par :

$$\frac{H(1+\lambda t)d_0}{1+\omega t} \times \frac{g}{g_0}.$$

A l'Observatoire de Paris, on a trouvé que $g=981$ cent. exactement. On voit que la suppression du facteur $\dfrac{g}{g_0}$ entraîne une erreur de 3 dix-millièmes environ. On pourra donc se contenter pour toute observation faite en France ou en général entre 40° et 50° de latitude et ne comportant pas une précision supérieure au millième, de la formule

$$P = Hd_0[1-(\mu-\lambda)t].$$

Reprenons l'exemple ci-dessus :

$$P = 75,34 \times 13,596 \times (1 - 15,2 \times 0,000163).$$

3° PRESSION EN CENTIMÈTRES DE MERCURE. — Il est souvent commode de prendre pour unité de pression celle qu'exerce sur un centimètre carré une colonne de mercure de 1 centimètre de hauteur à 0° et au lieu où se fait l'observation.

On dira, par exemple : la pression est de 76 centimètres. Bien que ce langage soit tout à fait défectueux, il ne peut produire aucune confusion. On entend par là que la pression est celle qu'exerce sur un centimètre carré, au lieu de l'observation, une colonne de mercure pur, à 0°, ayant 76 centimètres de hauteur.

Il s'agit donc de calculer seulement la hauteur H_0 de la colonne de mercure à 0° qui eût équilibré la pression atmosphérique, sachant que celle-ci est mesurée expérimentalement par une colonne de hauteur H à $t°$.

Il résulte de ce qui précède que la pression peut s'exprimer, en grammes par centimètre carré, par l'une ou l'autre des formules :

$$H \frac{1 + \lambda t}{1 + \mu t} d_0 \frac{g}{g_0} \qquad \text{ou} \qquad H_0 d_0 \frac{g}{g_0}$$

de sorte que l'on a :
$$H_0 = H \frac{1 + \lambda t}{1 + \mu t},$$

ou encore, approximativement :
$$H_0 = H[1 - (\mu - \lambda)t].$$

La hauteur H_0 ainsi obtenue est dite *hauteur barométrique réduite à 0°*.

C'est ainsi que l'on procède toutes les fois que l'on a à comparer des masses gazeuses, dans la recherche des densités. Mais il est clair que la correction de température n'est pas la seule à effectuer si l'on se propose, par exemple, de marquer le point 100° d'un thermomètre; car la température de la vapeur d'eau bouillante n'est 100° que si l'ébullition a lieu sous la pression exercée par une colonne de 76 centimètres de mercure à 0°, à 45° de latitude et au niveau de la mer.

Il faudra donc calculer dans ce dernier cas la hauteur H'_0 de la colonne de mercure à 0° qui équilibrerait à 45° de latitude et au niveau de la mer la pression actuellement mesurée par H.

Exprimons dans les deux cas cette pression en dynes, et égalons les deux valeurs obtenues. Nous trouvons :

$$\text{Pression en dynes} = H'_0 d_0 g_0 = H \frac{1+\lambda t}{1+\mu t} d_0 g$$

d'où :
$$H'_0 = H \frac{1+\lambda t}{1+\mu t} . \frac{g}{g_0} .$$

On a ainsi la hauteur barométrique *réduite à 0°, à 45° de latitude et au niveau de la mer*, ou, comme on dit, aux conditions normales.

Toutefois, il convient de rappeler une observation déjà faite : les deux dernières réductions n'ont d'intérêt que si la précision des expériences le comporte.

Prenons un exemple :

On fait bouillir de l'eau pure à Paris, et la pression barométrique réduite à 0° est précisément de 76 centimètres. Après la correction relative à la latitude et à l'altitude, la colonne barométrique devient donc:

$$76 \times \frac{g}{g_0} = 76 \times \frac{981}{980,7} = 76^{cm},023.$$

La correction est, comme on le voit, de $0^{mm},23$. On sait d'ailleurs qu'au voisinage de 100°, la température d'ébullition de l'eau varie de $\frac{1°}{27}$ par millimètre de mercure. La température, de la vapeur d'eau bouillante est donc ici de 100°,04 environ et non 100° exactement. On voit qu'il n'y a lieu de faire la correction que si l'on emploie un thermomètre sensible au centième de degré.

Correction de capillarité. — Lorsque deux vases de largeur suffisante et contenant un même liquide communiquent entre eux de manière que la colonne liquide soit continue de l'un à l'autre, les deux surfaces libres sont dans le même plan horizontal ; mais si l'un des vases est un tube de petit diamètre, le liquide s'y élève plus haut que dans l'autre vase s'il mouille la paroi (cas général), moins haut, au contraire, s'il ne la mouille pas (cas du mercure).

La différence des niveaux, que l'on appelle *dépression* capillaire, est d'autant plus grande que le tube est plus étroit ; elle peut atteindre plusieurs centimètres dans un tube dont le diamètre est l'épaisseur d'un cheveu : de là le qualificatif de « capillaires » attribué à un ensemble de phénomènes se rattachant à celui-ci.

Les tubes barométriques usuels ont des diamètres compris entre 8 et 12 millimètres ; ceux des baromètres de précision ont de 20 à 30 millimètres. On peut se faire une idée de la valeur de la dépression d'après le tableau suivant [1] :

DIAMÈTRE.	DÉPRESSION.	DIAMÈTRE.	DÉPRESSION.
6 millim.	$1^{mm},2$	12 millim.	$0^{mm},3$
8 —	0 ,7	20 —	0 ,03
10 —	0 ,4	30 —	0 ,00

[1] Nous donnons à la fin de l'ouvrage (page 372) un extrait plus étendu des tables de Delcros.

Il convient d'ajouter que la dépression ne dépend pas seulement du diamètre du tube, mais aussi de diverses circonstances que l'on peut résumer dans la *flèche du ménisque.* On nomme ainsi la distance du sommet B de la colonne au plan AC de raccordement avec la paroi (fig. 16).

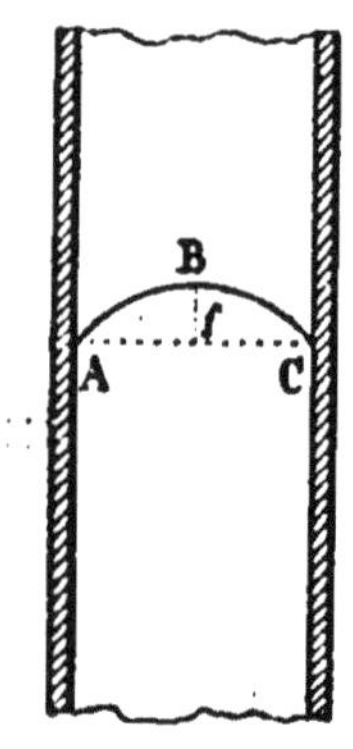

Fig. 16. — Flèche du ménisque.

Gay-Lussac a, le premier, construit des tables à double entrée qui donnent la *dépression* en fonction de la flèche et du diamètre. Mais on préfère aujourd'hui éliminer la mesure difficile de la flèche, en se fondant sur l'observation suivante : Dans un tube bien propre, auquel on imprime de légères secousses en le frappant du bout des doigts pour rompre l'adhérence du mercure pour le verre, la flèche reprend toujours sensiblement la même valeur, de sorte que la dépression peut être considérée comme constante dans un tube donné.

Il est clair, d'ailleurs, que l'erreur commise est d'autant plus faible que la dépression est elle-même plus petite; elle est absolument négligeable dans un tube de 2 centimètres de diamètre.

Ces remarques ont une grande importance pratique ; nous les utiliserons tout à l'heure. Bornons-nous pour le moment à constater que si le tube barométrique a moins de 30 millimètres de diamètre, il faut majorer la hauteur barométrique observée de la valeur de la « dépression ».

DESCRIPTION ET USAGE DES DIFFÉRENTS BAROMÈTRES

Après ces généralités, il nous suffira d'indiquer comment on obtient la hauteur brute H, avec chacun des

principaux ·baromètres employés dans les laboratoires.
Nous commencerons par les plus simples.

1° Baromètre à cuvette plate ou à goutte.

Cet appareil se compose d'un tube de Torricelli, dont la
partie inférieure effilée pénètre dans une cuvette de forme
particulière, et dont la qualité essentielle est d'avoir un
fond plan et horizontal (fig. 17). —
Le tube est fixé au col de cette
cuvette au moyen d'une peau de
chamois qui laisse communiquer
suffisamment le mercure avec l'air
atmosphérique. Le tout est fixé à
demeure sur une planchette.

On a réglé la quantité de mercure de la cuvette de manière qu'il
n'en touche jamais les bords ; il
s'étale plus ou moins sur le fond,
en conservant une épaisseur constante.

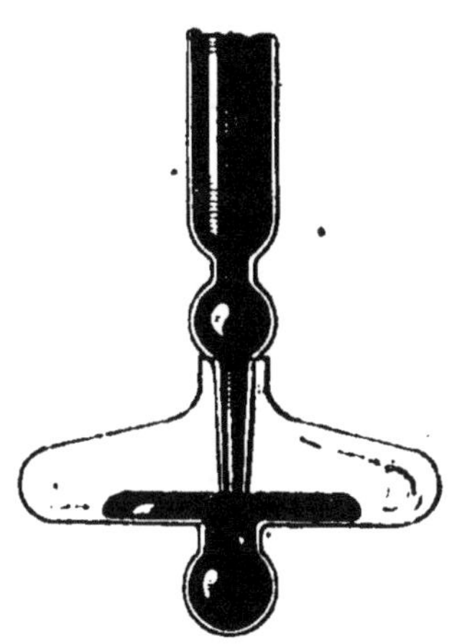

Fig. 17. — Cuvette du
baromètre à goutte.

Une règle graduée, fixée à la planchette parallèlement
au tube, a son zéro en coïncidence avec le niveau fixe du
mercure dans la cuvette. Elle doit être rendue verticale,
ce qui se fait au moyen d'un fil à plomb, et une fois pour
toutes, puisque l'appareil est utilisé à poste fixe.

La mesure de la hauteur H consiste à repérer le sommet B du mercure par rapport à cette règle graduée (fig. 19).

A cet effet, on se sert d'un curseur D, glissant le long
de la règle divisée, et qui porte :

1° Un index ou mieux un petit anneau cylindrique qui
entoure le tube ;

2° Un repère qui se déplace le long de la règle divisée.

OPÉRATION. — Après 'avoir secoué le tube légèrement, comme il a été dit plus haut, on amène le plan de la base inférieure du cylindre à être tangent au sommet du ménisque; pour s'en assurer, on glisse une feuille de papier blanc entre le tube et la planchette, et l'on place l'œil à la hauteur du ménisque.

Il suffit de lire la division de la règle devant laquelle s'arrête le repère pour avoir immédiatement la hauteur barométrique brute H. Un thermomètre fixé à la planchette indique la température avec une précision suffisante pour ce genre d'appareil, qui n'est destiné à donner la hauteur barométrique qu'à 2 ou 3 dixièmes de millimètre près.

Remarque. — Il y aurait lieu de faire une correction additive relative à la capillarité (voir page 54). Il faudrait en outre s'assurer de ce que le zéro de la règle se trouve exactement dans le plan de la surface libre du mercure dans la cuvette, ou bien faire une nouvelle correction à cet égard. Enfin il conviendrait encore de vérifier que la règle divisée a été copiée sur un bon étalon, ou de faire une troisième correction dans le cas contraire.

Dans la pratique, toutes ces corrections et déterminations se réduisent à une seule opération faite une fois pour toutes, et qui est la suivante :

On détermine simultanément, et avec soin, la pression barométrique avec cet appareil et au moyen d'un baromètre sûr (un baromètre normal, par ex. : voir pages 60 et suiv.). Soient H_0 et H'_0 les deux hauteurs obtenues réduites à 0°, et supposons que H_0 soit inférieur à H'_0 de $0^{mm},6$. Il suffira d'ajouter $0^{mm},6$ à toutes les déterminations faites au moyen de ce baromètre pour faire subir au résultat, d'un seul coup, les trois corrections sus-indiquées.

Cette remarque s'applique à tous les baromètres sauf les deux derniers. Elle permet d'ailleurs de réduire la longueur de l'échelle à 20 ou 30 centimètres : de $0^m,55$ ou $0^m,65$ à $0^m,85$, à partir du niveau dans la cuvette.

2° Baromètre à cuvette et à piston.

On trouve souvent dans les laboratoires un baromètre qui ne diffère du précédent qu'en ce que sa cuvette est en fonte et prismatique. La règle divisée se termine à la partie inférieure par une pointe d'ivoire dont l'extrémité doit correspondre exactement au zéro de la graduation. Enfin on fait toujours

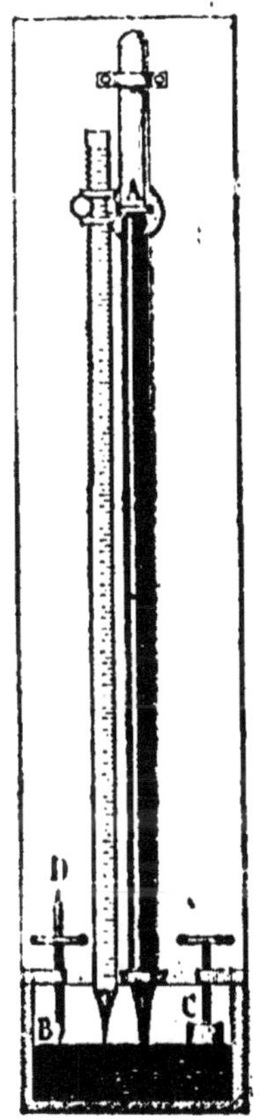

Fig. 18. — Baromètre à piston et normal.

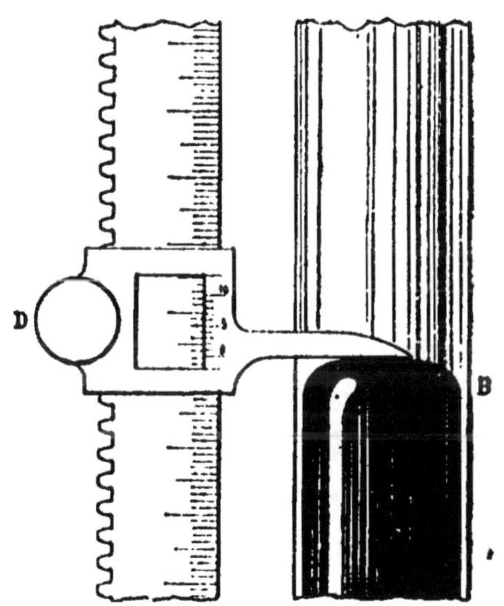

Fig. 19. — Curseur avec vernier au 1/10°.

affleurer le mercure de la cuvette à la pointe d'ivoire, en y enfonçant plus ou moins un piston d'acier C (fig. 18) supporté par une tige filetée qui tourne dans un écrou.

Si le tube barométrique a 15 millimètres de diamètre au moins, cet appareil peut être observé avec quelque précision en suivant la marche précédemment indiquée. On remplace dans ce cas le repère du curseur D par un vernier au 1/10° de millimètre (fig. 19).

Nous reviendrons sur quelques détails en étudiant les appareils suivants.

Remarque. — On emploie dans certaines stations météorologiques, sous le nom de *baromètre Tonnelot*, un simple baromètre à cuvette, dont la seule particularité est la suivante : La cuvette est cylindrique, et la surface annulaire comprise entre sa paroi et le tube barométrique (section droite) est juste 100 fois la section intérieure de ce tube. Il en résulte que si le mercure monte de 1 millimètre dans celui-ci, il descend en même temps de 1/100° de millimètre dans la cuvette.

Supposons que la graduation ait été placée de telle façon que l'instrument soit d'accord avec un baromètre sûr à la pression normale, et que le mercure affleure actuellement au n° 772. La différence des niveaux ou hauteur barométrique brute est en réalité 772^{mm},12.

On pourrait d'ailleurs s'affranchir de la correction en altérant la graduation dans le rapport de 100 à 101, c'est-à-dire en divisant 100 millimètres de l'échelle en 101 parties égales, que l'on pourrait appeler des millimètres barométriques. La lecture directe donnerait immédiatement la différence des niveaux.

Nous ferons remarquer toutefois que tout ce que nous avons dit suppose la température sensiblement invariable : en réalité, pour une même position du sommet de la colonne mercurielle, le niveau du mercure dans la cuvette change par suite des variations de température.

3° Baromètre de Fortin.

Cet appareil a sur les précédents l'avantage d'être portatif; aussi le trouve-t-on dans tous les laboratoires. —

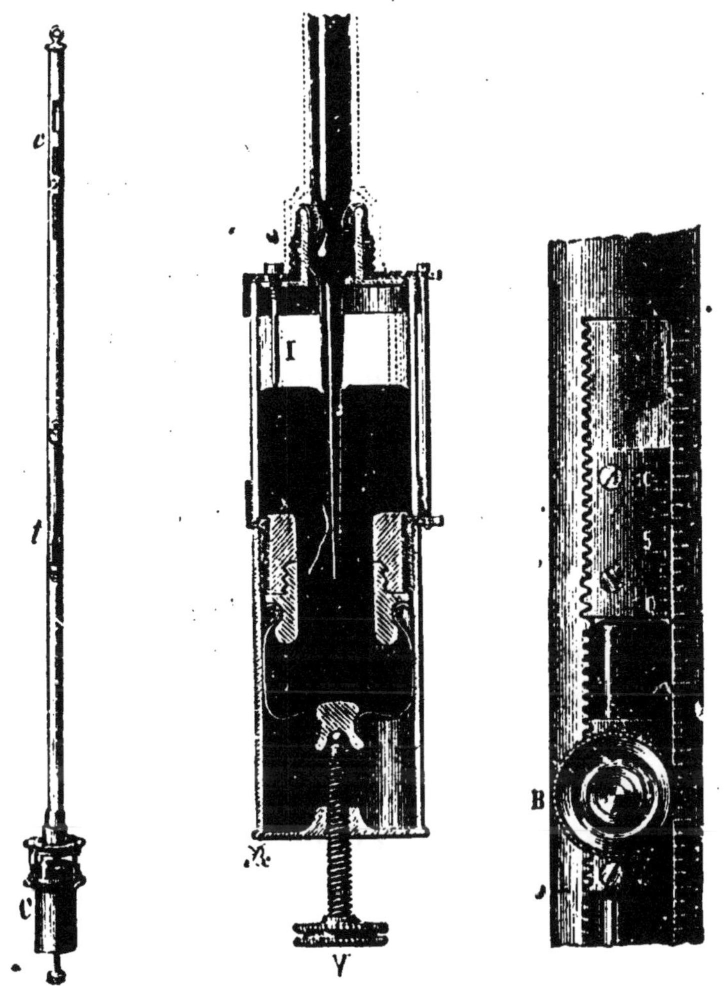

Fig. 20. — Baromètre
de Fortin.

Fig. 21. — Cuvette.

Fig. 22. — Curseur.

Observé dans de bonnes conditions, il permet de déterminer la hauteur barométrique à 1/10ᵉ de millimètre près.

Sans insister sur sa description, nous rappellerons qu'il se compose d'un tube ·de Torricelli de 8 à 12 millimètres de diamètre fixé sur une cuvette cylindrique toute spéciale C, dont le fond est formé par une peau de chamois (fig. 20 et 21).

On voit sur la figure 21 la vis V, qui permet de déplacer ce fond et d'amener ainsi le mercure à affleurer à une pointe d'ivoire I, vissée sur la partie supérieure de la cuvette.

Le tube est enveloppé dans une gaine de laiton percée seulement de deux fenêtres longitudinales qui laissent voir le sommet de la colonne mercurielle. Cette gaine, vissée elle-même sur la cuvette, porte une graduation en millimètres dont le zéro doit coïncider exactement avec la pointe d'ivoire.

Enfin un curseur B, représenté dans la figure 22, se déplace le long de la graduation et porte un vernier au 1/10ᵉ ou mieux au 1/20ᵉ.

Un thermomètre t, enchâssé dans la gaine à mi-hauteur, donne la température de l'instrument.

OPÉRATION. — Il est essentiel que la règle sur laquelle on lit la hauteur barométrique soit verticale. Ce résultat est très facile à obtenir ici : grâce à la symétrie de l'appareil, son centre de gravité est très sensiblement sur l'axe du tube et de la gaine, et il suffit de le suspendre par l'anneau que l'on voit à la partie supérieure pour que la gaine et par suite la graduation soient verticales [1].

1° On agit sur la vis V jusqu'à ce que le mercure affleure à la pointe d'ivoire. Pour s'assurer du résultat, on passe derrière la cuvette un papier blanc, de manière à

[1] En voyage, on emploie une suspension de Cardan.

bien éclairer par diffusion la surface du mercure ; on y voit l'image de la pointe d'ivoire. On fait tourner la vis jusqu'à ce que la pointe semble toucher son image. Si l'on était allé trop loin, on verrait le mercure se déprimer autour de la pointe, et la moindre dépression se voit très facilement, parce qu'elle présente un éclairement très vif d'un côté et une ombre du côté opposé.

Pour éviter le ballottement de l'appareil pendant cette opération, on entoure assez souvent la cuvette d'un anneau muni de 3 vis calantes centripètes, qui permettent de fixer l'appareil dans sa position d'équilibre.

2° On fait glisser le curseur jusqu'à ce que sa base inférieure (qui coïncide avec le zéro du vernier) soit tangente au sommet du ménisque. — Pour s'en assurer, on passe derrière le tube un papier blanc, et l'on a soin de placer l'œil à la hauteur du ménisque.

Certains appareils possèdent un petit miroir mobile le long d'une glissière, qui peut renvoyer à l'observateur, à cet effet, la lumière d'une fenêtre.

Il ne reste plus qu'à faire la lecture, ainsi que nous l'avons exposé à propos du vernier. — Supposons, par exemple, que le vernier soit au $1/20^e$, et que son zéro soit placé entre les divisions 763 et 764 de la règle ; nous cherchons, en nous aidant d'une loupe, et plaçant l'œil aussi exactement que possible à la hauteur des divisions, à observer quelle est la division du vernier qui coïncide avec une division de la règle. — Supposons que ce soit la division 13 : la hauteur barométrique brute est $H = 763$ millimètres $13/20^e = 76^{cm},365$.

Si le zéro de la division coïncide parfaitement avec la pointe d'ivoire, si cette division a été copiée avec soin sur un bon étalon, si enfin la surface du mercure est plane à l'endroit où elle touche la pointe d'ivoire, il suffit de faire les corrections de température et de capillarité pour obtenir la hauteur barométrique à 1/10e de millimètre près.

Il est beaucoup plus simple et plus sûr à la fois d'opérer comme nous l'avons dit plus haut : — Secouer légèrement le tube avant de faire la lecture, afin de rendre constante la dépression capillaire, et comparer une fois pour toutes ce baromètre à un baromètre normal, de manière à connaître la *correction constante* qu'il faut apporter aux lectures brutes de l'appareil.

Cette correction est souvent de plusieurs dixièmes de millimètre et généralement additive.

4° Baromètres normaux à siphon et à cuvette.

Les baromètres normaux se distinguent des précédents en ce que leurs tubes ont de 20 à 30 millimètres de diamètre et qu'on les observe au cathétomètre [1].

Le baromètre à siphon se compose d'un tube recourbé comme le montre la figure 23, placé sur un support convenable, mais de forme quelconque. La chambre barométrique A et la cuvette B sont formées de deux portions d'un même tube. Elles sont réunies par un tube plus étroit, afin de diminuer le poids de mercure contenu dans l'appareil.

Il est facile de voir que l'effet capillaire est rendu négligeable, pourvu toutefois que l'on prenne la précaution d'é-

[1] Dans les mesures de haute précision que l'on effectue au Bureau international des poids et mesures, à Sèvres, on remplace le cathétomètre par un instrument encore plus précis, le comparateur vertical, qui permet d'apprécier les *microns* (millièmes de millimètre).

viter, comme nous l'avons dit, la déformation du ménisque par suite de l'adhérence à la paroi. Nous avons vu en effet que, même dans un tube de 20 millimètres de diamètre, la dépression n'est en moyenne que de $0^{mm},03$; admettons qu'elle ait en A une valeur supérieure de 10 p. 100 à cette moyenne, et en B au contraire une valeur inférieure d'autant ; la différence des dépressions en A et en B ne serait encore que de $0,20 \times 0,03 = 0^{mm},006$, ce qui est inappréciable au cathétomètre.

Quelle que soit la précision des pointés, il n'y a pas à se préoccuper des effets capillaires dans un baromètre à siphon de 30 millimètres de diamètre.

Pour déterminer la distance verticale AB au moyen du cathétomètre, on dispose celui-ci devant le baromètre (son axe étant à une distance de 50 à 60 centimètres) de manière que les niveaux A et B soient exactement à la même distance de l'objectif de la lunette lorsque celle-ci est disposée pour la visée, — après le réglage préalable du cathétomètre, bien entendu (voir page 9).

Il est très difficile de pointer exactement le sommet d'un ménisque. Voici l'un des procédés les plus recommandables :

Deux curseurs identiques se déplacent derrière A et B, et presque en contact avec les tubes ; ils présentent chacun une bande noire sur fond blanc (fig. 24). On amène la bande noire à être vue à travers la lunette presque en

Fig. 23. — Baromètre à siphon.

contact avec le sommet du ménisque. A ce moment celui-ci se détache très nettement en noir sur le fond blanc et le pointé se fait facilement avec l'exactitude du centième de millimètre.

Supposons, par exemple, que lors du pointé supérieur le zéro du vernier soit placé entre 892 et 893, le n° 42 coïncidant avec une division de la règle, — le vernier étant au 1/50ᵉ —, la lecture est 892ᵐᵐ,84.

Lors du pointé inférieur, le zéro du vernier est placé entre 127 et 128, et les divisions 16 et 17 sont comprises entre deux divisions de la règle; la lecture est donc 127ᵐᵐ,33.

La hauteur barométrique brute est d'après cela

$$892,84 - 127,33 = 765,51.$$

Le *baromètre normal de Regnault* est à cuvette (1).

La cuvette est en fonte et porte une petite potence dont le bras horizontal est taraudé et supporte une tige filetée en acier terminée par deux pointes mousses (BD, fig. 18).

OPÉRATION. — 1° Cette tige à deux pointes doit être sensiblement parallèle au tube barométrique ; on la rend bien verticale au moyen des vis calantes que possède le support. — On juge de ce réglage en examinant si la tige et son image sont exactement dans le prolongement l'une de l'autre.

2° On détermine la longueur de cette tige au cathétomètre en la faisant monter au-dessus du bord de la cuvette. (Cette opération se fait une fois pour toutes.)

---

(1) Il lui est adjoint un tube de même diamètre permettant de mesurer les pressions inférieures à la pression atmosphérique, de sorte que l'appareil tout entier porte généralement le nom de *manomètre barométrique.*

3° On enfonce la tige jusqu'à ce que sa pointe inférieure B affleure au mercure.

4° On détermine au cathétomètre la distance verticale AD.

La hauteur barométrique s'obtient en faisant la somme AD + DB.

Avec cet appareil, on n'est dispensé de la correction capillaire que si le tube a 30 millimètres de diamètre au minimum.

On doit avoir soin d'ailleurs que le point où affleure l'extrémité B soit assez éloigné des bords pour que la surface du mercure y soit plane ; car il ne faut pas oublier que la dépression existe près des parois d'un vase quelconque, et que l'on ne possède pas de moyen certain de la connaître en général.

Modification de M. Leduc. — Afin d'éviter ces difficultés et quelques autres résultant de la multiplicité des lectures, M. Leduc supprime

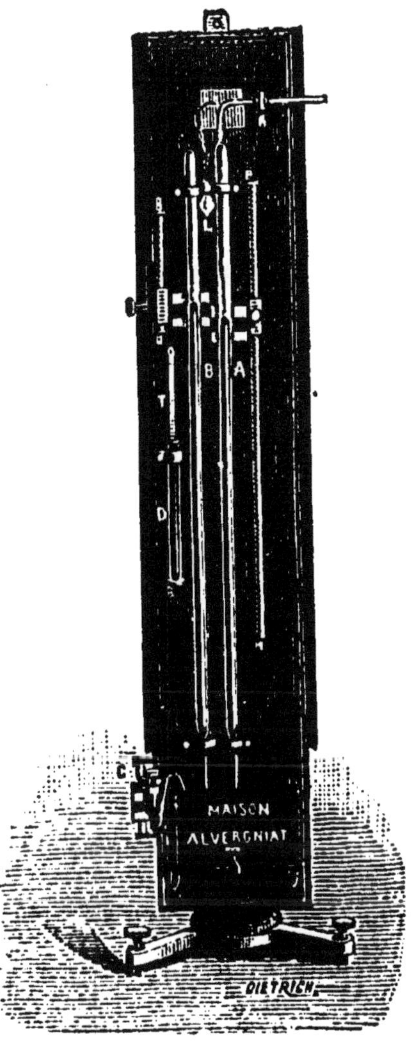

Fig. 24. — Baromètre de M. Leduc.

la tige à deux pointes BD et installe à cheval sur le bord de la cuvette un tube en S (fig. 24), dont la partie large a le même diamètre que le tube barométrique et qui contient du mercure en communication avec celui de la cuvette.

On est ainsi ramené au cas plus simple du baromètre à siphon dont cette nouvelle disposition réalise tous les avantages, tout en conservant à l'instrument la fonction de manomètre barométrique.

L'opération se réduit, comme dans le cas précédent, à repérer sur l'échelle du cathétomètre les sommets des deux ménisques (voir page 62).

Remarque. — Pour obtenir avec une précision suffisante la température d'un baromètre normal, on dispose à mi-hauteur, près du tube barométrique, un tube D de même diamètre ayant 25 à 30 centimètres de hauteur, et contenant du mercure dans lequel plonge un bon thermomètre gradué en dixièmes de degré. On est ainsi dans les meilleures conditions pour que ce thermomètre suive de très près les variations de température de la colonne barométrique.

Notons, à titre de renseignement numérique, qu'une erreur de $1°$ sur cette température entraînerait une erreur de $0^{mm},12$ sur la valeur de la hauteur barométrique réduite H_0.

IV

THERMOMÈTRES

GÉNÉRALITÉS

Nous ne nous proposons point de faire ici la théorie générale de la mesure des températures; mais il est indispensable de se bien rendre compte de ce fait que divers thermomètres placés dans un même bain ou dans une même étuve ne donnent rigoureusement la même indication qu'aux points fixes désignés sous les noms de zéro et 100°. De là la nécessité de comparer le thermomètre dont on fait usage à un instrument type ou étalon, ainsi que nous le verrons plus loin.

On sait qu'en général les corps se dilatent lorsqu'on les échauffe, et qu'ils se dilatent inégalement. Ainsi, des expériences même grossières montren' que, dans les mêmes conditions, une barre de laiton s'allonge deux fois plus qu'une tige de platine ou de verre ayant même longueur, et qu'un certain volume d'alcool augmente 6 fois plus environ que le même volume de mercure. — Pour les gaz seuls, les différences de l'un à l'autre sont faibles, de sorte que les premiers expérimentateurs leur ont attribué à tous la même dilatabilité.

Ce n'est pas tout. — Des expériences plus précises ont

montré que si l'on plonge, par exemple, deux barres A et B de même longueur dans un même bain que l'on porte successivement de 0° à deux températures que nous désignerons provisoirement par t et t', et que nous apprendrons à mesurer plus loin, les deux barres présentent en passant de 0° à $t°$, puis de $t°$ à t' des allongements a et b, a' et b' qui ne sont pas proportionnels. C'est ce que l'on exprime en disant qu'ils n'ont pas la même *loi de dilatation*.

Or, comment définit-on les températures?

Indépendamment de tout thermomètre, on appelle zéro la température de la glace fondante et 100° celle de la vapeur d'eau pure bouillant sous la pression dite *normale*, c'est-à-dire de 76 centimètres de mercure normaux (voir p. 50). Puis on choisit un corps thermométrique, qui est tantôt un gaz (l'air, l'azote ou l'hydrogène), ou un liquide (le mercure, l'alcool ou le toluène).

On ne prend pas les solides parce qu'ils sont peu dilatables et surtout à cause de cette fâcheuse propriété qu'ils ont de ne pas reprendre exactement la même longueur lorsque après les avoir échauffés on les ramène à la température initiale. Toutefois, le cas d'un solide étant plus simple pour notre raisonnement, donnons-lui la préférence.

Soit, par exemple, une barre de cuivre pur dont la longueur est l_0 à 0° et l à 100°; elle s'est donc allongée de $l - l_0$ entre ces deux températures. Dire que l'on prend le cuivre pour corps thermométrique, c'est admettre arbitrairement que sa dilatation est proportionnelle à la variation de température, et *définir* par là même numériquement les températures.

Ainsi, nous dirons que la température s'est élevée de 1° chaque fois que notre barre se sera allongée de $\dfrac{l - l_0}{100}$, c'est-à-dire de la centième partie de sa dilatation entre 0° et 100°.

Si maintenant nous convenons de mesurer les températures par la dilatation d'une tige de zinc, qui, d'après ce qui précède, n'est pas proportionnelle à celle du cuivre, il est clair que les indications de ce deuxième thermomètre ne coïncideront pas en général avec celles du premier. Supposons, pour fixer les idées, que dans un même bain la dilatation de la première barre soit $46 \times \frac{l-l_0}{100}$, et celle de la deuxième $46,5 \times \frac{l-l_0}{100}$. Nous dirons que la température est de 46° du thermomètre à cuivre et 46,5 du thermomètre à zinc. Des divergences bien plus considérables se manifesteraient aux températures très élevées ou très basses.

Dans les thermomètres usuels, à liquides, on définit la température par la dilatation apparente de ces liquides dans le verre. On nomme, par exemple, degré du thermomètre à mercure l'élévation de température qui produit la centième partie de la dilatation apparente observée entre les deux points fixes (0° — 100°).

Pour les thermomètres à alcool, qu'on ne peut guère porter à la température de 100° (le point d'ébullition de l'alcool étant un peu inférieur à 80°), on ne détermine directement que le point zéro ; on détermine un deuxième point, — 60° par exemple, — par comparaison avec un thermomètre à mercure.

En répétant le raisonnement qui précède, on voit que, — le mercure, l'alcool et le verre ayant des lois de dilatation différentes, c'est-à-dire ne se dilatant pas proportionnellement, — les différents thermomètres, soit de même espèce, soit surtout d'espèces différentes, présenteront des écarts quelquefois importants.

Ainsi vers 40° ou 45° deux thermomètres à mercure dont les enveloppes sont l'une en cristal, l'autre en verre dur (le premier à base de plomb, le deuxième à base de chaux), présentent fréquemment des écarts de plusieurs dixièmes de degré. Vers 300° l'écart peut atteindre plusieurs degrés. Les écarts avec les thermomètres à gaz sont du même ordre. De même l'écart entre un thermomètre à alcool et un thermomètre à mercure ou un thermomètre à gaz peut atteindre plus de 5° vers — 40°.

On voit d'après ce qui précède qu'il est indispensable, dans les usages scientifiques, de comparer une fois pour toutes les températures fournies par le thermomètre dont on se sert aux indications d'un appareil adopté comme type par les savants de tous les pays. Cet appareil est le *thermomètre à hydrogène*. Mais, comme son maniement est assez délicat, nous nous contenterons de comparer nos instruments au *thermomètre à mercure et en verre dur* adopté aujourd'hui comme instrument usuel par le Bureau international des poids et mesures.

Son écart maximum avec le thermomètre normal à hydrogène entre 0° et 100° est de 0°,1 environ (il marque 40°,1 au lieu de 40°). Il présente d'ailleurs sur le thermomètre en cristal un avantage important : le déplacement du zéro y est beaucoup plus faible, plus rapide et plus régulier.

Construction du thermomètre à mercure.

La construction d'un thermomètre de précision est une opération très délicate, qui exige le concours d'un physicien très expérimenté et d'un ouvrier habile. Nous nous bornerons à la construction d'un thermomètre destiné aux usages courants.

On trouve dans le commerce des tubes tout préparés formés (fig. 25) :

1° D'une tige capillaire à parois épaisses;

2° D'un réservoir cylindrique fait du même verre et soudé à l'une des extrémités, ou soufflé dans l'épaisseur de la paroi (¹);

3° D'une ampoule soudée à l'autre extrémité en vue du remplissage et terminée par une pointe effilée fermée à la lampe.

Purification du mercure. — On se procure aisément aussi du mercure pur. Toutefois il est bon de savoir comment le purifier, le cas échéant. Pour cela, on le met en contact pendant plusieurs heures ou mieux pendant plusieurs jours avec de l'acide azotique pur, étendu de deux fois son poids d'eau environ, afin de dissoudre divers métaux et oxydes métalliques qu'il peut contenir. On agite de temps à autre; puis on le lave bien à l'eau distillée et on le verse dans un entonnoir à robinet contenant de l'acide sulfurique pur et concentré. Le mercure, parfaitement sec, gagne le fond. Il suffit de tourner le robinet pour en extraire la quantité dont on a besoin.

Pour éviter les traces d'acide qui peuvent être entraînées par le mercure, on le filtre en le faisant passer par un entonnoir dont la paroi et la douille ont été garnies de papier joseph. On peut aussi, pour éviter l'emploi de l'acide sulfurique, chauffer le mercure dans une capsule de

______

(¹) Regnault donnait la préférence aux réservoirs de la deuxième espèce; on leur reproche à juste titre d'avoir une paroi d'épaisseur irrégulière, inconnue et souvent très faible à certains endroits.

Les réservoirs des thermomètres de précision actuels sont toujours soudés à la tige après avoir été préalablement étudiés au point de vue de l'épaisseur et de la déformation sous l'influence de la pression.

porcelaine à une température supérieure à 100° pendant 15 ou 20 minutes.

Un procédé plus sûr consiste à distiller le mercure dans le vide ; mais, outre qu'il faut pour cela un outillage que l'on ne possède pas généralement, c'est une opération délicate.

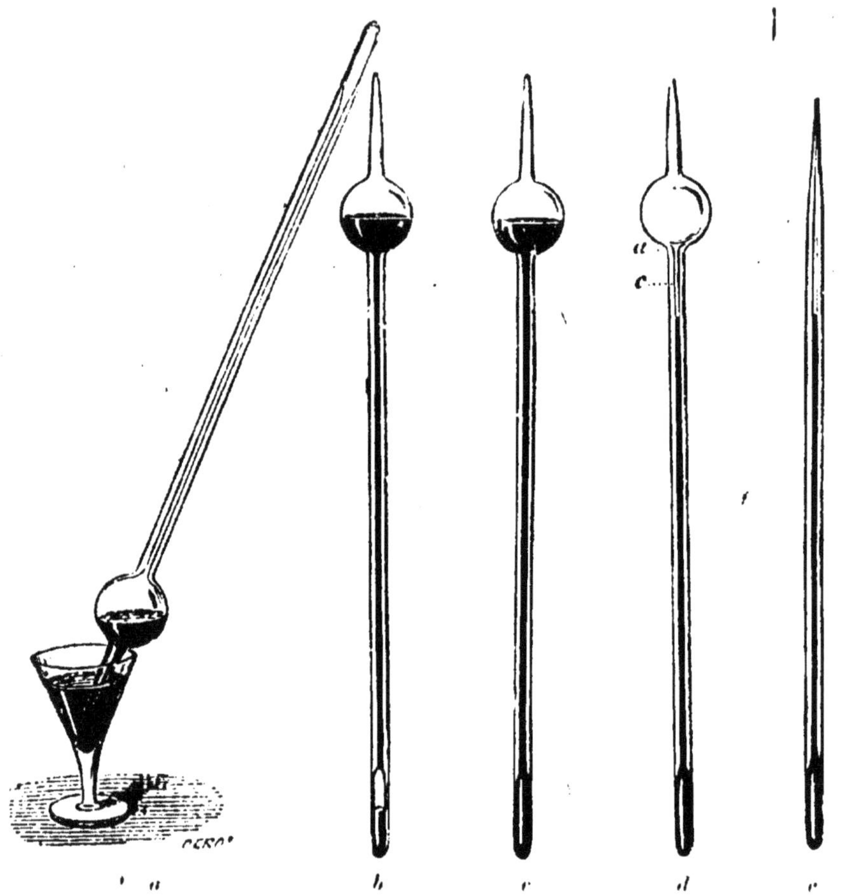

Fig. 25. — Remplissage du thermomètre à mercure.

Remplissage. — Après avoir brisé la pointe de l'ampoule au moyen d'une pince bien propre, on chauffe légèrement cette ampoule en la passant au-dessus d'une lampe à alcool ou d'un bec de gaz que l'on fait brûler avec une flamme non éclairante, afin d'éviter le dépôt de noir de fumée ; puis on plonge la pointe dans le mercure. Par suite de la dilatation, l'air de l'ampoule s'est échappé partiellement ; il est remplacé peu à peu par le mercure, qui monte dans l'ampoule à mesure qu'elle se refroidit (fig. 25, *a*). On relève le tube, et, le maintenant dans une position inclinée, on chauffe à la fois le mercure contenu dans l'ampoule, le réservoir et même le tube.

Fig. 26. — Ébullition du mercure dans le thermomètre.

Cette opération peut se faire au moyen d'une lampe à alcool ; mais on emploie de préférence une petite rampe à gaz, garnie d'une toile métallique, que l'on peut incliner à volonté (fig. 26). Le thermomètre est d'abord couché sur la toile métallique dans une position presque horizontale. Quand, au bout de quelques minutes, on juge qu'il a atteint une température de 200° à 300°, on incline fortement l'appareil de manière que le mercure puisse entrer dans le canal capillaire, et on éteint la rampe. Comme tout à l'heure une partie de l'air du réservoir a été chassée par la dilatation, il est remplacé maintenant par du mercure.

Après cette première opération, le tube présente l'aspect de la figure 25, *b*. On la répète une première fois de la même manière, puis une deuxième fois encore, mais en portant le mercure à l'ébullition (360° environ) pendant plusieurs minutes, afin de chasser complètement l'air ainsi que l'humidité que pouvait contenir le tube. On laisse refroidir ; puis on examine bien le tube et le réservoir pour s'assurer qu'il n'y reste point de bulle d'air : on le reconnaît à ce que la surface apparaît partout bien lisse et brillante.

Il arrive qu'une petite bulle se dissimule au raccordement de la tige avec le réservoir, et on est quelquefois obligé, pour la faire disparaître, de recommencer l'ébullition. Mais on peut souvent s'en dispenser de la manière suivante :

On refroidit le plus possible le réservoir : le mercure y entre et la bulle reste en place ; puis on tient le tube verticalement, on le secoue légèrement de manière à amener la bulle à l'entrée du canal, et l'on chauffe le réservoir : le mercure en se dilatant chasse devant lui la petite bulle et vient se réunir à celui qui reste dans l'ampoule. Il suffit alors de laisser refroidir l'appareil, qui est parfaitement rempli. Ce procédé réussit toujours avec les thermomètres sensibles, dont le canal est très étroit et le réservoir relativement grand.

Réglage de la course. — En général l'usage du thermomètre en préparation est déterminé à l'avance et le rapport des volumes de la tige et du réservoir a été calculé en conséquence.

Supposons que l'on veuille faire un thermomètre dont le point le plus élevé soit vers 105° à 110°. Après s'être débarrassé de l'excès de mercure qui reste dans l'ampoule à la température ordinaire, on chauffe le réservoir à 100° environ dans l'eau bouillante; on incline le tube et on lui donne un petit coup sec pour détacher la goutte de mercure qui est restée adhérente à l'entrée du tube capillaire. Puis on chauffe un peu plus sur la lampe à alcool, de manière à faire tomber encore une petite goutte. L'instrument est ainsi réglé pour fonctionner un peu au-dessus de 100°.

On peut régler d'une manière analogue la quantité de mercure de manière que l'instrument puisse descendre à une certaine température minima; mais il est clair que l'on ne peut pas lui imposer ces deux conditions à la fois s'il n'a pas été construit précisément en vue de les réaliser toutes deux.

Pour fermer le thermomètre, on chauffe le réservoir jusqu'à ce que le mercure vienne en a (fig. 25, d), à l'extrémité de la tige, puis on chauffe rapidement au moyen de la lampe d'émailleur la région ac jusqu'au rouge naissant où le verre se ramollit, et on l'étire comme l'indique la figure 25 e, de manière à détacher l'ampoule et à fermer le tube sans y laisser d'air. On contourne ensuite l'extrémité effilée en forme de crochet ou d'anneau.

Il est avantageux que le mercure remplisse ainsi exactement le thermomètre au moment où on le ferme ; car une petite quantité d'air pourrait produire à la longue une altération du mercure et disjoindre d'ailleurs la colonne mercurielle. La colonne d'un thermomètre parfaitement vide de gaz se disjoint encore plus facilement; mais il suffit de légères secousses pour ramener à sa place la colonne séparée.

Points fixes. — Pour marquer le point zéro, on dispose verticalement le thermomètre au centre d'un vase en verre de 8 à 10 centimètres de diamètre et d'une hauteur suffisante, entouré lui-même d'un second vase plus large. On a conseillé successivement plusieurs dispositifs. Nous pensons qu'il convient de mettre dans le vase central de la glace râpée ou finement concassée, lavée à l'eau distillée et bien mouillée ; le vase extérieur est métallique et le fond en est percé de trous ; on met aussi entre les deux vases de la glace concassée et lavée.

On est sûr, en opérant ainsi, que le thermomètre ne reçoit aucune chaleur par rayonnement. Au bout d'un quart d'heure il a pris exactement la température de la glace mouillée, c'est-à-dire 0°, pourvu que l'on ait soin de ne laisser sortir de la glace que la portion de tige juste suffisante pour laisser apercevoir le sommet de la colonne mercurielle. Lorsque ce niveau est devenu stationnaire, on marque d'un trait fin sa position.

On porte ensuite le thermomètre dans l'étuve représentée par la figure 27. On y voit, au-dessus d'une chaudière cylindrique M en laiton, deux cylindres concentriques ; la vapeur produite par l'ébullition de l'eau est obligée de monter par le cylindre central A et de descendre ensuite dans l'espace annulaire pour s'échapper au dehors par le tube D. Dans ces conditions, la paroi du cylindre intérieur est bien à la température de la vapeur d'eau, tandis qu'elle serait à une température inférieure en l'absence du manchon ; elle rayonnerait alors vers le thermomètre de sorte que celui-ci resterait à une température légèrement inférieure à 100°.

Le réservoir du thermomètre ne doit pas toucher l'eau de la chaudière ; mais il importe que le mercure émerge à peine au-dessus du bouchon a. S'il en était autrement, une partie du mercure se trouvant à une température inférieure, il y aurait lieu de faire une correction sur

laquelle on insiste dans les cours (colonne émergente),
mais qu'il est difficile de faire exactement.

On remarque en E une tubulure communiquant avec la
colonne centrale, sur laquelle est monté, au moyen d'un
bouchon, un tube en U (*m*) contenant de l'eau. Si l'ébullition est assez rapide, la va-
peur n'ayant qu'une issue
étroite, la pression dans l'appareil peut être sensiblement
supérieure à la pression atmosphérique. On voit alors
s'établir une différence de
niveau entre les deux branches de ce manomètre. Supposons que cette différence
soit de 6^{mm},8; elle correspond à 0^{mm},5 de mercure.
Si donc la pression atmo-
sphérique réduite (voir plus
haut) est de 762^{mm},2, l'ébullition se produit dans notre
appareil sous une pression
mesurée par 762^{mm},7 de
mercure normal. Or, nous
savons qu'au voisinage de
100° l'ébullition est retardée

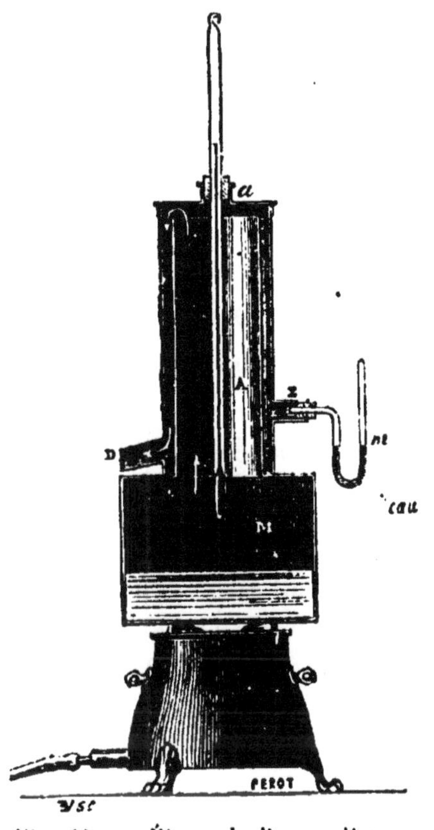

Fig. 27. — Étuve de Regnault pour
marquer le point 100°.

d'environ $\frac{1°}{27}$ par chaque excès de pression d'un millimètre de
mercure. Nous marquerons donc un nouveau trait au point
d'affleurement du mercure lorsqu'il sera devenu stationnaire,
et ce trait correspondra à 100° + $\frac{2,7}{27}$ c'est-à-dire 100°,1.

Graduation. — Il suffit de diviser maintenant l'intervalle des deux traits en 100,1 parties d'égale capacité pour que chacune d'elles corresponde à un degré de ce thermomètre à mercure, conformément à la définition donnée plus haut.

Si le tube était parfaitement cylindrique, il suffirait de faire autant de divisions d'égale longueur. Il est très rare qu'il en soit ainsi; mais, en pratique, le meilleur moyen pour obtenir des indications exactes consiste à diviser néanmoins le tube en parties d'égale longueur et à effectuer ensuite une opération longue et délicate, mais sûre, qu'on nomme le *calibrage*.

Cette opération, que les physiciens doivent faire chaque fois qu'ils emploient un nouveau thermomètre, ne saurait trouver place dans ces Manipulations. Elle peut d'ailleurs être remplacée dans la plupart des cas par la *comparaison du thermomètre avec un étalon*, — comparaison sur laquelle nous reviendrons plus loin.

La graduation de la tige se fait au moyen d'une machine à diviser. Nous ne décrirons ici que la machine des plus simples actuellement employée par les élèves de la Sorbonne.

MACHINE A DIVISER

La pièce essentielle est une vis *micrométrique* V (fig. 28) : son pas est très régulier, et elle remplit aussi parfaitement que possible son écrou. Le pas est d'un millimètre. La tête de la vis est très large (6^{cm} de diamètre) et porte une division en 200 parties égales, qui se déplace devant un index fixé au bâti. On voit que l'on peut connaître le déplacement imprimé à la vis à $1/200^e$ de millimètre près.

Cette vis est encastrée à ses extrémités dans deux colliers parfaitement ajustés qui lui permettent de tourner autour de son axe mais non d'avancer ou de reculer. L'écrou fait corps avec une table G que l'on appelle *chariot* et qui peut glisser sur un banc de fonte F bien raboté, lorsque l'on fait tourner la vis, par l'intermédiaire des roues d'angle RR', en agissant sur la manivelle M.

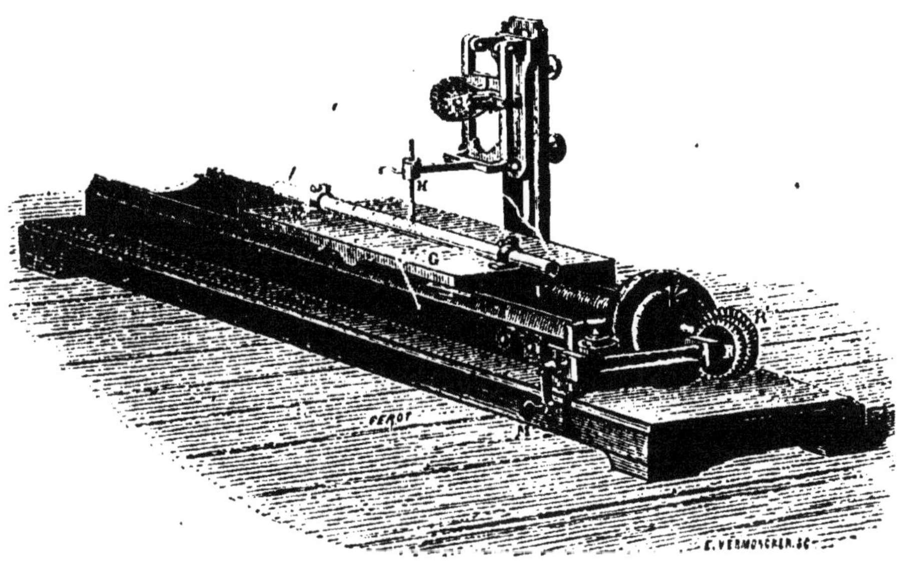

Fig. 28. — Machine à diviser.

Un burin H, dont on peut modifier la longueur, ne peut effectuer que de petits déplacements réglés par un système de leviers, de roues dentées et de ressorts. Nous ne croyons pas utile d'entrer dans le détail de ce dispositif essentiellement variable, et dont la figure 29 fait suffisamment comprendre le principe.

Le thermomètre (ou en général la pièce à graduer) est maintenu sur le chariot au moyen de deux ou plusieurs colliers. Les machines perfectionnées possèdent un système de leviers, de vis de rappel, etc., qui permettent

d'amener la ligne à diviser à être rigoureusement parallèle à l'axe de la vis. On cherchera ici à réaliser cette
condition le mieux possible, et l'on en jugera en déplaçant
le tube thermométrique en regard de la pointe du burin.
Avant de dire comment on procède, nous devons ajouter
encore quelques détails.

L'écrou peut se dégager de la vis au moyen d'un système de leviers qui varie d'une machine à une autre. On
peut donc imprimer rapidement au chariot des déplacements quelconques mais inconnus.

Si l'on veut au contraire connaître le déplacement, on engage la vis dans son écrou et l'on compte le nombre de tours et fraction de tour imprimés à la vis. On évite

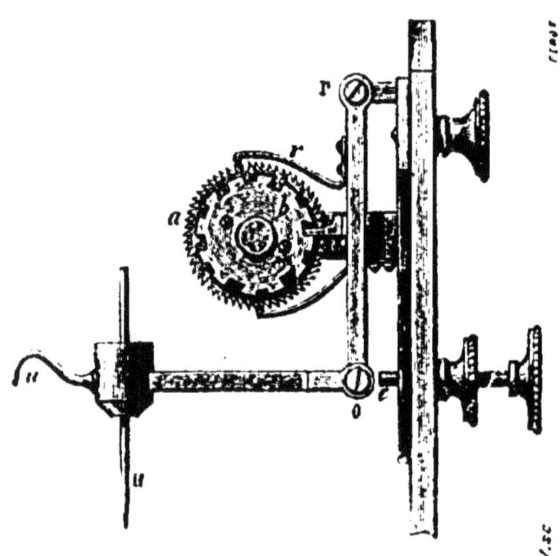

Fig. 29. — Burin de la machine à diviser.

d'ailleurs en général l'opération fastidieuse du comptage
grâce à une règle divisée en millimètres, qui fait corps
avec le bâti de l'appareil. Un index fixé au chariot se
déplace le long de cette règle ; il doit se trouver exactement sur une division lorsque l'index de la tête graduée
se trouve en face du zéro.

Supposons que dans la position initiale l'index de la
règle soit entre les n°s 45 et 46 et celui de la tête sur le
n° 164 : la lecture est 45^{mm},82.

Dans la position finale, le premier index est entre
253 et 254 ; le deuxième, sur le n° 71 ; la deuxième lecture

est $253^{mm},355$, et le déplacement du chariot est de $253,355 - 45,82 = 207,535$ millimètres.

N. B. — En pratique, la vis ne peut pas remplir absolument son écrou ; on est même obligé de laisser un jeu notable lorsque la vis et l'écrou sont faits de deux métaux ou alliages ayant des dilatations très différentes. Il en résulte que si, après avoir amené l'appareil dans une certaine position, on fait tourner la vis en sens contraire, son déplacement peut être de plusieurs divisions de la tête et même d'une fraction de tour importante, sans que le chariot ait rétrogradé : c'est ce qu'on exprime en disant qu'il y a un *temps perdu.*

Il faut donc avoir soin, lorsqu'on fait une mesure quelconque au moyen d'une vis micrométrique, d'amener la vis dans la première et dans la deuxième position en *tournant dans le même sens.* Si, par mégarde, on a dépassé la deuxième position, il faut revenir en arrière et la dépasser de nouveau de manière à y revenir dans le sens convenable. Cette remarque s'applique évidemment à toutes les vis micrométriques.

Opération. — 1° On dégage l'écrou de la vis et on amène le premier trait terminal de la longueur à diviser sous la pointe du burin ; puis on amène le deuxième trait à la place du premier : il doit occuper sous le burin exactement la même position. Sinon, on y remédie en introduisant des cales convenables entre le tube et le collier dans lequel il est maintenu, ou bien en agissant sur les vis de réglage, si la machine en possède. Dans les machines perfectionnées, le burin est remplacé pour cette opération, comme pour la suivante, par un microscope dans lequel on doit voir successivement, et vec une égale netteté sans modifier la mise au point, les images des deux traits occuper la même place dans le champ.

2° Ce réglage effectué, on ramène le chariot dans la première position, on engage la vis dans l'écrou, et on la fait tourner jusqu'à ce que le premier trait se place exactement sous la pointe du burin ([1]).

On note exactement la position des index. Puis on tourne la vis jusqu'à ce que le deuxième trait vienne prendre exactement la place du premier, et l'on note encore la position des index.

Supposons que l'exemple ci-dessus se rapporte à notre thermomètre : la distance des deux traits (points fixes) est donc de $207^{mm},535$ qu'il s'agit de partager en $100,1$ parties égales.

3° Chaque intervalle sera donc mesuré par $\dfrac{207,535}{100,1}$

$= 2^{mm},0733$, soit 2 tours de vis $+ 14^{div.} 2/3$ de la tête.

A la rigueur, on pourrait, après avoir ramené le burin sur le zéro du thermomètre et tracé un premier trait, tourner exactement la vis de $2,073$ tours et marquer un deuxième trait, etc. Mais cette opération exigerait une attention très grande et serait aussi pénible que difficile à mener à bien. Heureusement, les machines à diviser possèdent toutes un système d'arrêts et de déclanchements qu'il serait trop long de décrire en détail et dont le Préparateur chargé des manipulations voudra bien montrer le fonctionnement. Nous donnons seulement le dessin de l'une des dispositions employées (fig. 30), avec quelques indications sommaires.

En réalité, l'axe de la vis micrométrique V porte une roue à rochet R et s'engage dans un manchon A qui

---

([1]) On observe le sens de la rotation comme il vient d'être dit plus haut.

glisse sur lui ou peut en être rendu solidaire à volonté.
Ce manchon porte tout le système moteur ECB. Le système du pignon K et de la pièce filetée E sert à limiter le mouvement de la vis à un certain nombre de tours suivant la position donnée à la pièce X. Nous signalerons encore le ressort UF qui rend solidaires les pièces ER lorsque E tourne dans un certain sens, et glisse sur le rochet sans l'entraîner, lorsque E tourne en sens contraire.

Bref, on peut grâce à cette disposition, et après s'être

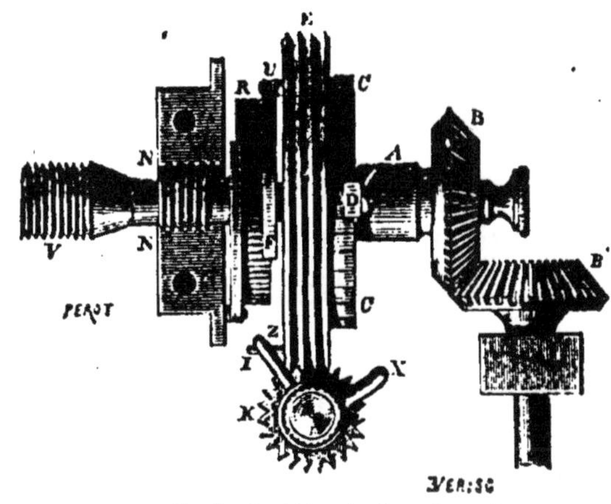

Fig. 30. — Détails de la tête de la vis micrométrique.

assuré du réglage de KX, fixer son attention sur le burin que l'on fait agir d'une main, pendant que de l'autre on tourne la manivelle alternativement dans les deux sens, jusqu'à ce qu'on soit arrêté par les butoirs dont l'un est visible en Z. Après chaque allée et venue de la main droite, on trace un trait de la main gauche, et il se trouve avec le système représenté par la figure 29 que, si l'on a eu soin d'engager au début la pièce X dans l'une des échancrures les plus profondes de la roue *b*, les divisions prennent, par le jeu même de l'appareil, des longueurs différentes, comme le montre la figure 31.

Le plus souvent le tracé se fait sur un vernis dont on a recouvert le verre; on écrit sur ce même vernis les nombres de degrés de dix en dix, puis on fait agir pendant quelques instants l'acide fluorhydrique : le verre est rongé partout où il était à nu. On enlève ensuite le vernis, au moyen d'un dissolvant approprié, et la fabrication du thermomètre est terminée.

Étalonnage. — Les manipulations que nous venons de décrire, et particulièrement le remplissage à température élevée, ont eu pour effet de faire subir au verre du thermomètre des modifications plus ou moins passagères. On sait depuis longtemps que le réservoir a pris un volume supérieur à celui qu'il possédait antérieurement, à la même température, et qu'il revient peu à peu vers son volume initial. Il en résulte que si l'on plonge ce thermomètre dans la glace fondante quelques mois après sa fabrication, le mercure reste à plusieurs dixièmes et quelquefois à plusieurs degrés au-dessus du zéro.

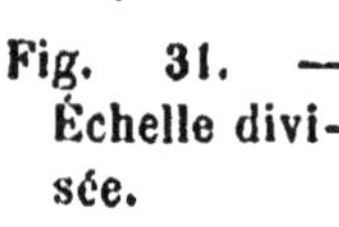

Fig. 31. — Échelle divisée.

C'est ce que l'on appelle le *déplacement du zéro*. Le point 100° s'est déplacé d'une quantité sensiblement égale. Toutes les fois que le thermomètre est soumis à une température élevée, un nouveau déplacement de l'échelle s'effectue en sens inverse, ce que l'on exprime en disant que le zéro, par exemple, a été *déprimé*.

Aussi convient-il de déterminer après chaque série d'observations la position actuelle du zéro.

Pour peu que l'on tienne à la précision, on fera bien de

déterminer à nouveau, au moins une fois, l'*intervalle fon-damental* (0°-100°), pour tenir compte à la fois du travail moléculaire qui s'est effectué dans le verre depuis la fabrication et des erreurs diverses qui ont pu être commises dans la graduation, par exemple en ne plaçant pas exactement le burin sur les traits 0° et 100°,1 déterminés précédemment par expérience (v. p. 74).

Je suppose que nous trouvions actuellement que le mercure affleure à la division 101,7 dans une étuve dont la température est 100°,3, et, immédiatement après, à la division 1, 2 dans la glace fondante : l'intervalle fondamental est représenté par 100,2 divisions au lieu de 100; c'est-à-dire qu'il y a une *erreur progressive* sur la graduation.

D'autres erreurs proviennent, ainsi que nous l'avons vu plus haut, de ce que le tube n'est point parfaitement cylindrique.

On éliminera toutes les erreurs à la fois en comparant l'appareil à un thermomètre étalon (thermomètre normal à gaz, ou thermomètre étalonné par comparaison avec ce dernier). Suspendons les deux thermomètres à côté l'un de l'autre dans une même étuve à vapeur, puis dans un même bain d'eau convenablement agitée et dont nous ferons varier la température, ensuite dans la glace fondante et au besoin dans un mélange réfrigérant liquide.

Notons dans un tableau à 2 colonnes : 1° les indications de l'instrument ; 2° les températures fournies par le thermomètre étalon, corrigées s'il y a lieu. Ce tableau nous permettra désormais de déterminer exactement les températures au moyen de notre thermomètre, à la condition, ainsi que nous l'avons dit plus haut, de déterminer après chaque série d'expériences le zéro déprimé.

Exemple. — Nous avons trouvé lors de l'étalonnage :

THERMOMÈTRE A COMPARER.	THERMOMÈTRE ÉTALON.	THERMOMÈTRE A COMPARER.	THERMOMÈTRE ÉTALON.
0°,7	0°,0	40°,6	39°,9
10°,2	9°,3	81°,5	80°,8
21°,5	20°,5	90°,0	89°,4
30°,9	30°,0	100°,8	100°,2

Notre thermomètre plongé aujourd'hui dans un bain marque 36°,3 ; il marque aussitôt après dans la glace fondante 0°,8. Nous en déduisons pour la température vraie du bain 35°,4 ; car à l'époque de l'étalonnage le n° 36 était déjà trop haut de $0^{div},8$ et il s'est encore élevé depuis de $0^{div},1$.

Pour les thermomètres de précision, destinés à donner le centième de degré par exemple, l'étalonnage se fait directement et de degré en degré au moins. De nouvelles corrections s'imposent alors, dites *corrections de pression*, qui seraient ici sans utilité.

Thermomètre à alcool.

Remplissage. — Le remplissage de ce thermomètre est une opération très facile. La figure 32 représente l'appareil prêt à recevoir le liquide. On remplit l'entonnoir A d'alcool pur légèrement coloré en rouge par l'orseille ; puis on chauffe légèrement le réservoir B de manière à expulser une partie de l'air qu'il contient, et 'on le laisse se refroidir ; l'alcool pénètre dans le réservoir dont il remplit le tiers ou le quart.

On fait bouillir cet alcool pendant quelques minutes : la vapeur entraîne l'air au dehors et vient se condenser elle-même en A. Lorsqu'on ne voit plus se dégager de bulles gazeuses, on laisse refroidir : l'alcool pénètre rapidement dans le réservoir et le remplit en entier.

Il arrive cependant qu'une petite bulle d'air reste dans le réservoir après cette opération. On la fait disparaître soit en recommençant l'ébullition, soit en opérant comme nous l'avons dit à propos du thermomètre à mercure, ou bien encore en attachant solidement le thermomètre à l'extrémité d'une ficelle de 50 à 80 centimètres de longueur et le faisant tourner comme une fronde, — le réservoir étant le plus éloigné de la main, bien entendu. Grâce au diamètre relativement grand du tube thermométrique (plusieurs dixièmes de millimètre), la bulle peut remonter vers l'entonnoir A pendant que le liquide, sous l'influence de la force centrifuge, tend à occuper la position la plus éloignée de la main.

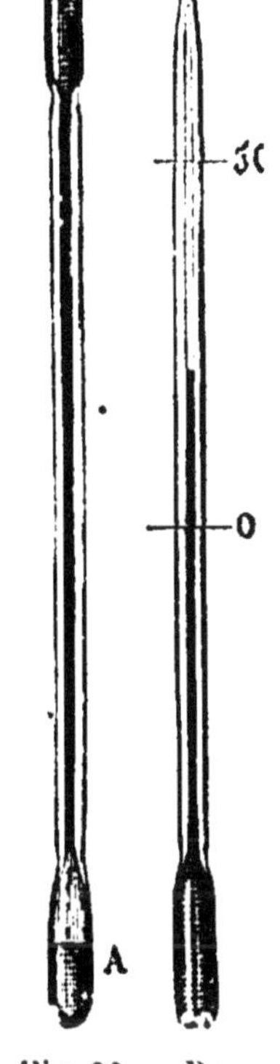

Fig. 32. — Remplissage du thermomètre à alcool.

On règle, comme nous l'avons dit plus haut (page 72), la quantité d'alcool que l'on doit laisser dans l'appareil en le portant à la température la plus élevée qu'il est destiné à mesurer, et enlevant à ce moment, avec du papier buvard, le liquide qui reste dans l'entonnoir. On ferme aussi le thermomètre en ayant soin d'amener la colonne d'alcool non loin de l'extrémité A au moment où l'on détache l'entonnoir au moyen du chalumeau à gaz.

Il est bon, pendant que l'extrémité du tube est ramollie, de chauffer un peu plus·le réservoir : une petite quantité d'alcool pénétrant dans la partie fortement chauffée se vaporise, et la pression de la vapeur s'ajoutant à celle de l'air enfermé, une petite ampoule se forme à l'extrémité du tube. On éloigne d'abord le chalumeau et on laisse refroidir. Grâce à cette ampoule, on ne risque pas de faire éclater le réservoir du thermomètre, s'il se trouve porté par mégarde à une température supérieure à celle où le liquide atteint le sommet de la tige.

Graduation. — On marque le zéro dans la glace fondante, en opérant comme pour le thermomètre à mercure ; puis on plonge l'instrument en même temps qu'un étalon dans un même bain dont la température varie suivant l'étendue de l'échelle du nouvel instrument (ordinairement 50° à 60°), et l'on marque un trait fin au point d'affleurement de l'alcool, en même temps que l'on çonsulte l'étalon. Supposons, par exemple, que celui-ci donne 53°,4, toutes corrections faites s'il y a lieu. On divise l'intervalle des deux traits du thermomètre à alcool en 53,4 parties d'égale longueur, en procédant exactement comme il a été exposé plus haut (pages 79 et suiv.).

Étalonnage. — Les degrés de ce thermomètre, à part ceux qui ont servi de repères, ne coïncident pas avec ceux du thermomètre étalon, et la divergence peut atteindre plusieurs degrés, même entre les points 0° et 50°. Il faudra donc, si l'on se propose d'obtenir autre chose qu'une indication plus ou moins vague (température d'une serre ou d'un appartement, par exemple), repérer les numéros de l'instrument par rapport au thermomètre normal.

Ce repérage est surtout indispensable aux très basses

températures. On en jugera par l'exemple suivant d'un thermomètre appartenant au laboratoire de la Sorbonne, dont le n° — 40° correspond à — 45°,75, et le n° — 88° à — 101°,85 du thermomètre normal.

Une partie des divergences peut être attribuée aux variations de section de la tige; mais la plus grosse part est due, ainsi que nous l'avons exposé, à ce que l'alcool a une loi de dilatation très différente de celle des gaz. D'ailleurs l'alcool n'étant pas en général rigoureusement pur et anhydre, la loi de sa dilatation varie d'un échantillon à l'autre, de sorte que deux thermomètres à alcool sont rarement comparables entre eux.

Thermomètres médicaux.

Il importe souvent de déterminer la température du corps humain, et cela dans des conditions variées. Aussi les thermomètres médicaux affectent-ils des formes diverses. Nous nous bornerons à décrire sommairement les principaux. Ils sont à mercure et gradués en dixièmes de degré; mais leur graduation ne s'étend que de 30° à 45° environ.

Le plus souvent, le médecin se propose de connaître la température générale du corps. Il place à cet effet sous l'aisselle du malade un thermomètre à maxima, qu'il laisse en place pendant 10 à 15 minutes. Il enlève ensuite le thermomètre et relève son indication à loisir, tandis qu'avec un thermomètre ordinaire, il eût été obligé de faire la lecture sur place.

La figure 33 *a* représente l'un des modèles les plus usités. C'est un thermomètre à *index mercuriel*. Le constructeur a laissé à dessein dans l'ampoule terminale une petite quantité d'air qui permet de former l'index de la manière suivante :

On chauffe le thermomètre vers 60°, de manière à amener une petite quantité de mercure dans l'ampoule, et on lui donne une secousse, afin de détacher la gouttelette. On laisse refroidir le thermomètre d'une dizaine de degrés, en le tenant couché ; puis on le redresse, de manière à amener la gouttelette à l'orifice du canal. On l'y fait entrer à l'aide de petites secousses ; mais la très petite masse d'air qui l'y a précédée l'empêche de se souder au reste de la colonne.

D'ailleurs les pressions capillaires produites par les ménisques aux extrémités de l'index sont considérables en raison de l'étroitesse du tube, et elles varient, comme on le sait, avec la courbure des ménisques, de sorte qu'une différence des courbures inappréciable à l'œil correspond à une différence de pression bien supérieure à celle du gaz enfermé dans l'ampoule. Ainsi s'explique l'*inertie* de l'index, qui ne tend jamais à descendre vers le réservoir, même lorsque l'appareil est tenu verticalement.

Pour se servir de ce thermomètre, on amène d'abord l'index vers l'origine de la graduation, au moyen de secousses légères et réitérées [1].

On le met alors en expérience à l'endroit choisi, pendant 10 ou 15 minutes ; puis, on le retire sans le secouer, et on observe la position de l'extrémité de l'index. On a ainsi la température à 1/10° de degré près.

Dans d'autres thermomètres à maxima, qui sont entièrement vides d'air, un *étranglement* convenablement

____

[1] En le secouant trop violemment, on risquerait de faire rentrer l'index dans le réservoir. Il se souderait alors au reste du mercure, et il faudrait, pour le reformer, répéter l'expérience précédente.

ménagé à l'origine de la tige, près du réservoir, produit le même effet que la bulle d'air du précédent. Tant que le mercure se dilate, l'extrémité de la colonne s'avance;

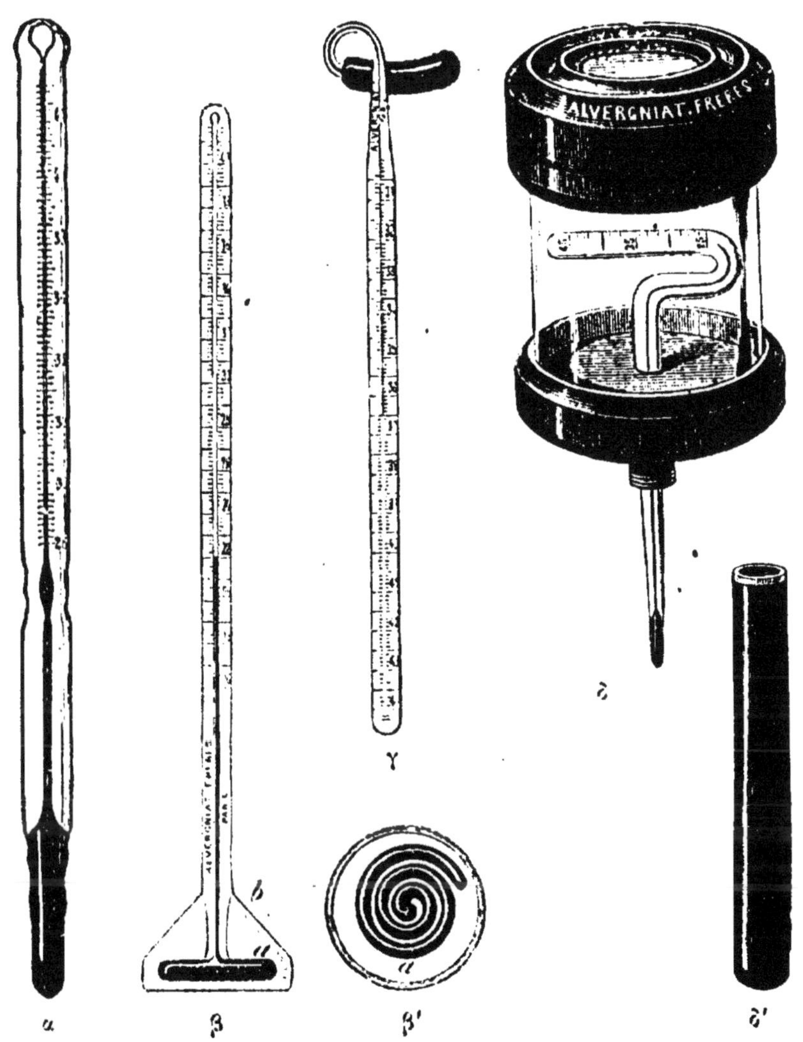

Fig. 33. — Thermomètres médicaux.

mais quand il se refroidit, la colonne se coupe au niveau de l'étranglement, de sorte que toute la colonne sortie du réservoir forme l'index. On l'y fait rentrer par des secousses, comme précédemment.

Les thermomètres *superficiels*, c'est-à-dire destinés à donner la température à la surface du corps, ont un réservoir *a* en forme de spirale (fig. 33, β et β') protégé par une enveloppe de verre *b* contre les déformations qu'il pourrait subir quand on l'applique sur le corps.

Dans les thermomètres *oculaires* (fig. 33 γ) le réservoir, très petit d'ailleurs, est contourné de manière que l'on puisse l'introduire facilement dans l'œil.

Signalons encore le thermomètre de Voisin (fig. 33 δ) dont la forme et la monture sont toutes particulières.

Le réservoir est très petit, afin qu'il se mette rapidement en équilibre de température. Bien que la tige soit très fine, les divisions sont donc très serrées (dixièmes de degré). On les observe au moyen d'une loupe fixée dans la monture. Le tube métallique δ' sert de gaine au thermomètre quand il n'est pas en service.

V

CALORIMÉTRIE

GÉNÉRALITÉS

On sait que deux corps de nature et de poids différents mais chauffés dans la même étuve ne produisent pas, quand on les plonge dans deux bains identiques, la même élévation de température. On exprime ce fait en disant que ces deux corps ont apporté des *quantités de chaleur* différentes. Mais lorsqu'on se propose d'établir un système de mesures des quantités de chaleur, on rencontre de sérieuses difficultés, en particulier dans le choix de l'unité.

Il est certain que pour faire fondre 10 grammes de glace il faut exactement 10 fois plus de chaleur que pour en faire fondre un seul; cela suppose seulement que cette glace est parfaitement homogène, et qu'un gramme de glace pure à 0° est dans un état absolument défini, quels que soient les états par lesquels il est passé antérieurement.

De même il faut exactement 10 fois plus de chaleur pour élever 10 grammes d'eau de $t°$ à $t'°$ que pour en élever un seul.

Mais les quantités de chaleur absorbées par 1 gramme

d'eau (ou d'un corps quelconque, en général) pour passer successivement de 0° à 10°, puis de 10° à 20°, etc., ne sont pas les mêmes.

On adopte ordinairement comme *unité* la *quantité de chaleur* qu'il faut céder à 1 gramme d'eau pour élever sa température de 0° à 1° du thermomètre normal à hydrogène et à échelle centigrade : c'est la *calorie* ([1]).

On appelle *chaleur spécifique* d'un corps (supposé homogène, chimiquement du moins) la quantité de chaleur mesurée en calories, qu'il faut céder à l'unité de poids de ce corps pour élever sa température de 1°.

Il faut observer que la chaleur spécifique ainsi définie varie avec la température à laquelle elle est prise. Aussi trouve-t-on ordinairement dans les tables soit la chaleur spécifique à 0°, que l'on pourra sans erreur appréciable supposer prise entre 0° et 1°, soit la chaleur spécifique *moyenne entre 0° et 100°*, c'est-à-dire la 100° partie de la chaleur absorbée par 1 gramme de ce corps pour passer de 0° à 100°.

Remarque. — La calorie dépend de l'unité de poids, de la nature du thermomètre et de l'échelle thermométrique. Les chaleurs spécifiques ne dépendent pas de l'unité de poids; les chaleurs spécifiques entre 0° et 1° ne dépendent pas sensiblement du thermomètre ni de l'échelle.

Ainsi que nous l'avons indiqué plus haut, la chaleur spécifique de l'eau varie avec la température; mais la précision qu'il est possible d'atteindre dans ces manipula-

---

([1]) On l'appelle souvent *petite calorie*, pour la distinguer de la chaleur absorbée dans les mêmes conditions par 1 kilogramme d'eau, et que l'on appelle la grande calorie. Cette distinction n'a plus sa raison d'être si l'on emploie le système C. G. S. Tout au plus conviendrait-il, dans le dernier cas, d'employer le mot kilo-calorie.

tions nous permet de la supposer constante et égale à 1 entre 0° et 20°. Nous devons d'ailleurs, sous peine de commettre des erreurs graves, préciser la valeur de la température comme nous l'avons fait à propos des thermomètres.

On appelle *chaleur de fusion* d'un corps la quantité de chaleur, mesurée en calories, qu'absorbe l'unité de poids de ce corps pour passer de l'état solide à l'état liquide à la température normale de fusion, — par conséquent sans changement de température.

On appelle *chaleur de vaporisation* d'un corps à une certaine température la quantité de chaleur, mesurée en calories, absorbée par l'unité de poids de ce corps pour passer de l'état liquide à l'état de vapeur *saturante à cette température*.

Il est clair que les chaleurs de fusion et de vaporisation sont indépendantes de l'unité de poids choisie ; mais elles dépendent du choix du thermomètre et surtout de l'échelle thermométrique.

On sait que la chaleur de vaporisation diminue à mesure que la température s'élève. Ainsi, d'après Regnault, la chaleur de vaporisation de l'eau serait 606,5 à 0° et 536,5 à 100°. Lorsque la température n'est pas spécifiée, il s'agit toujours de la chaleur de vaporisation à la température d'ébullition normale, c'est-à-dire à laquelle la force élastique maxima de la vapeur est de 76 centimètres de mercure normaux.

En donnant ces définitions, on n'a envisagé que des corps purs, qui ont une composition définie, un point de fusion et un point d'ébullition déterminés sous une pression donnée. Toutefois on peut appliquer la notion de chaleur spécifique à un mélange homogène de plusieurs corps : il suffit que chaque unité de masse de ce mélange soit composée de la même manière.

Pour étendre cette notion aux corps quelconques, il convient d'employer l'expression de *capacité calorifique*, qui signifie la quantité de chaleur que peut absorber le corps tout entier (et non plus l'unité de poids) pour passer de 0° à 1° par exemple (voy. plus haut). Pour un corps homogène, la capacité calorifique est égale au produit de son poids par sa chaleur spécifique.

MÉTHODE DES MÉLANGES

Rappelons d'abord le principe de cette méthode, la seule qu'il nous paraisse possible d'introduire dans ces manipulations. On mélange une certaine masse P d'un corps chauffé à $T°$, et dont on veut déterminer la chaleur spécifique x, avec une masse M d'un liquide froid à $t°$, et dont la chaleur spécifique c aux environs de cette température est connue. La température du liquide s'élève jusqu'à une certaine valeur $0°$.

Si l'on fait abstraction des vases et autres corps qui prennent part aux échanges de chaleur, et s'il n'y a point de pertes par rayonnement, etc., on peut écrire que la chaleur perdue par le premier corps a été absorbée par le deuxième. On obtient ainsi l'équation :

$$Px(T - 0) = Mc(0 - t).$$

En réalité, l'expérience et l'équation sont plus complexes, ainsi que nous le verrons plus loin.

CHALEUR SPÉCIFIQUE DES SOLIDES

Fig. 34. — Appareil calorimétrique de Regnault.

DESCRIPTION DES APPAREILS. — On emploie, pour porter le corps à la température T, des appareils de dispositions très variées, mais qui rappellent en général l'étuve à air de Regnault (fig. 34). Cet appareil est trop connu pour que nous en donnions la description.

Le plus souvent, on remplace l'appareil de Regnault par un simple cylindre en laiton, à l'intérieur duquel on suspend le corps C et un thermomètre T. Ce cylindre est plongé dans un vase plus grand rempli d'eau que l'on porte à l'ébullition.

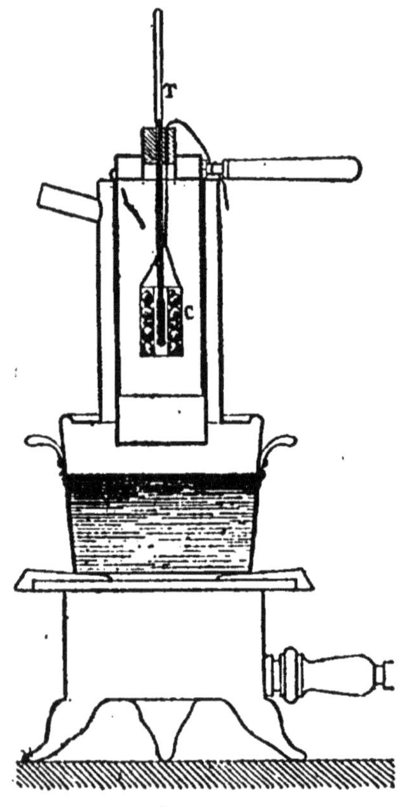

Fig. 35. — Étuve à air chaud simplifiée.

La figure 35 montre suffisamment la disposition de l'étuve employée au laboratoire d'Enseignement de la Sorbonne. Le corps est protégé contre le refroidissement par l'air, pendant qu'on le transporte vers le calorimètre, par un cylindre de laiton qui pénètre sans frottement dans l'intérieur de l'étuve.

Le calorimètre (fig. 36) se compose essentiellement d'un vase en laiton nickelé très mince, contenant le liquide froid. Ce liquide est ordinairement de l'eau, et sa masse M varie de 500 à 1500 grammes. Ce calorimètre est placé sur les sommets de trois cônes de liège ou d'ébonite, à l'intérieur d'une enceinte destinée à atténuer dans une large mesure les échanges de chaleur par rayonnement.

Les appareils employés par Regnault et par M. Berthelot sont aujourd'hui classiques; nous conseillerons l'emploi, dans les manipulations, d'un système intermédiaire adopté au laboratoire d'Enseignement de la Sorbonne.

L'enceinte protectrice se compose d'un vase à double paroi contenant entre ces deux parois plusieurs kilogrammes d'eau. Cette eau est agitée convenablement, et un thermomètre en donne la température τ. Pour atténuer le rayonnement du calorimètre vers l'enceinte, et réciproquement,

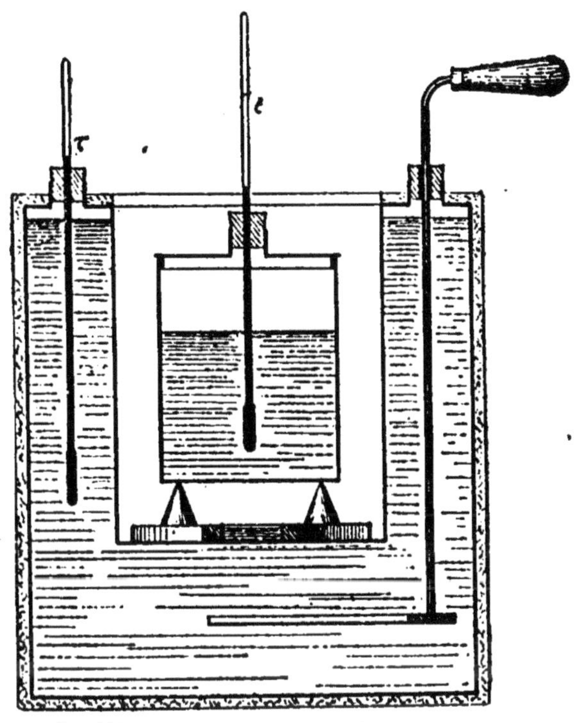

Fig. 36. — Calorimètre avec enceinte à température constante.

on a soin de bien polir les surfaces en regard. Faute de vases en platine qui coûtent trop cher, nous employons le laiton nickelé.

Le calorimètre reçoit un thermomètre t divisé en cinquièmes de degré, qui permet d'apprécier facilement le 1/20ᵉ. On emploie dans les recherches de précision des thermomètres dix fois plus sensi les.

Expérience. — Le corps solide à étudier est ordinairement réduit en petits fragments et contenu dans une sorte
de corbeille cylindrique en toile de laiton (fig. 37). On a
réservé au centre, au moyen d'un petit cylindre de même
matière, une place pour le réservoir du thermomètre.

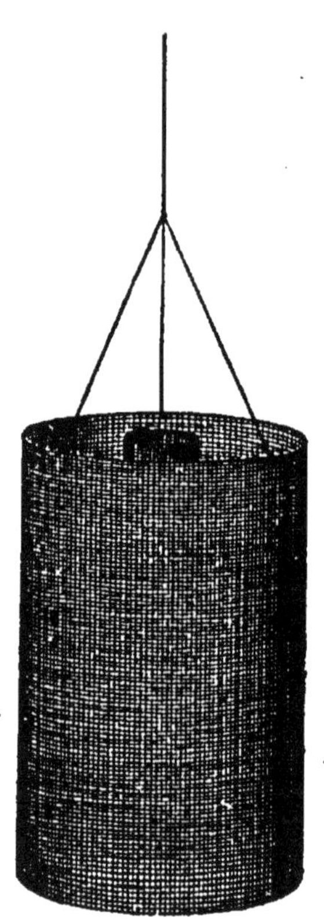

Fig. 37. — Corbeille en
toile de laiton.

On suspend corbeille et thermomètre au centre de l'appareil réchauf-
feur. Le thermomètre est fixé dans
un bouchon ; la corbeille est soutenue
par un fil qui passe dans une échan-
crure faite à ce bouchon et vient se
fixer à un crochet convenablement
placé.

On établit la circulation de la vapeur d'eau dans le manchon (étuve
de Regnault), ou bien avec notre appareil simplifié (fig. 35), on porte
l'eau à l'ébullition. Au bout d'une
demi-heure la température atteint 98°
environ et ne varie plus que très lentement (¹).

On approche alors le calorimètre,
— en le faisant glisser sur le rail de
bois *ad hoc*, si l'on dispose de l'appareil de Regnault. On enlève rapi-
dement les écrans protecteurs et on laisse tomber doucement la corbeille dans le calorimètre ; puis on éloigne

______

(¹) Pour faire une détermination précise, il faudrait attendre que la
température T fût très voisine de la température d'ébullition de
l'eau sous la pression atmosphérique actuelle ; mais cela exigerait
au moins deux heures de chauffe ; car le corps solide ne s'échauffe
que par l'intermédiaire de l'air.

celui-ci de nouveau. On agite l'eau du calorimètre en y promenant la corbeille, que l'on soutient au moyen du fil, et l'on observe la marche du thermomètre. Il atteint en deux ou trois minutes en général un maximum peu différent de la température 0 qui doit figurer dans l'équation fondamentale. Nous verrons plus loin comment on détermine la correction qu'il convient de lui faire subir.

Calcul. — Désignons par a la capacité calorifique moyenne de la corbeille dans les limites de température T et 0 de l'expérience, et par b la capacité calorifique entre $t°$ et $0°$ du calorimètre avec son thermomètre.

S'il n'avait été pris ni cédé aucune quantité de chaleur au milieu ambiant, ou, selon l'expression usitée, si le calorimètre constituait une enceinte *adiabatique*, on aurait exactement :

$$(Px + a)(T - 0) = (Mc + b)(0 - t).$$

On calcule généralement a et b au moyen des poids et des chaleurs spécifiques supposées connues des diverses parties de l'appareil. Ainsi : $a = p \times c$, si l'on désigne par p le poids de la corbeille de laiton et c sa chaleur spécifique ; b se compose de même de plusieurs termes relatifs au calorimètre, au mercure et au verre du thermomètre, etc. Mais, outre que les laitons du calorimètre et de la corbeille ne sont pas identiques au laiton type dont la chaleur spécifique est inscrite dans les tables, il faut observer que les parties du calorimètre et du thermomètre qui ne sont pas baignées par le liquide ne subissent pas exactement les mêmes variations de température.

En réalité, le terme b n'est pas calculable, et il convient de le déterminer expérimentalement, en répétant l'expérience dans des conditions sensiblement différentes : on augmentera, par exemple, un peu la masse M de l'eau et on diminuera le poids P du corps ; on aura ainsi une deuxième équation permettant d'éliminer b.

Nous avons dit plus haut que l'on fait d'ordinaire $c = 1$; on fera une approximation du même ordre en calculant b, pourvu que le poids M de l'eau dépasse notablement 500 grammes et que le calorimètre soit très mince.

Correction sur θ. — Méthode de compensation de Rumford. — Le calorimètre, disposé comme nous l'avons dit, ne peut perdre ou gagner par conductibilité des supports que des quantités de chaleur insignifiantes. Mais il s'établit, entre le calorimètre et l'enceinte protectrice, dès qu'ils ne sont pas à la même température, un courant d'air qui descend le long de la paroi la plus froide et monte le long de la plus chaude : c'est la *convection*.

Celle-ci croît avec la différence de température entre les deux parois, s'annule et change de sens avec elle. Il en est de même de la quantité de chaleur échangée par rayonnement entre ces deux parois ; de plus, la variation de température du calorimètre sous l'influence du rayonnement est proportionnelle à la différence moyenne de ces températures (loi de Newton), pourvu que cet *excès moyen* soit faible et que l'expérience dure peu.

Enfin, parmi les causes importantes de perte de chaleur pour le calorimètre, il ne faut pas omettre le refroidissement causé par l'évaporation de l'eau ; ce dernier phénomène dépend bien des températures en question, mais il ne s'annule pas avec leur différence et reste toujours positif.

En s'appuyant sur ce qui précède, Regnault a établi une formule de correction entièrement justifiée par l'expérience.

Prenons avec lui pour unité de temps la demi-minute, et pour origine des temps le moment où l'on a laissé tomber la corbeille dans le calorimètre.

Désignons, comme plus haut, par t la température du calorimètre à ce moment et par t_n sa température après n intervalles de trente secondes. Pendant le $n^{\text{ième}}$ intervalle, la température moyenne du calorimètre est $\dfrac{t_{n-1}+t_n}{2}$

et l'abaissement de température du calorimètre pendant cet intervalle est suffisamment représenté par

$$A\left(\frac{t_{n-1}+t_n}{2}-\tau\right)+B$$

τ étant, comme nous l'avons dit, la température de l'enceinte, et A et B deux constantes que nous apprendrons à déterminer tout à l'heure. On observe donc les températures de trente en trente secondes, jusqu'à ce que le maximum de température ait été dépassé ([1]).

Supposons que l'on ait observé les températures pendant n intervalles ; la correction totale à effectuer est :

$$A\left(\frac{t+t_1}{2}-\tau\right)+B+A\left(\frac{t_1+t_2}{2}-\tau\right)+B\ldots\ldots$$
$$+A\left(\frac{t_{n-1}+t_n}{2}-\tau\right)+B$$

c'est-à-dire :

$$A\left[\frac{t+t_n}{2}+t_1+t_2\ldots\ldots+t_{n-1}-n\tau\right]+nB.$$

Pour déterminer A et B, on observe le thermomètre

---

[1] Suivant que le corps est plus ou moins conducteur, il convient d'observer le thermomètre de 1 à 3 minutes après le maximum, afin que le corps ait eu le temps de céder toute sa chaleur à l'eau du calorimètre: il faut remarquer qu'au moment du maximum le corps cède juste autant de chaleur qu'il en perd par rayonnement, etc...

cinq minutes avant le commencement et cinq minutes après
la fin de l'expérience. On a ainsi la perte de température
pendant 10 unités de temps (une élévation sera indiquée
par le signe —) et l'on pourra écrire :

$$\frac{t_{-10}-t}{10} = A\left(\frac{t_{-10}+t}{2}-\tau\right)+B$$

$$\frac{t_n-t_{n+10}}{10} = A\left(\frac{t_n+t_{n+10}}{2}-\tau\right)+B.$$

On a ainsi deux équations ne contenant pas d'autres inconnues que A et B ; on en tire facilement les valeurs de
ces inconnues.

Il faut bien reconnaître la nature purement empirique de
cette correction de Regnault ; aussi convient-il de la rendre
aussi faible que possible. Il suffit pour cela d'appliquer un
principe imaginé autrefois par Rumford : s'arranger de façon
que la correction soit additive pour une partie de l'expérience, soustractive pour l'autre. Le calorimètre doit donc
être plus froid que l'enceinte au début de l'expérience, et
plus chaud à la fin.

L'expérience montre que, dans la détermination de la
chaleur spécifique d'un métal, la correction est sensiblement
nulle lorsque la différence de température initiale $\tau-t$ est
le double de la différence $\theta-\tau$ au moment du maximum.
On se contente même souvent, dans les expériences dont
l'approximation ne dépasse pas le centième, d'observer
cette condition et de porter dans la formule, ainsi que
nous l'avons fait au début, la température maxima θ.

On calcule tout d'abord, à cet effet, la variation probable
de la température du calorimètre, en remplaçant x par la
valeur approchée que l'on obtient en divisant le nombre 6,4
par le poids atomique du métal (loi de Dulong et Petit).

Nous compléterons ces indications en représentant par la courbe ci-jointe (fig. 38) la marche du thermomètre.

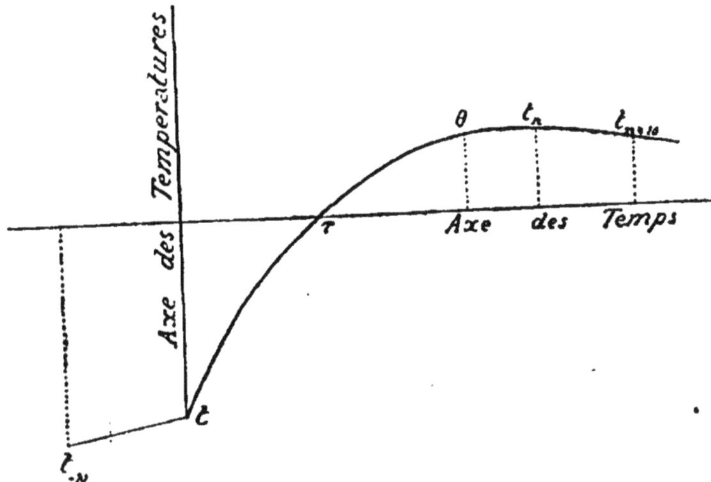

Fig. 38. — Marche du thermomètre calorimétrique.

CHALEUR SPÉCIFIQUE DES LIQUIDES

La manipulation portera tantôt sur la chaleur spécifique moyenne d'un liquide entre 0° et 100° et la température ordinaire, tantôt sur la chaleur spécifique au voisinage de cette dernière.

Dans le premier cas, il convient généralement d'enfermer le liquide dans un flacon ou une ampoule de verre que l'on porte à l'étuve au lieu et place de la corbeille renfermant le corps solide dans l'expérience précédente. On se contente volontiers dans ce cas de l'étuve simplifiée, et l'on plonge le thermomètre destiné à fournir la température T dans le liquide même.

Rien n'est changé à la marche générale de l'expérience ni au calcul de la chaleur spécifique.

Dans le deuxième cas, on emploie au laboratoire de la Sorbonne une méthode qui permet d'obtenir de très bons résultats, même avec un appareil un peu sommaire.

Soit à déterminer par exemple la chaleur spécifique de l'alcool du commerce. On opère exactement comme si l'on voulait déterminer la chaleur spécifique d'un métal, l'étain ou le laiton par exemple, par rapport à ce liquide.

On obtient ainsi une première équation (voir p. 99) :

$$(Pc + a)(T - 0) = (Mx + b)(0 - t)$$

dans laquelle P désigne le poids de l'étain, c sa chaleur spécifique moyenne entre T et 0, M la masse de l'alcool placé dans le calorimètre, et x sa chaleur spécifique inconnue. Les autres lettres ont exactement la même signification que plus haut.

Cette équation suffirait à déterminer l'inconnue si l'on connaissait c, a et b, et si l'appareil était disposé de manière à permettre le calcul exact de la correction sur 0 (refroidissement, etc. : voy. p. 101 et suiv.). Il est bien plus sûr de considérer $(P\,c + a)$ comme une inconnue auxiliaire que l'on détermine en répétant l'expérience dans les mêmes conditions, mais en remplaçant le liquide étudié par un poids d'eau ayant à peu près la même capacité calorifique.

De là une deuxième équation :

$$(Pc + a)(T' - 0') = (M' + b)(0' - t').$$

En faisant le produit en croix des membres de cette équation avec ceux de la précédente, on obtient

$$(Mx + b)(0 - t)(T' - 0') = (M' + b)(0' - t')(T - 0).$$

Si la température initiale du calorimètre et celle de l'étuve étaient les mêmes dans les deux expériences ($T = T'$, $t = t'$) et si précisément la capacité calorifique du liquide était égale à celle de l'eau mise à sa place ($Mx = M'$), on aurait $0 = 0'$. On doit chercher à s'approcher de cette condition, afin de rendre sensiblement identiques et par suite inutiles les diverses corrections examinées dans la première partie de cet exposé. On aura soin d'appliquer à chacune des deux expériences la méthode de compensation de Rumford sous la forme indiquée plus haut.

On voit aussi que, grâce à la réalisation au moins approchée de la condition $\mathrm{M}x = \mathrm{M}'$, on a sensiblement $\theta - t = \theta' - t'$; et comme $\mathrm{T} - \theta$ diffère peu de $\mathrm{T}' - \theta'$, les multiplicateurs de b dans les deux membres sont presque égaux Il en résulte que ce terme assez difficile à connaître exactement, ainsi que nous l'avons dit plus haut, peut se réduire sans grand inconvénient à la capacité calorifique du calorimètre, calculée en prenant pour chaleur spécifique du laiton celle que l'on trouve dans les tables (0,094).

On a en définitive :

$$x = \frac{\mathrm{M}'}{\mathrm{M}} \cdot \frac{\theta' - t'}{\theta - t} \cdot \frac{\mathrm{T} - \theta}{\mathrm{T}' - \theta'} + \frac{b}{\mathrm{M}} \left(\frac{\theta' - t'}{\theta - t} \cdot \frac{\mathrm{T} - \theta}{\mathrm{T}' - \theta'} - 1 \right)$$

et d'après ce qui précède, le multiplicateur de $\dfrac{\mathrm{M}'}{\mathrm{M}}$ diffère peu de 1, et celui de $\dfrac{b}{\mathrm{M}}$ est très petit.

Cette méthode n'a d'autre inconvénient que d'exiger l'emploi d'une masse assez importante de liquide.

Exemple. — Je crois utile d'insister en donnant un exemple numérique. Nous opérons sur l'alcool du commerce à 85° centésimaux.

On sait que la chaleur spécifique de l'alcool est environ les 2/3 de celle de l'eau (¹). Nous mettrons donc successivement dans le calorimètre 400 grammes d'alcool et 300 à 350 grammes d'eau.

____

(¹) Elle varie évidemment avec la concentration.

OPÉRATION. — 1° On pèse le calorimètre soigneusement essuyé : on trouve 114^{gr},3 ; sa capacité calorifique est donc 114,3 × 0,094 = 10,7 (1).

2° On y verse l'alcool, et l'on pèse de nouveau.

Poids de l'alcool (obtenu par différence) : 447^{gr},6.

3° Calculons l'élévation probable 0 — t. La corbeille que l'on a mise dans l'étuve contient environ 250 grammes de laiton ; sa capacité calorifique est donc voisine de 25, et, en passant de l'étuve au calorimètre, elle va abandonner 2000 calories environ, ce qui va échauffer le calorimètre de 6 à 7 degrés.

La température de l'enceinte protectrice est de 14°,5. On refroidit donc le calorimètre à 10° en l'entourant d'eau où l'on jette quelques fragments de glace. On l'essuie bien et on le porte dans l'enceinte protectrice. On agite l'alcool : le thermomètre marque 10°,35.

4° Le thermomètre de l'étuve marque 98°,4 au moment où l'on fait passer la corbeille dans le calorimètre. La température de celui-ci s'élève à 16°,60 (maximum).

5° On enlève la corbeille et on la suspend pendant quelques minutes au-dessus d'un fourneau à gaz et à quelque distance de manière à évaporer l'alcool ; puis on la reporte à l'étuve.

Pendant que la corbeille revient à la température de celle-ci, on reverse l'alcool du calorimètre dans le flacon, après avoir toutefois déterminé sa richesse au moyen de l'alcoomètre centésimal de Gay-Lussac. On rince le calorimètre à l'eau distillée ; puis on y verse la quantité convenable de cette dernière. On pèse.

Poids de l'eau distillée : 315^{gr},4.

____

(1) Il serait aussi illusoire qu'inutile de prendre plus de décimales.

6° L'enceinte est à 14°,6 ; on refroidit comme précédemment le calorimètre avant de l'y introduire. Au moment de faire l'expérience il est à 10°,50.

Le thermomètre de l'étuve marque 97°,9.

On laisse glisser de nouveau la corbeille dans le calorimètre : la température maxima atteinte par celui-ci est 16°,35.

On a donc :

$$0 - t = 6°,25 \qquad T - 0 = 81,80$$
$$0' - t' = 5°,85 \qquad T' - 0' = 81,55$$

par suite :
$$\frac{0' - t'}{0 - t} \times \frac{T - 0}{T' - 0'} = 0,939.$$

On a finalement

$$x = \frac{315,4}{447,6} \times 0,939 - \frac{10,7}{447,6} \times 0,061$$
$$x = 0,6615 - 0,0015 = 0,660.$$

On voit que, conformément à la discussion faite plus haut, une erreur même grossière sur b n'aurait aucune importance, puisque le terme de correction introduit par cette grandeur (0,0015) est lui-même presque négligeable.

CHALEUR DE FUSION DE LA GLACE

C'est la seule chaleur de fusion qu'il soit facile de déterminer avec notre matériel un peu sommaire des manipulations. Nous adopterons la méthode de Laprovostaye et Desains, avec quelques modifications de détail.

Soit un calorimètre disposé exactement comme dans l'expérience précédente, avec son enceinte protectrice à température connue τ.

Désignons toujours par b la capacité calorifique de l'appareil, et par M celle de l'eau qu'il contient, que l'on pourra confondre avec la masse même de l'eau.

On y ajoute un poids p de glace pure à 0° et bien sèche. A cet effet on taille, au rabot par exemple, un morceau de glace de manière qu'il ne présente ni cavités ni angles rentrants; on le lave à l'eau distillée, de manière à émousser les arêtes, et on le conserve quelque temps au milieu de glace râpée, imbibée d'eau pure.

Au moment où le calorimètre est prêt, on essuie rapidement le morceau de glace au moyen de papier buvard, et on le laisse tomber dans l'eau du calorimètre. La température de cette eau descend de $t°$ à 0° (minimum), et l'on peut écrire en désignant par x la chaleur de fusion cherchée :

$$px + p0 = (M + b)(t - 0).$$

La correction sur 0 relative aux échanges de chaleur avec le milieu ambiant peut se faire comme nous l'avons indiqué plus haut; il convient d'ailleurs d'établir une compensation approchée par la méthode de Rumford.

Une difficulté spéciale se présente : il n'est pas possible de peser la glace avant l'expérience, puisqu'on doit l'essuyer au dernier moment. On pèse donc le calorimètre avant et après l'expérience; mais la différence des deux pesées ne donne pas exactement le poids de la glace introduite : il faut y ajouter le poids d'eau évaporée entre la première et la deuxième pesée.

Pour déterminer ce dernier, on place le calorimètre sur la balance, entouré d'un vase de mêmes dimensions que l'intérieur de l'enceinte protectrice, mais à parois simples et minces. On met dans le calorimètre un poids d'eau à peu près égal à celui qu'il contient pendant l'expérience et à des températures variées comprises entre 10° et 20°, par exemple. Il est facile de déterminer ainsi la perte de poids par suite de l'évaporation, par minute et pour chaque température du calorimètre (¹).

On dresse un tableau de ces résultats. Pour en faire l'application, il suffit de noter la température moyenne du calorimètre pendant chacune des n minutes qui se sont écoulées entre les deux pesées, prendre les nombres correspondants du tableau et en faire la somme (²).

Comme les manipulations n'ont point pour but de déterminer avec précision une donnée physique, on pourra se contenter de faire deux expériences seulement, l'une vers 10°, l'autre vers 20°. Nous ajouterons même que, si l'on opère avec un calorimètre couvert, la correction est peu importante.

Exemple. — Supposons qu'à la température moyenne de 10°,8 la perte de poids par minute soit de 7 milligrammes, et à 21°,3 de 18 milligrammes.

La première pesée du calorimètre est faite à 10ʰ12′ ; poids de l'eau $M = 641^{gr},7$; la température de l'eau est 18°,60.

A 10ʰ22′ le calorimètre est placé dans l'enceinte protectrice dont la température est 14°,1, et le thermomètre

<hr>

(¹) On détermine par exemple la perte pendant 10 minutes, et on divise le résultat par 10 ; la température correspondante est la moyenne entre les températures initiale et finale.

(²) Il est clair que cette application n'est entièrement justifiée que si la température et en général l'état de l'atmosphère du laboratoire sont à peu près les mêmes au moment de la confection du tableau et de son emploi.

Laprovostaye et Desains profitaient de la préparation de ce tableau auxiliaire pour déterminer aussi empiriquement les perturbations de température.

calorimétrique marque $t = 18°,25$. On introduit la glace, on agite, et à $10^h26'$ le thermomètre atteint le minimum 0, qui est $10°,85$.

A $10^h34'$ le calorimètre est replacé sur la balance : l'augmentation de poids est de $52^{gr},95$; sa température est $11°,2$.

Ne nous préoccupons pas des pertes et des gains de chaleur ; il est facile de voir qu'ils doivent se compenser sensiblement, et nous avons indiqué antérieurement comment on peut faire la correction résiduelle.

Au point de vue de la perte de poids, nous pouvons décomposer le temps écoulé en deux parties : l'une de $10^h12'$ à $10^h24'$ où la température moyenne est voisine de $18°,4$, l'autre de $10^h24'$ à 10^h34, où elle est voisine de $11°$.

En admettant que, dans l'intervalle des températures considérées, les variations de la perte soient proportionnelles à celles de la température, on trouve aisément d'après l'essai préliminaire que la perte par minute est de 15 milligrammes à $18°,4$, et de 7 milligrammes à $11°$.

La perte totale s'élève donc à

$$15 \times 12 + 7 \times 10 = 250 \text{ milligrammes,}$$

de sorte que le poids de glace introduit s'élève à $53^{gr},20$, au lieu de $52^{gr},95$ trouvé directement.

Vu le poids d'eau assez considérable employé dans cette expérience, on ne commettra pas d'erreur importante en prenant pour la capacité calorifique b du calorimètre le nombre 10,7 trouvé plus haut (p. 106).

L'équation numérique est donc la suivante :

$$53,2 \times x + 53,2 \times 10,85 = (641,7 + 10,7)(18,25 - 10,85)$$

d'où l'on tire $\qquad x = 79,8.$

Ce résultat doit être considéré comme très satisfaisant, et il est inutile d'ailleurs de s'attacher à la décimale suivante. On sait en effet que la chaleur de fusion de la glace est de 80 calories, à 0°,2 près environ.

CHALEUR DE VAPORISATION

La recherche d'une chaleur de vaporisation constitue en général une expérience délicate et même difficile, pour peu que l'on désire fixer avec précision le résultat. En outre, il peut être dangereux d'opérer avec un grand nombre de liquides dont les vapeurs sont facilement inflammables.

Nous recommanderons cependant, comme une expérience intéressante pouvant être menée à bien en une séance, la détermination de la chaleur latente de vaporisation de l'eau au moyen de l'appareil simplifié imaginé par M. Berthelot (fig. 39).

L'appareil est tout en verre ; il se compose de deux pièces principales : une fiole E où l'on place le liquide pour le réduire en vapeurs et un serpentin R plongé dans l'eau d'un calorimètre ; la fiole est ajustée à l'émeri sur le serpentin. Une petite rampe à gaz AP convenablement isolée du calorimètre permet de porter le liquide à l'ébullition : la vapeur se rend alors au serpentin par le tube C, sans entraîner de gouttelettes liquides.

Pour faire une expérience, on introduit 50 à 100 grammes du liquide à étudier dans la fiole ; puis on le porte à l'ébullition. Lorsque la vapeur sort abondamment par l'orifice (inférieur), on note la température t du calorimètre, et l'on ajuste rapidement la fiole sur le serpentin.

Au bout de quelques minutes, le thermomètre calorimétrique accuse une élévation de 5 à 6 degrés ; on met fin à l'expérience en enlevant la fiole avec ses accessoires. On agite bien l'eau du calorimètre, et on lit la température maxima θ', comme dans la détermination des chaleurs spécifiques.

Le serpentin avait été taré avant l'expérience ; on le reporte sur la balance, après l'avoir convenablement essuyé, afin de connaître le poids p de vapeur qui s'y est condensée.

La compensation de Rumford s'établit très facilement. L'échauffement du calorimètre étant à peu près proportionnel au temps, il suffit, pour rendre la correction de Regnault à peu près négligeable, d'amener la température initiale t du calorimètre à 3 degrés, par exemple, au-dessous

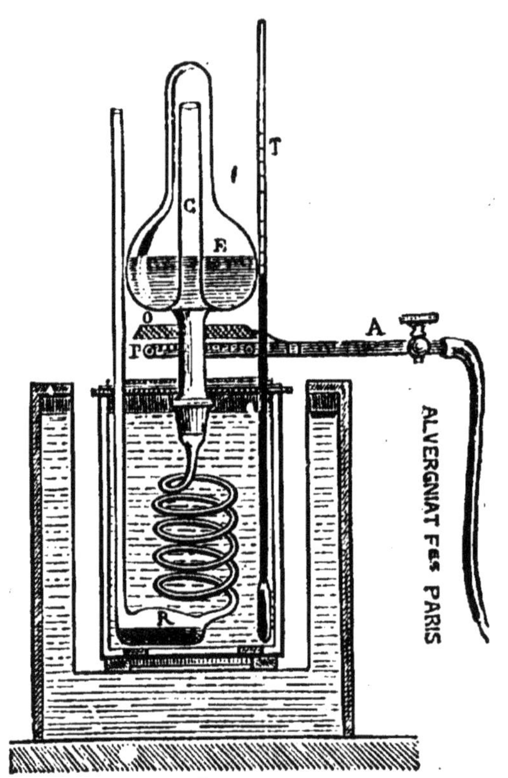

Fig. 39. — Appareil Berthelot.
(Chaleur de vaporisation.)

de celle de l'enceinte (τ), et d'arrêter l'expérience lorsque le calorimètre s'est élevé à 3 degrés au-dessus de cette température. Dans ces conditions, en effet, on voit que la première période, pendant laquelle le calorimètre reçoit de la chaleur de l'enceinte, est égale à la deuxième pendant laquelle il en perd ; et si l'on n'avait affaire qu'à des phénomènes de rayonnement et de convection, il y aurait égalité entre la chaleur gagnée et la chaleur perdue.

Nous supposerons qu'il en soit ainsi, afin d'obtenir l'équation très simple qui donne la chaleur latente de la vaporisation x :

$$px + pc(T - \theta) = (M + b)(\theta - t)$$

où c désigne la chaleur spécifique moyenne entre T et θ du corps étudié à l'état liquide, T la température d'ébullition de ce liquide sous la pression atmosphérique actuelle ; t, θ, M et b ont la même signification que précédemment.

Si l'on opère avec l'eau, on peut prendre sans grand inconvénient $c = 1$; d'après Regnault, le nombre exact serait 1,006.

CHALEURS DE COMBINAISON

Bien que l'étude des chaleurs de combinaison appartienne au Cours de chimie, nous croyons utile de répéter dans ces Manipulations l'expérience la plus simple, qui consiste à déterminer la chaleur de neutralisation d'un acide par une base en dissolution étendue.

Soient, par exemple :

1° Une dissolution A d'acide sulfurique contenant 1/4 de molécule-gramme par litre : $\dfrac{SO^4H^2}{4} = 24^{gr},5$;

2° Une solution B de potasse à la concentration moléculaire double, c'est-à-dire contenant $\dfrac{KOH}{2} = 28$ grammes de potasse par litre.

Ces deux dissolutions, mélangées à volumes égaux, produiront une dissolution neutre de sulfate de potassium, en dégageant une certaine quantité de chaleur qu'il s'agit de déterminer.

Prenons deux enceintes protectrices à température connue et sensiblement invariable (fig. 36), et plaçons dans l'une d'elles un vase calorimétrique en platine ou en verre mince contenant 250^{cmc} de la solution A, dans l'autre une fiole renfermant aussi 250^{cmc} de la solution B avec un thermomètre très sensible.

Au bout de quelque temps (¹), on agite et on note les températures t et t' des deux liquides, ainsi que celles des enceintes; puis on verse le contenu de la fiole dans le calorimètre, en la tenant au moyen d'une pince en bois afin de ne pas l'échauffer par le contact des mains.

La température du mélange s'élève à 0.

Supposons l'expérience tellement réglée que les pertes et les gains de chaleur se compensent exactement. Désignons par

P le poids du liquide A,
P′ celui de B,
c et c' leurs chaleurs spécifiques,
γ celle du mélange,
Q la quantité de chaleur dégagée par la réaction chimique,
a la capacité calorifique du calorimètre et de ses accessoires dans les conditions de l'expérience.

S'il n'y avait point de dégagement de chaleur, le système prendrait une température t_1 intermédiaire entre t et t', telle que :

$$(\mathrm{P}c + a)(t_1 - t) = \mathrm{P}'c'(t' - t_1)$$

<hr>

(¹) Plusieurs heures de préférence, lorsqu'il s'agit d'une détermination précise.

ou, si l'on admet que la capacité calorifique du mélange est égale à la somme des capacités calorifiques des composants (extension de la loi de Wœstyne) :

$$Pc + P'c' = (P + P')\gamma$$
$$[(P + P')\gamma + a]t_1 = (Pc + a)t + P'c't'.$$

La quantité de chaleur Q a servi à élever la température du mélange de t_1 à 0 ; elle a pour expression

$$Q = [(P + P')\gamma + a](0 - t_1)$$

ou

$$Q = [(P + P')\gamma + a]0 - (Pc + a)t - P'c't'.$$

La quantité de chaleur Q, dans l'hypothèse où nous nous sommes placés, est relative à la saturation d'un quart de molécule d'acide. On aura donc le nombre correspondant à une molécule de l'acide en multipliant le nombre obtenu par 4.

Remarque. — Bien que la loi de Wœstyne ne doive être appliquée en général qu'à des corps mélangés ou combinés à l'état solide, et que cette loi ne soit pas d'ailleurs bien exacte, son application ne saurait introduire ici aucune erreur appréciable, ainsi qu'on peut s'en assurer, nombres en main.

On peut même souvent se permettre une approximation d'une autre sorte. Au lieu de déterminer P P' c c' et γ, on remarque que, pour des dissolutions étendues, le produit cd de la chaleur spécifique par la densité à une certaine température ne diffère pas beaucoup de l'unité, de sorte que le produit Pc peut être remplacé, au moins à titre d'approximation, par le volume V du liquide.

L'erreur qui en résulte sur chacun des termes de l'équation est généralement inférieure à un centième, et, par suite de compensations faciles à comprendre, l'erreur sur la valeur de Q n'atteint le plus souvent que 1 ou 2 millièmes au plus, c'est-à-dire qu'elle est de l'ordre des erreurs d'expérience.

On écrit donc l'équation simplifiée :

$$Q = [V + V' + a]\theta - (V + a)t - V't'.$$

Enfin si, comme dans l'exemple choisi, $V = V'$, et de plus $t' = t$, on a simplement :

$$Q = (2V + a)(\theta - t).$$

VI

DENSITÉ DES VAPEURS

GÉNÉRALITÉS

On appelle *densité* d'une vapeur *par rapport à l'air* le rapport des masses (ou des poids) de volumes égaux de cette vapeur et d'air à la même température et à la même pression.

On peut rapporter les densités des gaz et des vapeurs à un gaz quelconque convenablement choisi à la place de l'air. On passe d'ailleurs facilement de la densité d'un gaz par rapport à l'air à sa densité par rapport à l'hydrogène, par exemple : on divise la première par la densité de l'hydrogène par rapport à l'air (0,06948 dans les conditions normales) (¹).

(¹) Les densités par rapport à l'hydrogène jouent un rôle particulier en chimie. En vertu de ce que le poids moléculaire de ce corps est pris conventionnellement égal à 2, ces densités expriment approximativement la moitié des poids moléculaires des corps gazeux. Exemple : la densité de la vapeur de sulfure de carbone par rapport à l'air est 2,644 ; sa densité par rapport à l'hydrogène est donc $\frac{2,644}{0,06948} = 38,05$, et son poids moléculaire, 76,1 environ, comme on le sait d'ailleurs.

Il y a plusieurs avantages, au point de vue de la précision des

Rappelons d'abord la relation qui existe entre la masse m d'un certain volume d'une vapeur, sa densité d par rapport à l'air, la pression et la température.

Représentons par a_0 la masse de l'unité de volume d'air à 0° et à la pression normale [1].

A t° et sous la pression de H centimètres de mercure (hauteur réduite à 0°) 1 litre d'air pèse donc

$$a = \frac{a_0}{1 + \alpha t} \times \frac{H}{76}$$

α étant le coefficient de dilatation de l'air $= 0,00367$ [2].

V litres pèsent $\dfrac{V.a_0 H}{(1 + \alpha t)76}$ et la masse de V litres de vapeur dans les mêmes conditions est

$$m = \frac{V a_0 H d}{(1 + \alpha t) \times 76}.$$

En principe, il faut donc pour déterminer d, mesurer m, V, H et t. Les deux méthodes les plus usitées, imaginées par Gay-Lussac et par Dumas, font de m ou de V l'objet d'une détermination à part : l'expérience consiste à déterminer le volume occupé à H^{cm} et t° par une masse m de vapeur préalablement connue, ou bien au contraire à déterminer la masse m de vapeur qui occupe à t° et H^{cm} un

résultats, à prendre les densités des gaz et des vapeurs par rapport à l'azote ; mais, la précision que l'on peut atteindre dans l'étude des vapeurs étant bien moindre que celle que l'on réalise avec les gaz, il n'y a aucun inconvénient à prendre les densités des vapeurs par rapport à l'air.

[1] La masse d'un litre d'air dépouillé de l'humidité et de l'acide carbonique, pris à 0° et sous la pression de 76 centimètres de mercure à 0° et à Paris est $1^{gr},2932$.

[2] On est autorisé à admettre ici que l'air suit la loi de Mariotte et que son coefficient de dilatation est constant.

volume V donné à l'avance. Nous commencerons par la méthode de Gay-Lussac modifiée par Hoffmann.

Méthode de Gay-Lussac. Appareil d'Hoffmann (fig. 40). — L'appareil se compose d'un tube barométrique MN d'un mètre de hauteur et de 2 centimètres de diamètre environ. Il porte une graduation en millimètres, et doit avoir une section parfaitement uniforme. Sinon, il faut au préalable construire, au moyen de jaugeages au mercure, une table qui donne exactement le volume compris entre chaque division et le sommet du tube.

Ce tube est entouré d'un manchon de 8 à 10 centimètres de diamètre, fermé par des bouchons

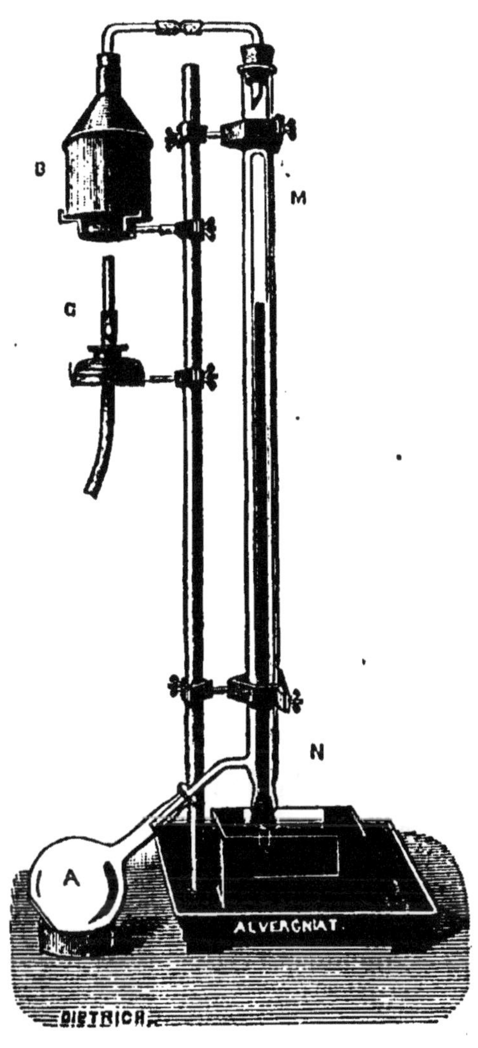

Fig. 40. — Appareil d'Hoffmann.

de liège, dans lequel on peut faire passer un rapide courant de vapeur d'eau ou d'un liquide quelconque (¹).

(¹) A la rigueur on pourrait remplacer dans certains cas le courant de vapeur par un courant de liquide.

On emploie ordinairement :

Un thermomètre donne la température à l'intérieur du manchon ; on attend qu'il soit stationnaire.

Opération. — On enferme le liquide à étudier dans une petite ampoule en verre très mince, ou bien, pour plus de commodité, dans un petit flacon bouché à l'émeri. L'ampoule ou le petit flacon doivent être parfaitement remplis. On a pesé d'abord le verre seul, puis le même plein de liquide ; on a par différence et très exactement le poids du liquide. Lorsque le tube barométrique est arrivé à une température stationnaire, on y introduit par la partie inférieure le petit flacon bien essuyé, en ayant soin de ne pas introduire de bulles d'air en même temps. Dès qu'il a le contact du mercure chaud, le flacon se débouche (¹) et le liquide se vaporise presque instantanément dans le vide. On a dû combiner les dimensions du tube barométrique et le volume du flacon de manière que la vapeur ne soit pas saturante à la température où l'on opère.

On connaît, comme nous venons de le voir, m et t ; il s'agit de mesurer V et II.

1° On détermine la division devant laquelle s'arrête la colonne mercurielle ; le tableau précédemment construit donne le volume V_0 correspondant ; on aura le volume à $t°$ en multipliant V_0 par le binôme de dilatation du verre

$$V = V_0 (1 + kt).$$

On prend $\qquad k = 0,000026.$

La vapeur d'alcool	qui bout	vers	80°
— d'eau	—		100°
— d'alcool amylique	—		132°
— d'aniline	—		180°

Les manipulations devront toujours, pour éviter les dangers que crée l'emploi de vapeurs inflammables, être faites à 100°.

(¹) L'ampoule éclaterait, par suite de la dilatation du liquide.

2° La pression est mesurée par la différence entre la colonne barométrique actuelle et la hauteur du mercure au-dessus du niveau dans la cuvette, — ces 2 hauteurs étant réduites à 0°, bien entendu.

On se contente généralement, pour déterminer cette dernière, de lire sur le tube lui-même, employé comme règle graduée, les positions du sommet de la colonne et du niveau dans la cuvette. Il serait préférable cependant de déterminer cette hauteur au moyen d'un cathétomètre, — fût-il même très ordinaire, — ainsi que nous l'avons dit à propos du baromètre normal.

Exemple. — Le petit flacon pèse vide $1^{gr},346$, et plein de *chloroforme* $2^{gr},039$: le poids du liquide est donc $0^{gr},693$.

Le manchon est chauffé par un courant de vapeur d'eau, et la colonne barométrique réduite à 0° est $760^{mm},8$. La température de la vapeur est donc $100° + \dfrac{0,8}{27} = 100°,03$.

Le thermomètre employé ne donnant la température qu'à 0°,1 près, marque exactement 100°.

Après l'introduction du petit flacon dans le tube, le sommet du mercure se fixe entre les divisions 147 et 148 (millimètres), et, avec l'aide d'un viseur, on estime plus exactement sa position à $147^{mm},4$.

Le niveau du mercure dans la cuvette correspond à la division $12^{mm},7$ de l'échelle. — Enfin, en se reportant à la table de jaugeage, on trouve qu'à 0° le volume compris entre le n° 147,4 et le sommet du tube est de $210^{cmc},75$.

D'après cela :

1° Le volume occupé par la vapeur à 100 est

$$V = 210,75\,(1 + 100 \times 0,000026) = 211^{cmc},30;$$

2° La pression est

$$\text{II} = 760,8 - \frac{(147,4 - 12,7)(1 + 100 \times 0,000008)}{1 + 100 \times 0,000181} = 628^{\text{mm}},4.$$

On a donc

$$d = \frac{0^{\text{gr}},693 \times 760 \times 1,367}{0^{\text{l}},2113 \times 1^{\text{gr}},293 \times 628,4} = 4,194.$$

En tenant compte des diverses causes d'erreur, on voit que, si l'expérience est bien faite, le résultat peut être approché à $\frac{1}{500^{\text{e}}}$ près de sa valeur. — D'après cette expérience la densité de la vapeur de chloroforme à 100° et sous une pression voisine de 63^{cm} de mercure serait donc comprise entre 4,19 et 4,20. La 3° décimale n'est conservée que pour mémoire, et ne saurait être précisée pour plusieurs raisons :

1° La somme des erreurs (relatives) inévitables de chaque détermination dépasse le plus souvent $\frac{1}{500^{\text{e}}}$;

2° Le liquide employé n'est pas, en général, rigoureusement pur ;

3° La densité varie assez rapidement avec la température et la pression, parce que la vapeur n'est pas encore très éloignée de son point de liquéfaction.

On pourra considérer la manipulation comme suffisamment bien faite si l'erreur n'est que de $\frac{1}{250^{\text{e}}}$, c'est-à-dire si l'on trouve pour le chloroforme un nombre compris entre 4,18 et 4,21, — surtout si le tube barométrique a moins de 15 millimètres de diamètre et si l'on repère les niveaux du mercure sur une règle graduée placée à côté du tube, comme cela se fait quelquefois par raison d'économie.

Méthode de Dumas. — 1° On prend un ballon B de 300ᶜᵐᵉ environ dont le col a été courbé et effilé comme l'indique la figure 41. Cette pointe a été fermée au moment de la préparation du ballon afin d'éviter l'introduction des poussières. On la brise, et on porte le ballon sur la balance pour en faire la tare, en ayant soin d'ajouter un poids de 5 grammes à côté du ballon.

2° On chauffe légèrement celui-ci, en le passant par exemple au-dessus d'une lampe à alcool ; puis on introduit la pointe dans un verre où l'on a versé le liquide à étudier, exactement comme pour le remplissage d'un thermomètre. Par suite du

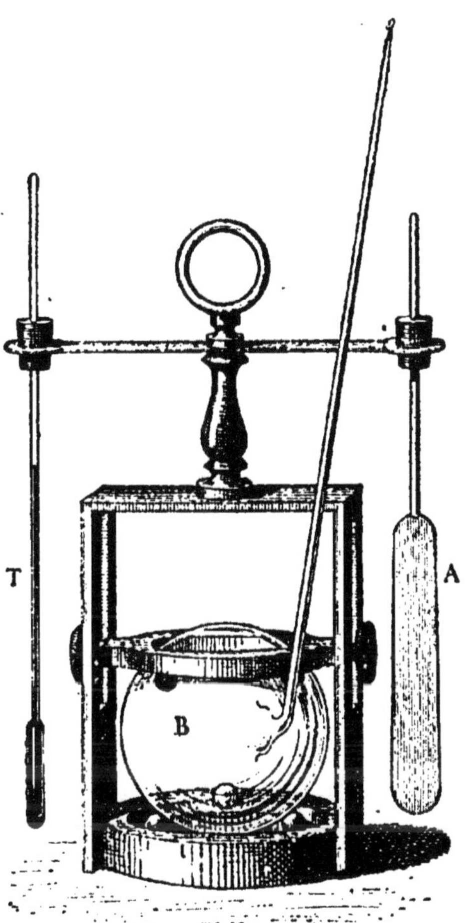

Fig. 41. — Appareil de Dumas.

refroidissement, l'air se contracte et le liquide monte dans le ballon. On laisse ainsi rentrer de 5 à 10ᶜᵐᵉ de ce dernier.

3° On introduit alors le ballon dans un support spécial représenté par la figure 41, et on le plonge dans un bain dont la température est donnée par un thermomètre T fixé au support.

Dans ces manipulations, on opère toujours sur un liquide très volatil, et l'on emploie un bain d'eau bouillante. Le liquide, porté à une température supérieure à son point d'ébullition, se vaporise rapidement. Un jet de vapeur s'échappe avec bruit, entraînant tout l'air contenu dans le ballon; quand il s'est ralenti, on approche une bougie ou une allumette de manière à saisir le moment où il cesse complètement, et l'on ferme la pointe au moyen d'un chalumeau à gaz — ou simplement d'un bec de gaz de Bunsen si le verre est assez fusible. On note à ce moment la pression atmosphérique : soit II sa valeur réduite à 0°.

4° On retire du bain le support ; on en dégage le ballon, et, après refroidissement, on le reporte sur la balance. Il faut, en général, pour rétablir l'équilibre, enlever une partie des 5 grammes surajoutés tout à l'heure.

Désignons ces poids par π. Ils représentent la différence entre le poids de vapeur que l'on vient d'enfermer dans le ballon et la poussée exercée *actuellement* par l'atmosphère sur le volume intérieur du ballon à la température t de la pesée ([1]).

5° Enfin, pour connaître le volume intérieur du ballon, on brise la pointe au fond d'un vase contenant un litre environ d'eau distillée, que l'on a fait bouillir préalable-

---

([1]) En effet, si nous admettons que dans l'opération précédente, l'air contenu dans le ballon ouvert était identique à l'air extérieur, la tare faisait équilibre au poids apparent du verre du ballon plongé dans l'air, plus les 5 grammes supplémentaires.

Dans la nouvelle pesée, la poussée atmosphérique s'exerce sur le volume extérieur du ballon qui est fermé et non plus simplement sur le verre comme précédemment. On néglige la variation de poussée subie par le verre.

ment dans le vide, afin qu'elle ne contienne pas de gaz en dissolution. L'eau remplit complètement le ballon, si l'air a été parfaitement expulsé par la vapeur.

On pèse maintenant le ballon ainsi rempli d'eau à la température 0, que l'on détermine. Il est commode de faire cette pesée sur une balance ordinaire ; car il suffit que l'erreur ne dépasse pas le décigramme : on a fait dans ce but une deuxième tare du ballon plein d'air sur cette balance en y adjoignant, par exemple, un poids de 500 grammes. Soit P le poids de cette eau. Si l'on désigne par e_0 la masse de l'unité de volume d'eau à cette température 0, et a celle de l'unité de volume d'air que l'on pourra prendre égale à 0,0013,

le volume V_0 du ballon à 0° est $\dfrac{P}{e_0 - a}$; à 0° il est donc

$$V_0 = \frac{P}{(e_0 - a)(1 + k\cdot 0)}$$

k étant le coefficient de dilatation cubique de verre : 0,000026.

De même à $t°$ $\qquad V_t = V_0(1 + kt)$
et à $T°$ $\qquad V_T = V_0(1 + kT)$.

Nous avons maintenant toutes les données nécessaires pour calculer la densité d. On a d'une part

$$m = \frac{V_T \times a \times d \times H}{(1 + \alpha T) \times 76}$$

et d'autre part $\qquad \pi = m - \dfrac{V_t \times a \times H'}{(1 + \alpha t) \times 76}$,

H' et t désignant la pression et la température atmosphérique au moment de la pesée.

Exemple. — Détermination de la densité de la vapeur d'éther à 100° sous la pression atmosphérique.

On a trouvé pour la différence entre le poids de vapeur et la poussée : $\pi = 0^{gr},413$.

Température du bain au moment de la fermeture du ballon : $T = 100°,5$.

Pression atmosphérique réduite à 0° : $H = 767^{mm},4$.

Température atmosphérique au moment de la pesée : $t = 16°,2$.

Pression atmosphérique au moment de la pesée : $H' = 767^{mm},5$ (¹).

Poids apparent dans l'air de l'eau à 16° remplissant le ballon : $P = 331^{gr},4$.

Les tables donnent pour la densité de l'eau à cette température : $e_t = 0,9990$.

D'après ces données, le volume du ballon à 16° est

$$V_{16} = \frac{331,4}{0,9990 - 0,0013} = 332^{cmc},2.$$

On en déduit pour le volume à 100°,5 : $V_T = 332^{cmc},9$.

La poussée exercée sur le ballon pendant la pesée était :

$$\frac{V_{16} \times a \times H'}{(1 + \alpha t) \times 76} = \frac{332,2 \times 1^{mgr},293 \times 76,75}{1,059 \times 76} = 0^{gr},409$$

d'où $m = 0,413 + 0,409 = 0^{gr},822$

et

$$d = \frac{m(1 + \alpha T)\,76}{V \times a \times H} = \frac{0^{gr},822 \times 1,369 \times 76}{332,9 \times 1^{mgr},293 \times 76,74} = 2,589.$$

Remarque. — Ce nombre est à peine supérieur à celui que l'on trouve dans les tables : 2,586.

(¹) L'air que renferme la cage de la balance est desséché au moyen de chaux vive; on néglige le peu d'humidité qu'il contient.

Indépendamment des causes d'erreur dans les diverses déterminations, qui ne permettent pas de compter sur le dernier chiffre, cette méthode a un inconvénient très grave lorsque le liquide employé contient des impuretés moins volatiles que lui : la vapeur qui reste à la fin de l'ébullition contient de ces impuretés une proportion bien plus notable que le liquide lui-même. On sait qu'en général, lorsqu'on fait bouillir un mélange de deux liquides, eau et alcool par exemple, le plus volatil distille le premier : c'est sur ce principe qu'est fondée l'extraction de l'alcool du vin (voy. p. 44). Il arrive donc le plus souvent que les densités des vapeurs d'éther et d'alcool sont trouvées trop faibles, et quelquefois de plusieurs centièmes.

À ce point de vue, la méthode de Dumas est inférieure à la précédente. Elle peut devenir excellente entre les mains d'un physicien exercé, lorsqu'il opère sur un liquide parfaitement pur, ou ne contenant que des impuretés plus volatiles que lui.

Méthode de Meyer. — Les chimistes font souvent usage d'une méthode imaginée par M. Meyer, qui a l'avantage d'être très rapide et de permettre, comme celle d'Hoffmann, d'opérer sur de très petites quantités de liquide.

Bien que peu précise, cette méthode peut rendre de grands services entre des mains exercées ; car il est souvent utile et même suffisant de connaître la densité d'une vapeur à quelques centièmes près.

C'est pour cette raison que nous n'avons pas voulu la passer sous silence ; mais nous devons dire qu'elle ne nous paraît pas de nature à être mise en œuvre dans ces manipulations ; car nous avons dû, par suite des insuccès continuels des élèves, la retirer du tableau du laboratoire d'Enseignement.

VII

IIYGROMÉTRIE

GÉNÉRALITÉS

On se propose en général de déterminer l'*état hygrométrique* de l'air, c'est-à-dire le rapport $\frac{f}{F}$ de la force élastique actuelle de la vapeur d'eau dans l'atmosphère à sa force élastique *maxima* à la même température. Ce rapport porte encore le nom de fraction de saturation.

Il est quelquefois plus intéressant de connaître la *richesse hygrométrique* de l'air, c'est-à-dire le rapport $\frac{f}{\Pi - f}$ entre la force élastique de la vapeur d'eau et celle des divers gaz qui constituent l'atmosphère. Il faut observer en effet que l'état hygrométrique d'une masse gazeuse varie lorsqu'on modifie sa température et sa pression, tandis que la richesse hygrométrique en est indépendante tant que la vapeur ne devient pas saturante.

Au point de vue expérimental, la question réside toujours dans la détermination de f. Nous ne nous occuperons d'ailleurs que de l'état hygrométrique.

Hygromètres à condensation. — Le principe des hygromètres à condensation, indiqué pour la première fois par Leroy, est celui-ci. Lorsque l'on refroidit un corps quelconque au contact de l'air plus ou moins humide, la vapeur d'eau, tout en conservant la même force élastique f devient saturante à une certaine température θ plus ou moins basse. A partir de ce moment, le moindre refroidissement du corps provoque le dépôt d'humidité à sa surface, sous forme de rosée, ce qui fait donner à cette température θ le nom de *point de rosée.*

Connaissant le point de rosée, on se reporte aux tables qui donnent la force élastique *maxima* correspondante. Si l'appareil est convenable et l'expérience bien conduite, cette force élastique ne diffère pas sensiblement de f. Toutefois il ne faut pas oublier que la vapeur amenée à saturation ne doit se déposer à l'état liquide que si la température est *inférieure* à la température de saturation.

Supposons, par exemple, que l'on détermine le point de rosée sous un abri, pendant la pluie, et en l'absence de vent. Selon toute apparence, l'air doit être saturé d'humidité, et cependant il faudra refroidir l'appareil au-dessous de la température ambiante pour obtenir le dépôt de rosée. L'état hygrométrique trouvé est < 1.

Inversement, soit une surface déjà couverte de rosée et placée dans les mêmes conditions : l'eau ne pourra s'évaporer que si la température de cette surface est supérieure à celle pour laquelle a lieu la saturation de l'air ambiant.

On voit que pour obtenir avec quelque précision le point de saturation, il faut refroidir lentement un corps tel qu'on puisse apercevoir facilement à sa surface le moindre dépôt de rosée; puis laisser disparaître ce dépôt par réchauffement du corps au contact de l'air. Si l'on connaît exactement les températures θ_1 et θ_2 de la surface à ces deux moments, et si elles sont suffisamment voisines, leur moyenne $0 = \dfrac{0_1 + 0_2}{2}$ pourra être prise comme point de saturation.

L'appareil de Regnault est un de ceux qui donnent les meilleurs résultats dans un laboratoire ou en plein air en l'absence de vent. L'appareil d'Alluard est souvent employé avec avantage; mais les soins particuliers qu'exige l'entretien de ses surfaces dorées semblent l'exclure des manipulations.

Pour les opérations en plein air, on donne la préférence à l'hygromètre de Crova, parce que le dépôt de rosée s'y faisant à l'*intérieur* d'un tube, ses indications sont indépendantes du vent. La manœuvre de ces divers instruments étant à peu près identique, nous n'indiquerons en détail que celle de l'hygromètre de Regnault.

Hygromètre de Regnault. — Il se compose essentiellement d'un dé en argent mince et très bien poli A (fig. 42) de 2 centimètres de diamètre et de 5 centimètres de haut, fixé à l'extrémité d'un tube de verre B. L'autre bout du tube reçoit un bouchon traversé par :

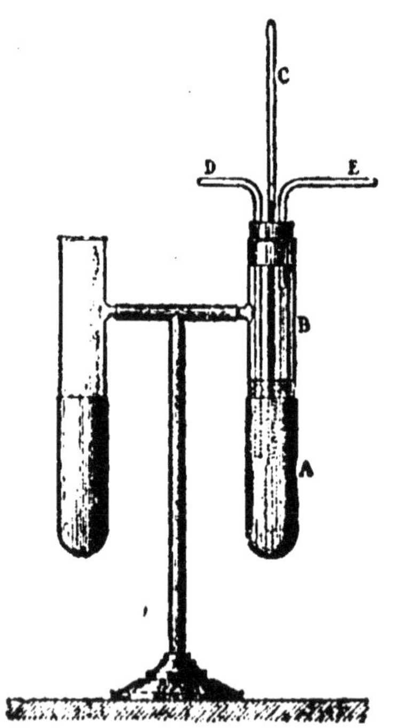

Fig. 42.— Hygromètre de Regnault.

1° Un thermomètre C sensible à 1/10° de degré;

2° Un tube D, ouvert aux deux bouts, qui plonge jusqu'à un centimètre environ du fond du dé;

3° Un autre tube E ne plongeant pas, auquel on ajuste un tube de caoutchouc.

Ordinairement on adjoint à l'appareil un deuxième dé en argent identique au précédent et placé assez près pour qu'on puisse les voir tous les deux à la fois dans le champ de la petite lunette qui sert à faire l'observation. On juge mieux ainsi, par contraste, du dépôt de rosée sur le premier. On l'appelle tube *témoin*.

OPÉRATION. — On verse de l'éther dans le tube AB jusqu'à 1 ou 2 centimètres au-dessus du dé d'argent; on assujettit le bouchon, et on met en relation au moyen d'un long tube de caoutchouc le tube E avec un aspirateur placé sous la main de l'opérateur, à plusieurs mètres de distance (¹).

Après avoir mis au point sur les dés et le thermomètre C la petite lunette mise à sa disposition, l'opérateur tourne les robinets de l'aspirateur de manière à provoquer un appel d'air : celui-ci rentre par D, et barbotte dans l'éther qui s'évapore rapidement. Le thermomètre baisse, et bientôt la surface du dé d'argent apparaît mate ; elle diffuse la lumière au lieu de la réfléchir : la rosée s'est déposée. On arrête aussitôt l'opération et l'on observe le thermomètre ; la température 0′ qu'il indique est notablement inférieure au point de rosée, surtout si le courant d'air était rapide.

On laisse disparaître la rosée ; la température est remontée à 0″ : on est sûr que le point de rosée est compris entre 0′ et 0″. On recommence l'expérience ; mais on a

____

(¹) On doit employer de préférence un petit aspirateur à renversement, formé de deux vases de même capacité et dont les communications sont tellement établies que l'un se vide dans l'autre alternativement; cet appareil a l'avantage de répandre peu de vapeur d'eau dans l'atmosphère.

soin de modérer le débit de l'aspirateur dès que la température n'est plus qu'à 1° au-dessus de $0'$, de manière que l'abaissement soit très lent. La rosée apparaît; on ferme les robinets et on vise le thermomètre.

Si l'opération a été bien conduite, la température observée n'est autre que celle désignée plus haut par 0_1. On laisse disparaître la rosée; dès que le dé est redevenu brillant, on observe de nouveau le thermomètre; on a ainsi 0_2 qui ne doit pas différer de 0_1 de plus de $0°,2$.

On peut même, en répétant plusieurs fois cette manœuvre, produire successivement et en peu de temps plusieurs apparitions et disparitions successives de la rosée, et réduire la différence $0_2 - 0_1$ à moins de $0°,1$ ([1]).

L'expérience est terminée; les tables donnent f. Il ne reste qu'à connaître la température ambiante. On se contente souvent de placer un deuxième thermomètre dans le dé témoin et de prendre sa température pour celle de l'air atmosphérique. — Il est bien préférable de faire tourner le thermomètre comme une fronde (il doit être bien sec) de manière à établir son contact parfait avec l'air; c'est ainsi que procèdent les météorologistes.

Première remarque. — Il est essentiel que les deux thermomètres aient été contrôlés; on devra s'assurer de leur zéro à chaque expérience.

Deuxième remarque. — Nous donnons à la fin de l'ouvrage, parmi les tableaux numériques, la table de correspondance des indications moyennes des hygromètres à cheveu avec les états hygrométriques (p. 377). Bien que ces instruments ne se recommandent point par la *netteté* et *la précision* de leurs indications, ils sont si com-

____

[1] Nous reproduisons en partie à la fin de l'ouvrage (page 377) la table des tensions maxima de la vapeur d'eau.

modes et si* faciles à consulter que leur usage est très répandu.

Hygromètre d'Alluard. — Le premier dé de l'appareil de Regnault est remplacé par une petite caisse prismatique A en laiton doré (fig. 43), munie d'une petite fenêtre pour l'observation du thermomètre E et du niveau de l'éther. L'appareil est pourvu de 3 tubes métalliques avec robinets : CD sert à produire le barbottage au moyen d'un aspirateur ; F permet d'obtenir le même effet au moyen d'un petit soufflet en caoutchouc ; enfin G sert à introduire l'éther.

Le dé témoin est remplacé par une lame B en laiton doré, isolée de l'appareil par un sillon d'un millimètre de largeur.

Quelque petit que soit le champ de la lunette,

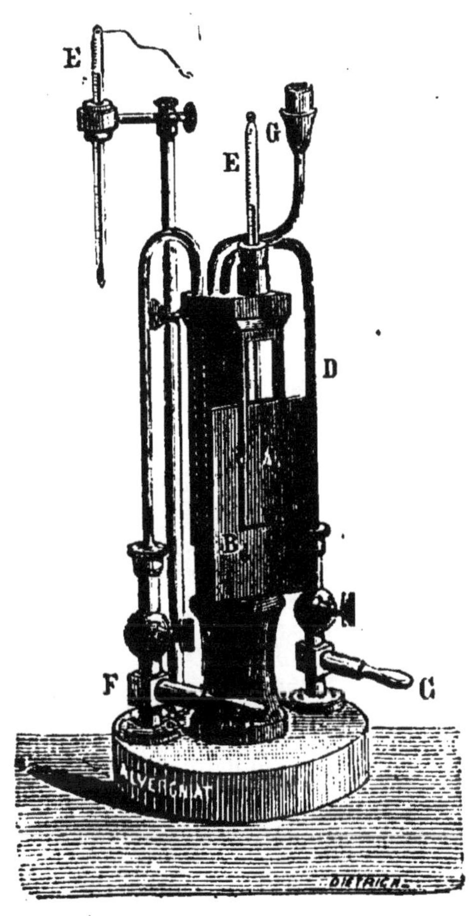

Fig. 43. — Hygromètre d'Alluard.

on voit toujours à la fois les deux surfaces à comparer. Mais il faut avoir soin de se placer sous une incidence convenable pour bien observer le contraste, tandis qu'avec les dés cylindriques, il y a toujours une génératrice convenablement éclairée pour cela.

Hygromètre de Crova. — La figure 44 montre suffisamment la disposition extérieure de l'appareil. Il se compose d'un tube AB en laiton mince nickelé et bien poli intérieurement. Il est fermé en A par un verre dépoli et en B par une loupe faible qui permet d'observer commodément la surface polie.

Le tube AB est plongé dans une boîte en laiton E qui contient l'éther. On voit en F une embouchure au moyen de laquelle on insuffle l'air qui doit barbotter dans le liquide ; on pourrait aussi adapter le tube G à un aspirateur. La poire en caoutchouc placée sous la main de l'opérateur permet d'appeler dans l'appareil par aspiration un courant d'air très lent.

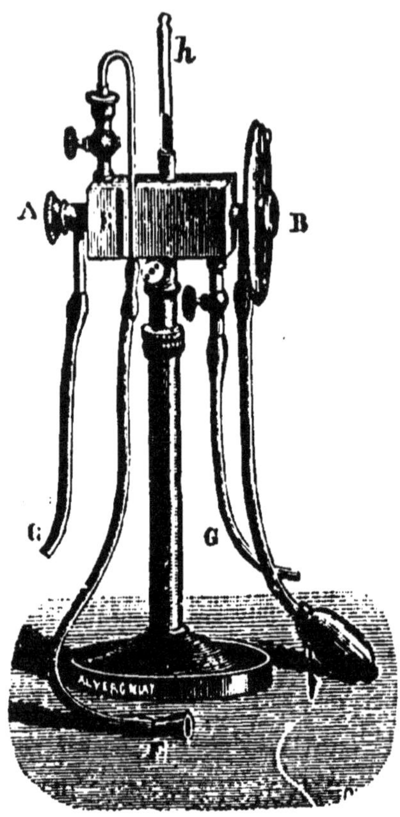

Fig. 44. — Hygromètre de Crova.

Cet appareil est, comme on le voit, exactement inverse des précédents au point de vue de la construction, mais identique comme principe.

VIII

MIROIRS ET LENTILLES

FORMATION DES IMAGES

MESURE DES DISTANCES FOCALES ET DES COURBURES

CHAMP D'UN MIROIR PLAN

On sait que les miroirs plans donnent toujours d'un objet
réel une image virtuelle symétrique de l'objet par rapport
au plan du miroir. En particulier, les rayons issus d'un
point lumineux P (fig. 45) et tombant sur un miroir plan M

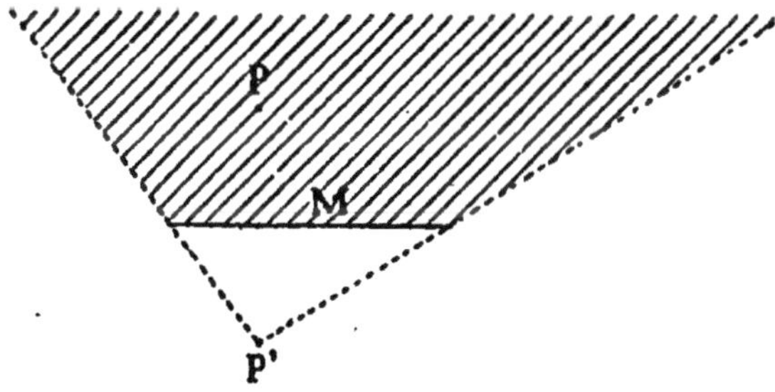

Fig. 45. — Champ d'un miroir plan.

se comportent après la réflexion comme s'ils venaient du
point P′ symétrique de P par rapport au miroir. Les rayons
réfléchis sont donc contenus à l'intérieur de l'angle solide
ayant pour sommet le point P′ et engendré par une droite

partant de ce point et s'appuyant constamment sur le bord
du miroir. Cet angle s'appelle *le champ* du miroir par rapport au point P. Tous les objets situés dans cet angle solide
seraient vus par un œil placé en P.

On constate, comme il est facile de le voir par la théorie,
que le champ est d'autant plus grand que le point P est
plus rapproché du miroir. A cet effet, on dispose sur un
banc d'optique (règle divisée sur laquelle on fait glisser
des supports convenables, fig. 46).

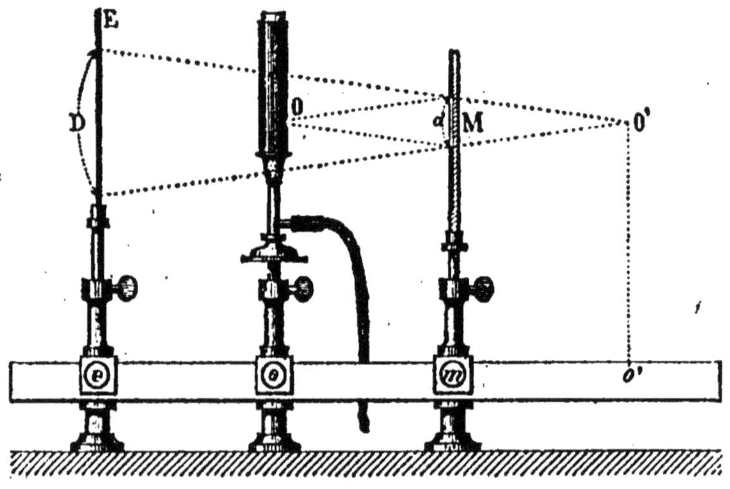

Fig. 46. — Banc d'optique.

1° Un miroir plan M, circulaire par exemple et de
diamètre *d*;

2° Une lampe à gaz munie d'une cheminée métallique;
celle-ci est percée seulement d'une petite ouverture O du
côté du miroir;

3° Un écran blanc E.

L'obscurité étant à peu près établie dans la salle, on
voit se dessiner sur l'écran E un cercle lumineux dont on
mesure le diamètre D en même temps que les distances

mo et *me*. Les rayons réfléchis se comportant comme s'ils émanaient de P', on constate que l'on a

$$\frac{D - d}{d} = \frac{mc}{mi}$$

N. B. — On peut se dispenser de connaître *m c ;* il suffit de constater que D — *d* varie en raison inverse de la distance *m o* de la petite ouverture O au miroir.

Cette expérience constitue l'une des nombreuses vérifications des lois de la réflexion et de la formation des images dans les miroirs plans.

MIROIR SPHÉRIQUE CONCAVE

On sait que les miroirs sphériques ne donnent d'images que si leur *ouverture* est suffisamment faible (1). Tels sont les miroirs des télescopes, dont l'ouverture est de 4° ou 5° tout au plus. Mais il n'en est pas de même des miroirs destinés aux expériences de cours. Il convient en général de masquer la majeure partie de leur surface par un écran percé seulement d'un trou central circulaire. C'est ce que l'on appelle *diaphragmer*.

Dans ces conditions, on pourra vérifier la formule connue :

$$\frac{1}{p} + \frac{1}{p'} = \frac{1}{f}$$

et s'en servir pour déterminer la distance focale *f*.

(1) On entend par *ouverture* l'angle ayant son sommet au centre de courbure du miroir, et dont les côtés passent par les bords opposés.

EXPÉRIENCE. — 1° Sur le banc d'optique (fig. 46), on dispose vers l'une des extrémités (au zéro de la graduation, de préférence) le miroir concave convenablement diaphragmé;

2° A l'autre extrémité du banc, le même bec de gaz que tout à l'heure, l'orifice O jouant le rôle d'un petit disque lumineux;

3° Un petit écran opaque et blanc placé sur un support que l'on fait glisser jusqu'à ce que l'image de l'orifice O vienne se dessiner nettement sur cet écran.

A ce moment on lit avec soin sur la règle divisée, au moyen des index fixés aux divers supports, les distances p et p' au sommet du miroir de l'orifice O et de son image O' sur l'écran.

La formule rappelée ci-dessus donne la valeur de f :

$$f = \frac{pp'}{p + p'} :$$

On recommence cette opération plusieurs fois en rapprochant successivement le bec de gaz du miroir, et éloignant en conséquence l'écran jusqu'à ce qu'ils viennent se rejoindre.

A ce moment, on tient à la main l'écran près de l'orifice O, on fait au besoin tourner légèrement le miroir autour de son axe vertical de manière à amener l'image de l'orifice sur l'écran; puis on déplace la lampe avec l'écran jusqu'à ce que l'image soit très nette.

Les distances de l'image et de l'objet au miroir sont alors toutes deux égales à $2f$, c'est-à-dire, au rayon de courbure R du miroir. On pourra le vérifier au moyen du sphéromètre (voir p. 11).

On continue l'expérience en rapprochant encore l'objet lumineux du miroir et intervertissant ses positions avec celles de l'écran. On constate que l'image s'éloigne indéfiniment, et qu'elle devient virtuelle lorsque l'objet est à une distance du miroir inférieure à f.

On calcule chaque fois la valeur de f; on doit la trouver constante.

Première remarque. — L'ensemble de ces expériences constitue une bonne vérification des lois de la réflexion et de la formule des miroirs concaves.

Deuxième remarque. — Dans le cas où l'objet et l'image sont très voisins l'un de l'autre, on peut supprimer le diaphragme sans nuire à la netteté de l'image. Dans toute autre position, le contour de l'image cesse d'être distinct.

Si, l'appareil une fois réglé, on remplace l'écran percé d'un trou par le disque complémentaire, c'est-à-dire qui cache précisément la partie centrale que le diaphragme laissait découverte, l'image n'est pas nette non plus, mais simplement par défaut de mise au point; il suffit en effet de déplacer légèrement l'écran vers le miroir pour voir l'image redevenir très nette.

Cette expérience fait bien comprendre pourquoi l'image formée par le miroir tout entier manque de netteté et montre le rôle des diaphragmes employés dans beaucoup de dispositions optiques et en particulier dans l'objectif photographique.

De plus, elle mesure jusqu'à un certain point l'*aberration* longitudinale, qui n'est autre chose que le petit déplacement qu'il a fallu imprimer tout à l'heure à l'écran.

MIROIR CONVEXE

On se propose de vérifier la formule

$$\frac{1}{p'} - \frac{1}{p} = \frac{1}{f}.$$

A cet effet, on dispose sur le banc d'optique :

1° Le miroir convexe M, diaphragmé s'il y a lieu;

2° La lampe à gaz avec sa cheminée métallique percée d'un petit trou O;

3° Un écran d'assez grande dimension E.

Les rayons issus de O se comportent après réflexion comme s'ils venaient de son image O', et dessinent sur l'écran un cercle lumineux de contour assez net qui n'est

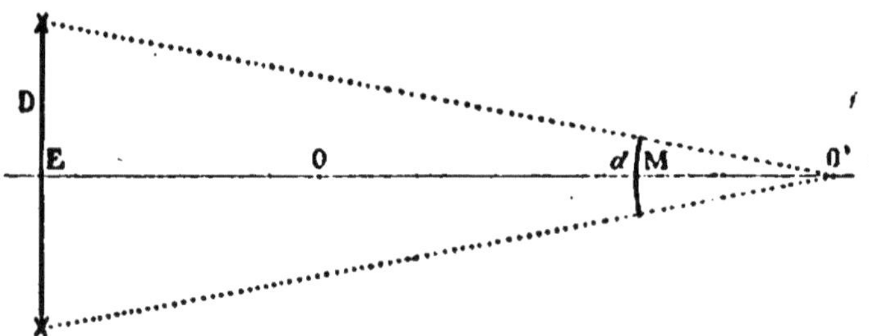

Fig. 47. — Champ d'un miroir convexe.

autre chose que l'intersection par l'écran du *champ* du miroir ainsi diaphragmé par rapport au point O.

Si l'on désigne par D le diamètre du cercle lumineux, par *d* celui de l'ouverture du diaphragme, et par *a* la distance de l'écran au miroir, on a

$$\frac{p'}{a} = \frac{d}{D - d}.$$

On mesure donc *d* et D, et on lit sur le banc *a* et *p* :

on peut alors calculer p' au moyen de cette relation ; mais le résultat cherché est f, dont voici l'expression :

$$f = \frac{pp'}{p-p'} = \frac{pad}{p(D-d)-ad}.$$

On répète cette expérience une deuxième fois en modifiant la distance p. On doit trouver pour f la même valeur, ce qui confirme la formule employée.

Remarque. — On constate, en faisant cette expérience, que le champ d'un miroir convexe est plus grand que celui d'un miroir plan de même dimension et par rapport à un même point. Cela tient à ce que l'image O' est dans le premier cas plus voisine du miroir que dans le deuxième.

LENTILLE CONVERGENTE

On sait que les lentilles à bords minces jouissent de propriétés analogues à celles des miroirs concaves. Rappelons seulement que les deux foyers sont placés de part et d'autre de la lentille à la même distance f d'un point appelé *centre optique*, qui se trouve à l'intérieur de la lentille si elle est biconvexe, et sur la face convexe dans le cas d'un ménisque plan-convexe.

Les manipulations porteront sur des lentilles assez minces pour que leur épaisseur soit négligeable vis-à-vis des distances à mesurer. Les distances qui sont liées par la formule connue

$$\frac{1}{p} + \frac{1}{p'} = \frac{1}{f}$$

pourront donc être comptées sans inconvénient à partir de la face correspondante.

Vérification de la formule pour les images réelles, et mesure de la convergence. — On installe à l'une des extrémités du banc d'optique (au zéro de la graduation) le bec de gaz employé dans les expériences précédentes, et à l'autre extrémité l'écran destiné à recevoir les images réelles. La lentille à étudier sera toujours choisie de façon que sa distance focale f soit inférieure au quart de la longueur du banc; de sorte que l'on pourra lui donner sur ce banc deux positions pour lesquelles l'image de l'orifice O se fera nettement sur l'écran. On vérifie que ces deux positions sont symétriques par rapport au milieu de la règle.

Donnons, par exemple, à la lentille la position la plus rapprochée de la lampe, et mesurons sur le banc les distances p et p'. Nous avons comme plus haut,

$$f = \frac{pp'}{p+p'}.$$

Éloignons la lentille de la lampe, tout en laissant sa distance inférieure à $2f$; il faut rapprocher l'écran pour obtenir encore l'image nette. Un nouveau couple de mesures donne encore la valeur de f, qui doit être identique à la précédente. On a ainsi vérifié la formule des lentilles.

On constate que si l'on place la lentille exactement à la distance $2f$, il faut placer l'écran exactement à la même distance de l'autre côté, et que dans ce cas l'image est exactement de même dimension que l'objet.

Jusqu'ici l'image était plus grande que l'objet, renversée d'ailleurs; elle devient à partir de ce moment plus petite. Elle diminuerait indéfiniment si l'on pouvait éloigner la lentille à l'infini, et elle tendrait à se placer au foyer de celle-ci.

LENTILLE DIVERGENTE

Si l'on désigne par p la distance d'un objet réel à la lentille, par p' la distance à la lentille de l'image, qui est virtuelle, et par f la valeur absolue de la distance focale, on a, comme pour les miroirs convexes, la formule

$$\frac{1}{p'} - \frac{1}{p} = \frac{1}{f}.$$

Pour vérifier cette formule et mesurer en même temps la distance focale f, on dispose sur le banc d'optique (fig. 46) :

1° La lampe diaphragmée à l'une des extrémités ;

2° La lentille vers le milieu ;

3° L'écran à l'autre extrémité.

Ici l'écran, quelle que soit sa position, ne reçoit pas d'image de l'orifice O ; mais le champ de la lentille par rapport à cet orifice (qui doit être pris aussi petit que possible, si l'on tient à faire des mesures exactes), y découpe un cercle lumineux qui est la base d'un cône ayant son

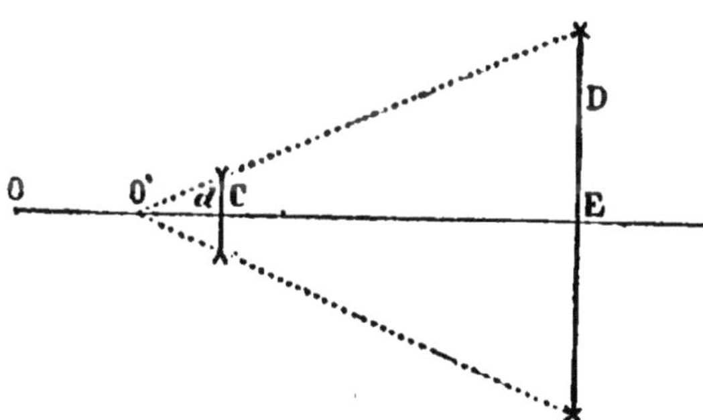

Fig. 48. — Champ d'une lentille divergente.

sommet en O', image virtuelle de O, et qui s'appuie sur le contour de la lentille (fig. 48).

On a donc, exactement comme pour le miroir convexe,

en désignant par d le diamètre de la lentille, et par D celui du cercle lumineux :

$$\frac{d}{\mathrm{D}-d} = \frac{\mathrm{O'C}}{\mathrm{CE}} = \frac{p'}{a}$$

On en déduit

$$p' = \frac{ad}{\mathrm{D}-d}$$

On mesure d et D, puis, le long du banc, $\mathrm{CE} = a$ et $\mathrm{OC} = p$,

et l'on a

$$\frac{1}{f} = \frac{\mathrm{D}-d}{ad} - \frac{1}{p},$$

d'où :

$$f = \frac{pad}{p(\mathrm{D}-d)-ad}.$$

On répète la même expérience en rapprochant la lampe de la lentille : le cercle éclairé a grandi, mais a et d n'ont pas été modifiés. On détermine donc les nouvelles valeurs de D et p; en les portant dans la formule précédente, on obtient une nouvelle valeur de f, qui doit être identique à la précédente.

Remarque. — On peut, à titre de vérification, accoupler la lentille divergente avec une lentille convergente, et mesurer la distance focale du système. Si la distance focale f' de la lentille convergente auxiliaire est plus petite que f (ce que l'on exprime encore en disant que sa convergence $\frac{1}{f'}$ est plus grande que celle $\frac{1}{f}$ de la lentille divergente en valeur absolue), le système est convergent, et on en mesure facilement, et avec assez de précision la distance focale F, comme nous l'avons vu plus haut. On a alors :

$$\frac{1}{\mathrm{F}} = \frac{1}{f'} - \frac{1}{f}$$

d'où :

$$f = \frac{\mathrm{F}f'}{\mathrm{F}-f'}.$$

IX

PHOTOGRAPHIE

La préparation industrielle et à bon marché des pla‑
ques photographiques dites « au gélatino-bromure d'ar‑
gent », a rendu la photographie si abordable à tous et
pour ainsi dire si populaire qu'il nous paraît indispensa‑
ble de donner ici la marche à suivre pour obtenir à coup
sûr des épreuves satisfaisantes.

L'opération se décompose naturellement en trois parties :
1° Mise au point et impression dans la chambre noire ;
2° Développement du négatif ;
3° Préparation, virage et fixage des épreuves positives.

N'ayant point l'intention d'écrire ici un traité de pho‑
tographie, nous nous bornerons aux opérations les plus
usuelles et nous garderons bien de multiplier les procédés
conduisant au même résultat.

1° **Chambre noire.** — Bien que l'on trouve aujourd'hui
dans le commerce des appareils très légers, sans pied, et
permettant de mettre rapidement au point des objets
plus ou moins éloignés au moyen d'un système de repères,
nous croyons qu'il faut, autant que possible, donner la pré‑
férence aux chambres à pied (fig. 49) et possédant une

glace dépolie mobile sur laquelle on cherche à obtenir, la tête cachée sous un voile suffisamment opaque, une image très nette de l'objet à photographier.

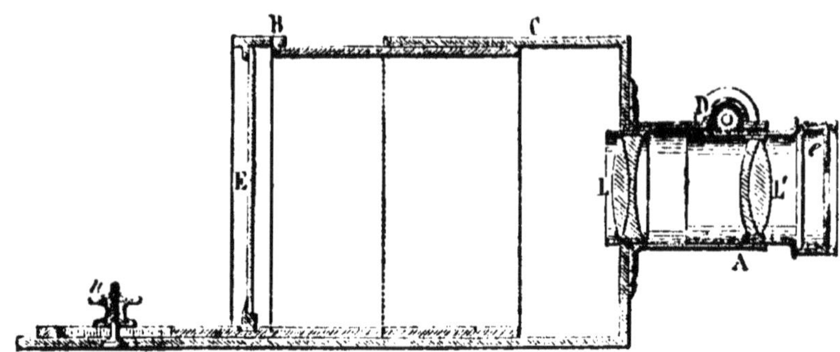

Fig. 49. — Chambre noire.

On agit à cet effet sur deux boutons extérieurs qui, par l'intermédiaire de deux pignons solidaires et de deux crémaillères fixées à la partie mobile de la chambre, permettent de donner au fond de celle-ci des mouvements plus ou moins lents.

Pour juger de la mise au point, on se place derrière la glace dépolie E, à une distance au moins égale à la distance minima de vision distincte, et on déplace le fond de la chambre lentement et alternativement dans les deux sens, de manière à bien saisir la position pour laquelle l'image paraît la plus nette.

Lorsqu'il s'agit de photographier un groupe d'objets qui ne se trouvent pas à la même distance de l'objectif, il convient de mettre au point l'un de ceux qui sont à une distance moyenne, à moins que, dans le cas d'un paysage par exemple, il n'y ait plusieurs *plans;* on doit toujours, dans ce cas, mettre au point sur le *premier plan.* Il est clair qu'alors le deuxième et le troisième plans sont moins nets, surtout si le premier plan est à 2 ou 3 mètres seulement.

L'ensemble est au contraire très satisfaisant si, le premier plan étant à 10 mètres au moins, on prend le soin de *diaphragmer* fortement l'objectif, c'est-à-dire d'intercepter les rayons marginaux au moyen d'un écran percé d'un trou circulaire de petit diamètre, qui trouve sa place entre les deux verres L et L′ de l'objectif aplanétique. En effet, l'ouverture du cône des rayons lumineux qui concourent à la formation de l'image d'un point se trouve alors considérablement réduite, et la section de ce cône par la couche impressionnable, un peu au delà de son sommet où serait l'image nette, est un cercle de rayon fort petit qui se confond pratiquement avec un point.

Nous ne pouvons rien préciser, en général, sur la durée de la pose : elle dépend de la qualité des plaques et de l'objectif, et surtout de la nature et de l'éclairement des objets à photographier. Mais il est clair que si l'on a reconnu par expérience qu'une pose d'une demi-seconde convient dans un certain cas particulier avec le diaphragme n° 1, dont le diamètre est par exemple de 24 millimètres (celui-ci n'intercepte presque rien du faisceau lumineux), il faudra faire poser 9 fois plus, c'est-à-dire $4^{\text{sec}} \, 1/2$ avec le diaphrame n° 3, dont le diamètre est de 8 millimètres ; car celui-ci ne laisse passer que la $9^{\text{ième}}$ partie du faisceau lumineux précédent.

En même temps l'image d'un point qui ne se trouve pas dans le plan conjugué de la plaque impressionnable aura un diamètre 3 fois plus faible qu'avec le n° 1.

On sait qu'avec les plaques *extra-rapides*, un objectif de bonne qualité, large bien qu'aplanétique (*lumineux*, selon l'expression usitée) et un bon éclairement, on peut réduire la durée de la pose à moins d'un centième de seconde.

On évitera autant que possible de photographier *au soleil ;* une lumière trop vive donne en général des oppositions choquantes.

Nous rappelons, en terminant, la suite des manipulations que comporte l'impression sur la plaque :

1° La chambre noire est montée sur son pied et placée, autant que possible, horizontalement et à la hauteur moyenne de l'objet à photographier ;

2° On effectue la mise au point comme nous venons de le dire ; puis on serre bien toutes les vis, et l'on met en place le diaphragme que l'on juge convenable, le n° 1 si l'on veut utiliser toute la lumière (on fixe en conséquence la durée de la pose) ; on couvre l'objectif ;

3° On remplace le cadre qui porte le verre dépoli par le châssis qui renferme la plaque (¹). On l'assujettit au moyen de pièces spéciales, variables d'un instrument à l'autre, et l'on soulève le volet du châssis en ayant soin de le tirer jusqu'au bout. On découvre l'objectif en ayant bien soin de ne pas secouer l'appareil, et on le recouvre après le temps voulu. On rabat aussitôt le volet, et l'on remet le châssis à l'abri de la lumière.

Nous passons sous silence les nombreux obturateurs à pose instantanée et facultative qui rendent beaucoup de services, mais ne sont pas en général indispensables.

2. Développement. — On trouve dans le commerce un grand nombre de *révélateurs* tout préparés, fort commodes, et qui donnent en général de bons résultats. Nous donnerons cependant la préférence au développement à l'*acide*

(¹) On a soin, en chargeant les châssis, de mettre le côté gélatine en avant : on le reconnaît facilement dans la demi-obscurité du laboratoire à son aspect mat, tandis que l'autre côté réfléchit la lumière comme un miroir.

pyrogallique, et nous nous arrêterons à la formule suivante.

Préparez les dissolutions suivantes :

A.   Carbonate de soude pur.. 250 grammes par litre.
B. (¹) Sulfite de soude pur..... 250   —
C.   Bromure de potassium... 50   —
D.   Hyposulfite de soude..... 200   —

Pour développer un cliché de $13^{cm} \times 18^{cm}$ (ce qui est la dimension la plus courante) et convenablement posé, mettez dans une cuvette dont le fond a exactement ces dimensions :

$0^{gr},2$ d'acide pyrogallique bien blanc. .
60 centimètres cubes de la solution B.
5 centimètres cubes de la solution C.
20 centimètres cubes de la solution A.

Après avoir agité la cuvette de manière à bien mélanger ces produits, plongez-y la plaque impressionnée, gélatine en dessus, en ayant bien soin qu'elle soit complètement couverte dès le commencement de l'opération.

Au bout de 20 à 30 secondes on voit apparaître sur la plaque des plages noires correspondant aux blancs de l'objet s'il y en a (le ciel d'un paysage par exemple, s'il

(¹) Nous recommandons tout spécialement de n'employer la dissolution de sulfite que *récemment préparée*. Au bout de plusieurs mois elle perd complètement sa propriété réductrice par suite de l'oxydation du sel.

Il en résulte non seulement que le révélateur est beaucoup moins actif, et donne en conséquence des images faibles et sans oppositions, mais que le cliché prend dans le bain une teinte jaune plus ou moins foncée qui rend très long le tirage des épreuves positives. Ajoutons que c'est à l'emploi de mauvaises dissolutions de sulfite que ce bain doit sa réputation de jaunir fortement les doigts. Préparez la solution de sulfite par petites quantités, renouvelez-le souvent, et ces accidents ne se produiront jamais.

était clair). Peu à peu les parties moins impressionnées apparaissent. On arrête le développement lorsque les grandes lignes du dessin apparaissent derrière la plaque, et que les détails sont bien distincts sur la face antérieure (¹).

A ce moment on lave bien le cliché, et on le plonge dans le bain d'hyposulfite D; c'est ce que l'on appelle le *fixage*. On agite légèrement, et on soulève la plaque, de temps à autre pour surveiller la marche de l'opération. Lorsque le blanc (bromure d'argent) a complètement disparu au dos de la plaque, on la lave de nouveau, et on la laisse séjourner pendant plusieurs heures dans l'eau fréquemment renouvelée, afin d'éliminer l'hyposulfite.

Nous avons supposé que la pose avait été juste convevable. Un cliché trop peu posé manque toujours de détails; trop posé, au contraire, il manque d'opposition et paraît en quelque sorte couvert de brume ou d'un voile. On peut atténuer en partie ces inconvénients par un développement approprié.

1° Si, avant l'immersion, on craint d'avoir trop peu de pose, on diminue la dose de bromure, et on augmente au contraire celles de l'acide pyrogallique et du carbonate de soude.

Lorsqu'on s'en aperçoit après l'immersion, parce que l'image n'apparaît pas au bout d'une minute, il faut remplacer ce bain par un nouveau bain, renforcé comme nous venons de le dire. Le développement devra être notablement prolongé dans ce cas.

2° Lorsque le cliché est trop posé, on emploie moins d'acide pyrogallique et plus de bromure. Si l'on ne s'en aperçoit qu'après l'immersion (développement trop rapide),

(¹) Contrairement à l'opinion de certains auteurs, ce bain peut servir à développer *successivement* trois ou quatre clichés.

il suffit d'ajouter quelques centimètres cubes de la solution C et un peu d'eau. On enlève à cet effet la plaque pendant quelques instants.

3. Renforcement. — Si malgré ces soins l'épreuve manque d'oppositions, on *renforce* le cliché après fixage et lavage prolongé. On le plonge dans une solution au centième de bichlorure de mercure ([1]). Au bout d'une ou deux minutes, la surface paraît couverte d'un léger voile laiteux ; après un lavage abondant, on le traite par une solution d'ammoniaque pure à 10 p. 100. En moins d'une minute le négatif réapparaît avec des noirs beaucoup plus vigoureux.

Un nouveau lavage termine l'opération. Il est avantageux d'employer pour le renforcement de l'eau distillée, ou en tous cas non calcaire, afin d'éviter le dépôt de craie sur la gélatine.

Le cliché est alors mis à sécher sur un égouttoir. Au bout de quelques heures ou le lendemain, suivant l'état de l'atmosphère, on peut procéder au tirage des épreuves positives.

4. Épreuves positives. — Tous les papiers aux sels d'argent se traitent de la même manière. Nous supposerons qu'il s'agisse du papier au citrate d'argent aujourd'hui très répandu.

On place dans le châssis-presse (fig. 50) le cliché *face en dessus* et on applique sur la gélatine la feuille de papier sensible. On met par dessus quelques feuilles de papier buvard afin de régulariser la pression, puis le double volet, que l'on assujettit.

On expose alors l'épreuve à la lumière diffuse du jour (pas au soleil) et l'on surveille la venue de l'image en

([1]) On n'oubliera pas que ce sel est un poison des plus violents.

ouvrant de temps à autre un côté seulement du châssis dans une pièce peu éclairée. On continue l'exposition jusqu'à ce que les noirs soient très accentués et même légè-

Fig. 50. — Châssis-presse.

rement *métallisés* ; car l'épreuve perd beaucoup de son intensité en passant dans les bains dont nous allons nous occuper maintenant.

On prépare les solutions suivantes :

E.   Alun ordinaire au centième.

F.
Eau chaude......................	1 litre.
Hyposulfite de soude............	400 grammes.
Acide citrique..................	2 —
Alun...........................	20 —
Acétate de plomb...............	2 —

G.   Chlorure d'or au centième.

La solution F récemment préparée est le siège de plusieurs réactions donnant naissance à des précipités. On la filtre après quelques heures ; puis on prépare le *bain fixovireur* en ajoutant 10^{cmc} de la solution G à 150 de cette dernière.

Les épreuves peuvent être plongées directement dans ce bain ; mais il est préférable de les soumettre d'abord pendant quelques minutes à l'action du bain aluné E; on les lave ensuite à grande eau et on les soumet au bain composé. Elles prennent d'abord une couleur jaune due à l'action rapide de l'hyposulfite, puis virent successivement au rosé, au violet et au noir.

On arrête l'opération lorsque l'on a obtenu la teinte désirée, puis on lave bien l'épreuve, autant que possible dans un courant d'eau, pendant plusieurs heures. On la fait sécher ensuite en la suspendant par un coin.

Les papiers gélatinés dits *aristotypiques* peuvent être rendus très brillants. A cet effet, on les met à sécher sur une surface parfaitement polie telle que l'ébonite ou le verre bien propres. Il convient, afin d'éviter l'adhérence de la gélatine sur le verre, de frotter celui-ci avec un morceau de flanelle imprégné d'une solution un peu épaisse de cire vierge dans la benzine.

On obtient au contraire de belles épreuves mates en opérant de même avec un verre dépoli.

Enfin, on peut obtenir des épreuves d'un beau noir rappelant les meilleures épreuves au platine, en remplaçant le bain E par le suivant :

	Eau..............................	250 grammes.	
II.	Chloroplatinite de potasse.......	1	—
	Chlorure de sodium..............	2	—
	Alun............................	5	—

Le séchage doit avoir lieu sur verre dépoli.

5. Positifs sur verre. — Les plaques dont on se sert ici sont beaucoup moins sensibles que les précédentes et rappellent par là les plaques collodionnées. Comme celles-ci d'ailleurs, elles sont à base de *chlorure d'argent.*

On peut les manipuler sans grand inconvénient dans un cabinet éclairé par la lumière jaune, tandis que les plaques ordinaires ou rapides ne peuvent supporter que la lumière du jour tamisée par un verre rouge ou même deux verres rouges superposés et de petite surface (1 à 4 décimètres carrés tout au plus suivant l'intensité de cette lumière).

On applique la plaque positive sur la négative dans le châssis-presse, comme on le fait pour le papier, puis on l'expose à la lumière d'une lampe pendant un temps plus ou moins long suivant l'intensité de celle-ci, la distance à laquelle on se place, la transparence du cliché négatif, et la qualité des plaques.

Avec une lampe à incandescence de 16 bougies placée à 50 centimètres environ, la pose peut varier de 30 secondes à 2 minutes. Il y a là un certain aléa, surtout pour un débutant; mais on ne risque guère que de perdre une plaque dans un premier essai infructueux.

La plaque impressionnée est traitée exactement comme une négative, puis lavée et séchée. Après quelques essais, on juge très bien du degré auquel il convient d'arrêter le développement. On remarquera que l'épreuve *remonte*, c'est-à-dire noircit beaucoup au séchage.

X

MICROSCOPE COMPOSÉ

Puissance et grossissement. — On considère dans les cours élémentaires le microscope comme formé de deux lentilles seulement, auxquelles on donne les noms d'objectif et d'oculaire.

On appelle *puissance* du microscope l'angle sous lequel on voit l'unité de longueur placée devant l'instrument dans les meilleures conditions, et l'on démontre que la puissance a très sensiblement pour expression

$$P = \frac{l - F}{F f}$$

l étant la distance des deux lentilles, F la distance focale de l'oculaire, f celle de l'objectif.

Le *grossissement* est le rapport des angles sous lesquels on voit un même objet à travers l'instrument et à l'œil nu, l'objet étant placé chaque fois dans les meilleures conditions.

Or, pour voir avec le plus de détails possible un objet à l'œil nu, il faut le placer à la distance minima de vision distincte Δ, de sorte que l'unité de longueur est vue sous l'angle $\frac{1}{\Delta}$. Le grossissement a donc pour expression

$$G = \frac{\Delta (l - F)}{F f}.$$

D'autre part, on fait remarquer que si l'on appelle *grossissement de l'objectif* le rapport des dimensions homologues de l'image réelle fournie par celui-ci et de l'objet, la puissance du microscope est égale au produit du grossissement de l'objectif par la puissance de l'oculaire.

Quant au grossissement, on peut dire que, dans le cas assez général où l'image virtuelle A″ B″ (fig. 51) se fait à

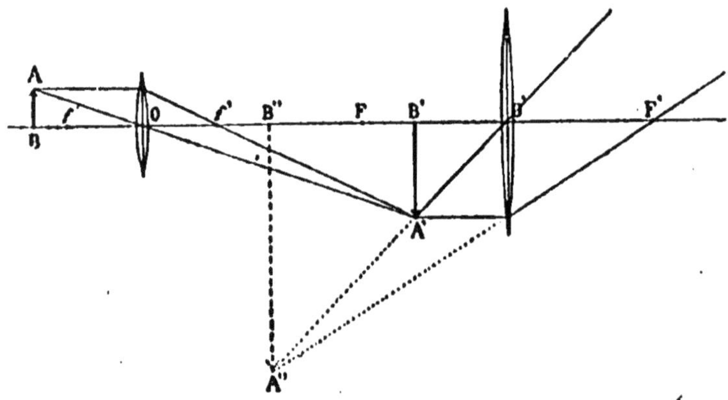

Fig. 51. — Formation des images dans le microscope simplifié.

la distance minima de vision distincte, le rapport d'angles donné plus haut comme définition n'est autre chose que le rapport $\dfrac{A''B''}{AB}$. On peut l'écrire $\dfrac{A'B''}{A'B'} \times \dfrac{A'B'}{AB}$, et l'on exprime cette décomposition en disant que le grossissement du microscope est égal au produit des grossissements de l'objectif et de l'oculaire.

Les formules ci-dessus montrent que pour obtenir le maximum de grossissement dont un microscope donné est susceptible, il faut donner au tube qui réunit les deux lentilles sa plus grande longueur. Nous rappellerons à cette occasion que le microscope n'a pas à proprement parler de *tirage* destiné à la mise au point comme dans les lunettes.

Objectif et oculaire composés. — En réalité, le microscope est moins simple qu'on ne l'a supposé. L'objectif est
ordinairement formé de trois petits ménisques plan-convexes réunis dans une même monture et dont le côté plan
est tourné vers l'objet. L'oculaire est lui-même composé
de deux ménisques plan-convexes dont le côté plan est
tourné vers l'œil; c'est ce qu'on appelle un oculaire négatif d'Huygens (fig. 52).

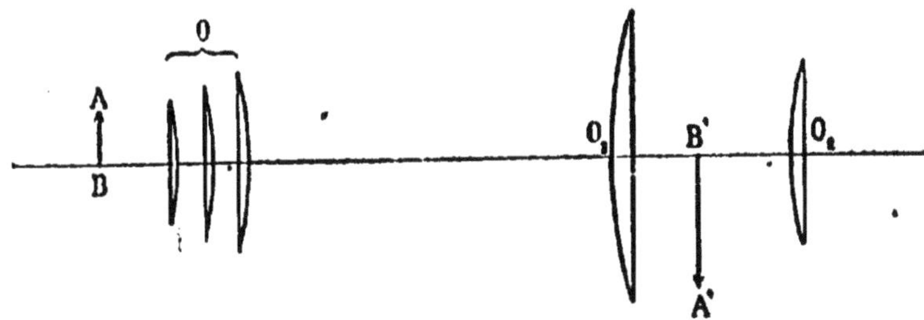

Fig. 52. — Les cinq lentilles d'un microscope.

Lorsque l'appareil est en expérience, l'objet AB se trouve
placé un peu au delà du foyer du *système objectif* O (mais
entre la première lentille et son foyer) de manière à former,
en l'absence de l'oculaire, une image réelle A_1B_1 dans une
position déterminée entre les deux verres O_1 et O_2 de celui-ci.
Cette position est voisine du foyer du système oculaire et
située par rapport à ce foyer du côté de l'œil, de manière
qu'il se produise finalement une image virtuelle.

Envisagée de la sorte, la théorie du microscope ne diffère pas de celle rappelée plus haut de l'instrument simplifié. Mais il faut bien observer, au point de vue de ce qui
va suivre, et surtout en ce qui concerne la mesure des dimensions d'un objet vu au microscope, que l'image réelle A_1B_1
produite par le système objectif en l'absence de l'oculaire
est supprimée par l'introduction de celui-ci; le premier
verre O_1, appelé *verre de champ*, la remplace par une

autre A′B′ plus petite et plus rapprochée de son centre optique. Cette dernière est la seule image réelle que l'on rencontre dans l'instrument ; elle se forme au voisinage du foyer de la lentille la plus rapprochée de l'œil (*verre de l'œil : O₂*) qui fonctionne comme une loupe simple.

Dès lors on peut considérer comme faisant partie de l'objectif composé le verre de champ, à la condition de lui conserver toujours la même position par rapport aux autres verres. C'est bien ce que l'on fait dans la pratique, car on donne toujours à l'instrument sa longueur maxima afin d'utiliser au mieux ses qualités : puissance, aplanétisme et achromatisme. Tout ce que nous avons dit du microscope simplifié demeure applicable.

Chaque microscope possède au moins deux objectifs qui sont numérotés, le plus convergent portant le numéro le plus élevé ; on reconnaît d'ailleurs celui-ci à ce que le diamètre de sa première lentille est le plus petit.

Mise au point. — La mise au point du microsope se fait en approchant l'instrument tout entier de l'objet. A cet effet, on fait glisser l'instrument dans son collier jusqu'à ce que l'objectif touche presque le couvre-objet (¹), puis on éclaire la préparation en dirigeant convenablement le petit miroir concave M (fig. 53) destiné à concentrer sur elle la lumière diffuse du jour. L'œil placé à l'oculaire, on remonte lentement le microscope, au moyen de la vis de rappel V, contenue dans le support, que l'on fait tourner dans le sens convenable en agissant sur la tête moletée.

______

(¹) Les préparations anatomiques se placent sur une lame de verre rectangulaire et baignent dans une goutte d'eau ou de glycérine. On les recouvre d'une lamelle de verre carrée ou circulaire dont l'épaisseur varie de 1 à 2 dixièmes de millimètres : c'est le couvre-objet.

Des préparations diverses relatives à la zoologie et à la botanique seront mises à la disposition des Élèves. On constatera que l'on doit modifier l'éclairage suivant le genre de préparations ; une lumière très modérée convient mieux par exemple aux plus transparentes.

Pour examiner l'ensemble d'une préparation, on emploie l'objectif le plus faible qui possède plus de *champ*, et aussi plus de *pouvoir pénétrant*, c'est-à-dire qui permet de voir à la fois plusieurs rangées de cellules superposées.

Si l'on veut examiner avec plus de détail le contenu d'une cellule, on l'amène d'abord au centre du champ ; puis on substitue

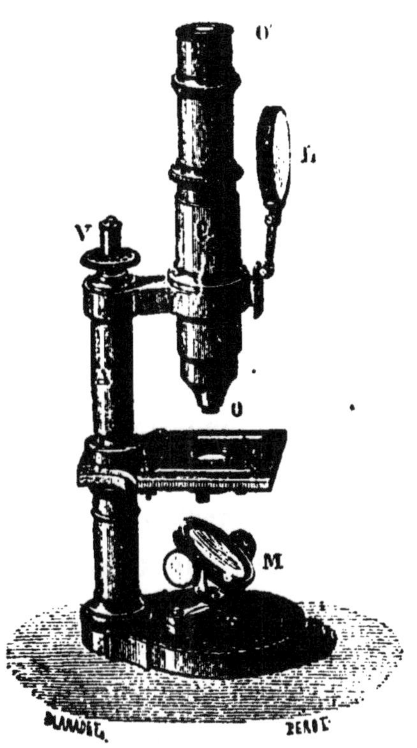

Fig. 53. — Microscope composé, vue d'ensemble.

l'objectif le plus convergent au premier, et l'on remet l'instrument en observation : la cellule en question se trouve ainsi du premier coup dans le nouveau champ, qui est beaucoup plus petit que l'ancien. Il sera facile de l'amener au centre, où les images sont toujours plus parfaites.

Dimensions d'un objet. — La méthode la plus sûre pour déterminer les dimensions d'un objet consiste dans l'emploi de deux *micromètres*, c'est-à-dire de petites règles en miniature constituées par une division très fine sur verre.

L'un des micromètres est ordinairement au 1/100e, c'est-à-dire qu'il est divisé en centièmes de millimètre ; il n'a qu'un millimètre de longueur. La graduation est protégée par un couvre-objet très mince et à faces parallèles, et le tout est enchâssé dans une monture métallique (fig. 54).

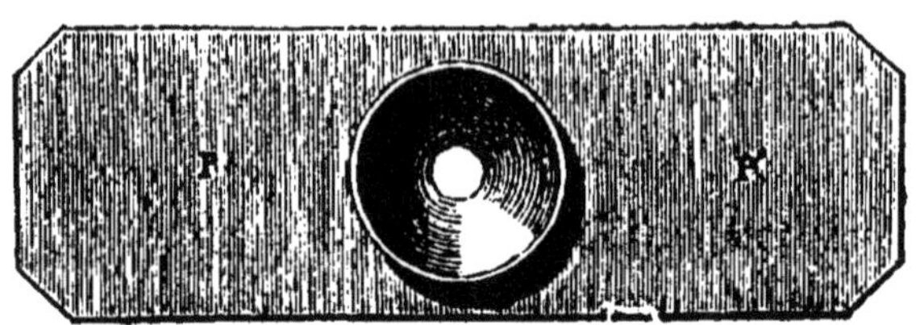

Fig. 54. — Micromètre objectif.

L'autre est généralement au 1/10e et a 5 millimètres de longueur ; sa division est tracée sur un disque de verre à faces parallèles, simplement enchâssé entre les deux verres de l'un des oculaires, là où doit venir se former l'image réelle A′ B′. Le verre de l'œil de cet oculaire peut se déplacer légèrement afin de permettre la mise au point sur le micromètre, selon la vue de l'observateur.

L'observateur, après ce réglage de l'oculaire, dispose l'instrument comme pour une observation anatomique, et met le micromètre objectif sur la platine en guise d'objet. Il s'arrange de façon que son image vienne se coucher sur le micromètre oculaire, les traits des deux divisions étant bien parallèles. Pour s'assurer de ce que l'image est exactement dans le plan du micromètre oculaire, il déplace légèrement l'œil devant l'oculaire ; si la coïncidence n'est pas parfaite, les deux divisions paraissent glisser l'une sur l'autre. Enfin il amène deux divisions en coïncidence parfaite, la première de chaque système, par exemple, et il en cherche deux autres qui coïncident en même temps.

Supposons que 18 divisions du micromètre objectif recouvrent 41 divisions du micromètre oculaire; le grossissement de l'objectif (y compris le verre de champ) est donc $\frac{410}{18}$, — si toutefois les micromètres sont bien gradués et ont exactement leur valeur nominale, ou du moins si leurs millimètres ont exactement la même longueur.

Mettons maintenant à la place du micromètre objectif l'objet à mesurer; l'une des dimensions occupe, par

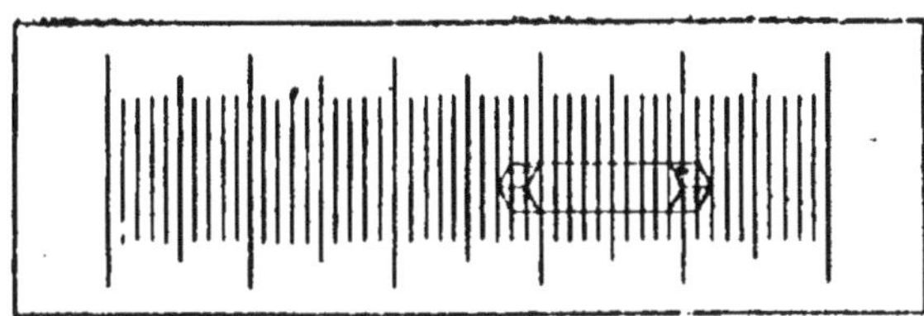

Fig. 55. — Image d'un petit objet sur le micromètre oculaire.

exemple, 15 divisions du micromètre, c'est-à-dire $1^{mm},5$ (fig. 55). Pour avoir la dimension vraie, il faut diviser cette longueur par le grossissement $\frac{410}{18}$, ce qui fait

$$\frac{1,5 \times 18}{410} = 0^{mm},066.$$

Grossissement. — Le microscope est souvent employé par les micrographes pour dessiner exactement les détails d'une préparation anatomique. A cet effet, on dispose au-dessus de l'oculaire une chambre claire (fig. 56), qui permet à l'observateur de voir d'un même œil l'image de la préparation à travers l'instrument et la feuille de papier qui reçoit le croquis, placée à une distance convenable.

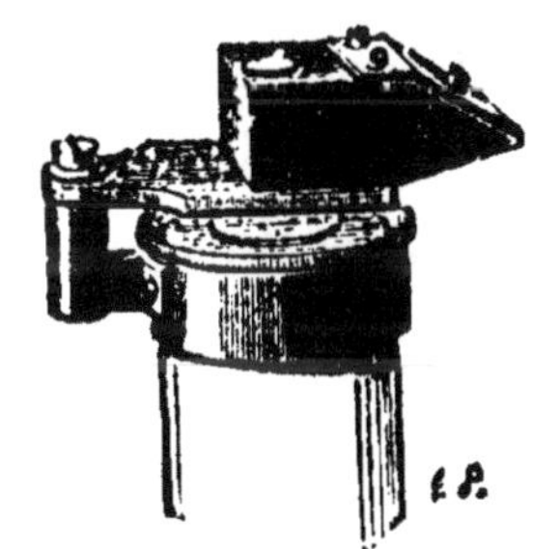

Fig. 56. — Chambre claire.

On peut se proposer de mesurer sur le dessin les dimensions des objets examinés. Pour passer aux dimensions vraies, il suffira de diviser les longueurs obtenues par le *grossissement* du microscope, — à la condition que l'on entende par là le rapport des dimensions de l'image et de l'objet dans les conditions de l'expérience.

Pour déterminer ce rapport, on substitue à la préparation anatomique le micromètre objectif, et *sans changer la distance du papier à l'œil*, on marque sur celui-ci les points où viennent se peindre les images des extrémités du micromètre; puis on détermine leur distance avec un double décimètre. — On sait que cette distance est de 1 millimètre; si donc elle couvre après grossissement 120 millimètres, c'est que le grossissement linéaire est de 120. Le grossissement superficiel est alors de 14 400.

N. B. — Le papier pourra être placé à une distance quelconque de l'œil, pourvu qu'elle soit comprise entre le maximum et le minimum de vision distincte. L'opérateur mettra au point l'instrument en conséquence, et il constatera, comme plus haut, que l'image virtuelle se forme bien dans le plan du papier, en plaçant la pointe du crayon sur un point de l'image : un léger déplacement de l'œil derrière la chambre claire ne devra produire aucun chevauchement du crayon sur le dessin.

Il faut encore remarquer que le grossissement mesuré dans cette expérience n'est pas, en général, celui que nous avons défini plus haut et dont nous avons donné l'expression. Le résultat dépend beaucoup de la position du papier, et aussi de celle de l'œil, qui se trouve dans le cas présent passablement éloigné de l'oculaire.

XI

PRISME. — INDICES DE RÉFRACTION

GÉNÉRALITÉS

On établit ordinairement la théorie du prisme en supposant que les rayons lumineux traversent une *section principale*, c'est-à-dire que le plan d'incidence est normal à l'arête.

Il est à peu près impossible de réaliser cette condition pour *tous* les rayons qui traversent le prisme ; mais on constate par l'expérience que l'on peut admettre une légère obliquité sans que les résultats soient sensiblement modifiés. Nous préciserons plus loin.

Rappelons d'abord les formules qui ont été démontrées. Nous emploierons la notation adoptée à peu près universellement, et qui se trouve suffisamment indiquée sur la figure 57

$$(1) \qquad \sin i = n \sin r$$
$$(2) \qquad \sin i' = n \sin r'$$
$$(3) \qquad A = r + r'$$
$$(4) \qquad \delta = i + i' - A.$$

Les deux dernières équations expriment des relations géométriques à peu près évidentes sur la figure ; les deux premières expriment la loi de la réfraction. Il suffit de mesurer 3 des 7 quantités qui entrent dans ces 4 équations pour déterminer les 4 autres par le calcul. Si donc la détermination expérimentale de l'une de ces dernières donne

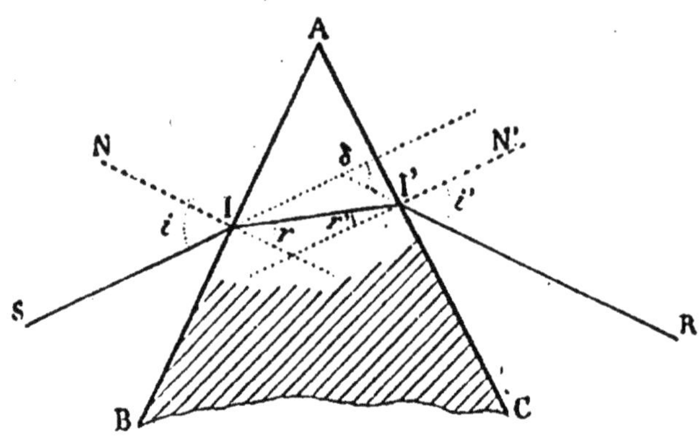

Fig. 57. — Déviation d'un rayon par le prisme.

exactement la valeur calculée, on aura par là même vérifié l'exactitude des lois de la réfraction.

Nous nous bornerons à l'étude de quelques cas particuliers au moyen du goniomètre de Babinet.

1° Minimum de déviation. — Une expérience même grossière suffit pour établir que si, laissant fixe la direction des rayons incidents, on fait tourner le prisme autour d'un axe parallèle à son arête, la déviation δ passe par un minimum et un seul. En s'appuyant sur la réciprocité des rayons incidents et émergents, on démontre aisément que ce minimum a lieu lorsque les rayons incidents et émergents sont également inclinés sur les faces du prisme.

On a donc alors :

$$i = i' \qquad r = r' = \frac{A}{2} \qquad \delta = 2i - A$$

avec $$\sin i = n \sin r,$$

d'où :

$$n = \frac{\sin\left(\dfrac{A+\delta}{2}\right)}{\sin\dfrac{A}{2}}.$$

On voit que pour connaître l'indice n de la substance pour les rayons *monochromatiques* employés, il suffit de mesurer l'*angle du prisme* A et la *déviation minima* δ. Telle est la principale manipulation à exécuter.

2° **Incidence normale.** — Si l'on fait tomber un faisceau de rayons normalement à l'une des faces du prisme, les formules se simplifient aussi et l'on a

$$i = r = o \qquad r' = A \qquad \delta' = i - A.$$

On en déduit :

$$n = \frac{\sin(A+\delta')}{\sin A}.$$

C'est au moyen de cette relation que Descartes déterminait les indices de réfraction.

Remarque. — Pour vérifier les lois de la réfraction, il suffit de mesurer n par les deux méthodes ; on trouve le même nombre, aussi exactement que le comporte la précision des mesures. Remarquons en effet que si l'on remplaçait la loi de Descartes ($\sin i = n \sin r$) par une autre relation quelconque entre i et r, on cesserait d'avoir l'égalité

$$\frac{\sin\dfrac{A+\delta}{2}}{\sin\dfrac{A}{2}} = \frac{\sin(A+\delta')}{\sin A}.$$

GÒNIOMÈTRE

Cet appareil se compose d'un cercle divisé A que l'on dispose horizontalement (ou à peu près) et sur lequel se déplacent deux alidades munies de verniers ; chacune de celles-ci est reliée par une vis de rappel à une petite pièce auxiliaire que l'on peut fixer sur le limbe au moyen d'une vis de serrage (a,b, fig. 58) ([1]).

Fig. 58. — Goniomètre de Babinet.

L'une d'elles porte une petite lunette astronomique L'. L'autre fait corps avec une petite plate-forme parallèle au cercle divisé, sur laquelle on dispose le prisme, comme on le voit sur la figure. La lunette et la plate-forme peuvent donc tourner autour d'un axe perpendiculaire au plan du cercle et passant par son centre.

On voit enfin en L une sorte de tube dont l'axe doit être

([1]) Cette disposition rappelle celle du chariot du cathétomètre.

parallèle au plan du limbe **A**, et couper l'axe de rotation ; c'est le *collimateur*. Il se compose d'une lentille toute semblable à l'objectif de la lunette **L'**, et d'une fente placée dans son plan focal, à l'autre extrémité du tube. On peut régler la largeur de cette fente au moyen d'une vis que l'on voit à l'extrémité gauche de la figure, et sa position au moyen d'un tirage ([1]).

DÉTERMINATION DE L'INDICE D'UN SOLIDE.

Réglage de l'appareil. — 1° On doit s'arranger de façon que la fente soit exactement dans le plan focal de la lentille collimatrice et parallèle à l'axe de rotation des alidades. Quant à sa largeur, elle devra être réduite à $0^{mm},1$ environ lorsqu'il s'agira d'effectuer des pointés avec précision ; mais pour la recherche et l'examen des phénomènes, on pourra lui laisser une largeur d'un millimètre.

2° La lunette doit être réglée sur l'infini, c'est-à-dire pour la vision d'objets très éloignés, et son axe doit être parallèle au plan du limbe.

3° L'arête du prisme doit être parallèle à l'axe de rotation, et, autant que possible, peu éloignée de cet axe.

Voici comment on réalise ces conditions :

1° *Réglage de la lunette à l'infini.* — L'opérateur vise au moyen de cette lunette un objet lointain, et il agit sur le tirage de l'oculaire jusqu'à ce que l'image soit aussi nette que possible. Ce réglage dépend un peu de la vue de l'observateur : chacun devra donc commencer par là la manipulation.

([1]) Dans les goniomètres les plus simples, le collimateur est fixé à demeure sur le cercle divisé, et le tirage est obtenu simplement au moyen de deux tubes rentrant l'un dans l'autre.

2° *Réglage du collimateur et de l'axe de la lunette.* — Avant de placer le prisme sur la plate-forme, on amène la lunette dans le prolongement du collimateur ; on dispose la fente horizontalement, et on l'éclaire au moyen d'une flamme monochromatique. On emploie ordinairement la lumière jaune du sodium, obtenue en disposant dans la flamme d'un bec de Bunsen une petite gouttière en platine chargée de sel marin.

On aperçoit en général du premier coup dans le champ de la lunette une image plus ou moins nette de la fente ; on la rend très nette en éloignant ou rapprochant la fente de la lentille. Le collimateur est alors réglé : les rayons qui partent d'un point de la fente forment à la sortie un faisceau de rayons parallèles.

Puis, en agissant sur deux vis qui permettent de faire basculer les deux tubes autour d'axes horizontaux, on amène l'image de la fente formée actuellement dans le plan focal de la lunette à passer par le point de croisée des fils du réticule. On s'assure de ce qu'elle y passe constamment lorsqu'on déplace la lunette au moyen de sa vis de rappel (¹) de manière à amener successivement tous les points de l'image sur la croisée.

Dans cette expérience l'axe du collimateur, défini par le milieu de la fente et le centre optique de la lentille, et l'axe optique de la lunette, défini par le centre optique de l'objectif et le point de croisée des fils du réticule ont été

______

(¹) Dans les opérations précédentes, on déplaçait la lunette ou la plate-forme en agissant directement sur leurs alidades ; à cet effet on tenait entre le pouce et l'index la vis de pression convenablement desserrée. Pour produire au contraire des déplacements lents, on serre la vis de pression et on fait tourner dans le sens convenable la vis de rappel.

amenés en coïncidence ; ils sont, ainsi que la fente, parallèles au plan du limbe.

Pour amener la fente à être parallèle à l'axe de rotation, on fait tourner la lunette dans son collier jusqu'à ce que l'un des fils du réticule vienne coïncider avec l'image placée comme il vient d'être dit ; l'autre fil est alors parallèle à l'axe de rotation si les deux fils du réticule sont rectangulaires. On fait tourner la fente jusqu'à ce que son image vienne se faire sur ce deuxième fil, en ayant soin de ne pas modifier la distance de la fente à la lentille, — ce que l'on reconnaît à ce que l'image reste très nette.

Ce réglage reposant sur la bonne construction du réticule ne sera pas toujours parfait ; on l'achèvera s'il y a lieu par tâtonnement tout à l'heure.

3° *Réglage du prisme.* — Le prisme est alors placé sur la plate-forme. Ordinairement les prismes employés sont terminés par une section droite, et la plate-forme présente trois petites vis calantes : on agit sur celles-ci pour amener l'arête du prisme à être parallèle à l'axe de rotation. Sinon, on applique le prisme au moyen de cire molle et l'on modifie son inclinaison en appuyant convenablement sur sa partie supérieure. Dans ce cas, le tâtonnement peut être assez long.

On amène la plate-forme et la lunette dans une position telle que les rayons réfléchis par l'une des faces du prisme tombent dans la lunette, et on agit sur le prisme de manière que l'image de la fente vienne encore coïncider avec le fil vertical du réticule (1).

____

(1) A ce moment la face du prisme est parallèle à la fente, puisque celle-ci et son image sont parallèles.

Faisons tourner progressivement prisme et lunette ; si la coïncidence peut toujours être obtenue, c'est que la rotation a lieu autour

On opère de même sur la deuxième face; mais cette seconde opération peut avoir détruit en partie l'effet de la première; il faut revenir alternativement à l'une et à l'autre jusqu'à ce qu'on obtienne la coïncidence dans les deux cas.

Mesures. — On rétrécit la fente, et l'on dispose de préférence le réticule en croix de Saint-André.

1° Pour mesurer l'angle A du prisme, on place le prisme de manière que le faisceau émis par le collimateur tombe à la fois sur ses deux faces (fig. 59). On amène la lunette successivement dans les deux positions telles que les images de la fente formées par réflexion sur les deux faces viennent passer par le point de croisée des fils du réticule.

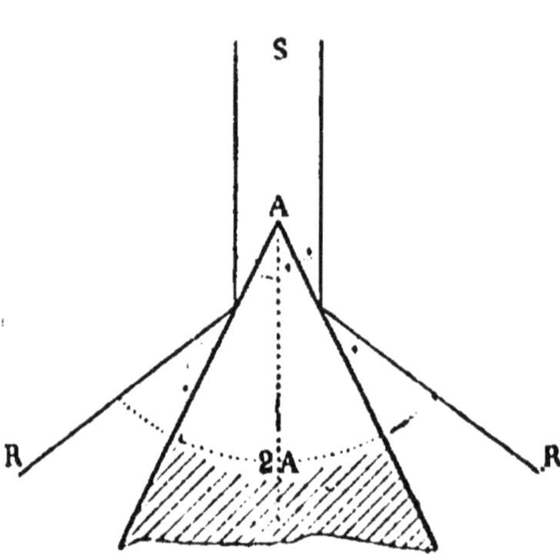

Fig. 59. — Mesure de l'angle d'un prisme.

L'angle dont il a fallu faire tourner la lunette est exactement le double de l'angle du prisme; il suffit pour le connaître de déterminer au moyen du vernier les deux positions de l'alidade *b* solidaire de la lunette.

2° Pour déterminer la valeur δ de la déviation minima, on dispose d'abord l'appareil de manière que les rayons incidents soient inclinés par rapport à la normale vers la base du prisme, et on amène d'un mouvement rapide la lunette dans une position convenable pour recevoir les rayons émergents; puis on agit sur la vis de rappel jusqu'à

d'un axe parallèle à la fente ; sinon, on devra modifier légèrement l'orientation de celle-ci, et en conséquence celle du réticule.

ce que l'image de la fente vienne sur la croisée des fils. On fait alors tourner le prisme (¹) dans un sens tel que la déviation diminue, et l'on ramène, en déplaçant toujours la lunette au moyen de la vis de rappel, l'image sur la croisée; et ainsi de suite, jusqu'à ce qu'un petit déplacement du prisme dans un sens ou dans l'autre produise une augmentation de la déviation.

On note alors la position de la lunette au moyen du vernier. Puis on déplace prisme et lunette (sans toucher au collimateur, bien entendu) de manière à obtenir comme précédemment la déviation minima dans la direction opposée. On note encore la position de la lunette. La différence des deux lectures donne le double de δ.

Exemple. — Le limbe est divisé en degrés et le vernier comporte 29 degrés partagés en 30 parties égales. Les lectures se font donc à 1 minute près.

1° Mesure de A.

$$
\begin{array}{lr}
\text{Première lecture} & 37°43' \\
\text{Deuxième lecture} & 156°25' \\
\hline
\text{Différence} & 118°42'
\end{array}
$$

$$A = 59° 21'.$$

2° Mesure de δ.

$$
\begin{array}{lr}
\text{Première lecture} & 46°12' \\
\text{Deuxième lecture} & 137°45' \\
\hline
\text{Différence} & 91°33'
\end{array}
$$

$$\delta = 45° 46' 30''$$

$$\frac{A+\delta}{2} = \qquad\qquad \frac{A}{2} = 29°40' 30''$$

d'où
$$n = \frac{\sin 52°33'45''}{\sin 29°40'30''} = 1,6038.$$

(¹) On agit sur l'alidade de la plate-forme à la main pour commencer, et ensuite au moyen de la vis de rappel.

Eu égard aux erreurs d'expérience, et la température n'étant pas précisée, la 4° décimale n'a aucune valeur ; mais on peut compter sur la 3°, si l'expérience est bien faite. Nous donnerons donc comme indice de la substance étudiée 1,604, à la température ordinaire.

DÉTERMINATION DE L'INDICE DES LIQUIDES

On applique exactement la même méthode aux liquides. Le prisme à liquides est ordinairement une sorte de flacon obtenu en creusant dans un prisme de verre *abcd* (fig. 60) une cavité cylindrique O, dont on ferme les deux ouvertures par des lames à faces parallèles, tantôt appliquées au moyen d'une garniture à vis, tantôt collées au moyen d'une substance appropriée, telle que le baume du Canada.

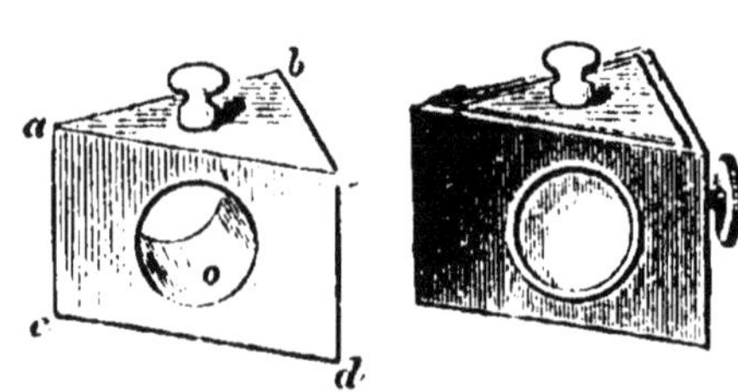

Fig. 60. — Prisme à liquides.

On remplit ce flacon du liquide à examiner, et l'on détermine comme précédemment l'angle du prisme (angle des faces extérieures des 2 lames) et la déviation minima. Toutefois il faut s'assurer de ce que le prisme sans le liquide ne dévie point les rayons lumineux. S'il y avait une faible déviation vers la base, il faudrait la retrancher de la déviation observée avec le liquide ; on l'ajouterait dans le cas contraire.

Première remarque. — On démontre aisément que si un rayon lumineux tombe sous l'incidence i sur un système de lames à faces parallèles superposées, et pénètre ensuite dans un milieu d'indice n, l'angle r qu'il fait avec la normale à l'intérieur de ce milieu est toujours donné par la relation : $\sin i = n \sin r$.

Il est donc indépendant de la nature des lames interposées, et l'on voit que tout se passe dans l'expérience ci-dessus comme si les lames à faces, parallèles qui forment le prisme n'existaient pas.

Si ces deux lames ne sont pas parfaitement taillées, plusieurs cas peuvent se présenter suivant la manière dont elles sont placées. Notons qu'elles sont généralement prises dans une même lame plus grande, et forment par conséquent deux petits prismes de même angle.

Si les arêtes de ceux-ci, c'est-à-dire les parties les plus minces, sont tournées toutes deux du côté de l'arête du prisme à liquide, la déviation qu'ils produisent s'ajoute à celle due au liquide, et elle est minima en même temps qu'elle. L'opération décrite plus haut est parfaitement justifiée.

Mais il peut se faire que les deux petits prismes aient leurs arêtes tournées en sens contraires. Leur ensemble ne produit pas alors de déviation appréciable, et il n'en est pas moins vrai que ce que l'on mesure n'est pas exactement la déviation *minima* que doit donner le prisme liquide d'angle A, puisque les angles d'incidence et d'émergence sur ce dernier ne sont pas rigoureusement égaux, comme le suppose la théorie.

Deuxième remarque. — A défaut de prisme à liquide, on peut se contenter d'une cuve à faces parallèles, à l'intérieur de laquelle on place un prisme de verre préalablement étudié. On verse le liquide dans la cuve et l'on détermine comme précédemment la déviation minima; on en déduit l'indice relatif du liquide par rapport au verre immergé, et par suite l'indice absolu du liquide. On sait en effet que si deux substances ont pour indices absolus n_1 et n_2, l'indice relatif de la 1re par rapport à la 2e est $n = \dfrac{n_1}{n_2}$.

RÉFRACTOMÈTRE DE M. PILTSCHIKOFF

Il est souvent utile de déterminer l'indice de réfraction de corps dont on n'a que de très petites quantités. — La méthode dite de la *réflexion totale* devient excellente, grâce à l'emploi du réfractomètre de M. Pulfrich.

Mais on détermine très facilement et rapidement, à 1 millième près, l'indice d'un liquide dont on n'a que quelques gouttes, au moyen du réfractomètre à lentille que M. Piltschikoff a imaginé et fait construire, il y a quelques années, au laboratoire de Recherches de la Sorbonne.

Le principe de la méthode est celui-ci. Soit une lentille plan-convexe, formée par une substance d'indice n ; sa convergence est :

$$\frac{1}{F} = \frac{n-1}{R},$$

si l'on désigne par R le rayon de courbure de la face convexe. On aurait donc :

$$n = 1 + \frac{R}{F} \quad (^1).$$

Quand il s'agit d'un liquide, on l'enferme entre une lame à faces parallèles et un ménisque de courbures et

(1) On reconnaît ici un moyen très simple de déterminer l'indice d'un verre. Nous avons appris à déterminer F ; on déterminera R au moyen du sphéromètre.

d'épaisseur quelconque, mais concave d'un côté et convexe de l'autre.

Le système des deux verres est convergent et a une certaine convergence $\frac{1}{F'}$ qu'il serait facile de calculer.

Sa convergence devient par l'introduction du ménisque liquide :

$$\frac{1}{f} = \frac{1}{F} + \frac{1}{F'} = \frac{n-1}{R} + \frac{1}{F'}.$$

On en déduit

$$n = 1 + R\left(\frac{1}{f} - \frac{1}{F'}\right) = \frac{R}{f} + 1 - \frac{R}{F'}.$$

La détermination de R et de F' peut être remplacée par une sorte de tare de l'appareil effectuée au moyen de deux liquides d'indices connus n_1 et n_2.

On aura, en effet, en représentant par A le terme constant $1 - \frac{R}{F'}$

$$n = \frac{R}{f} + A$$

$$n_1 = \frac{R}{f_1} + A$$

$$n_2 = \frac{R}{f_2} + A$$

Des deux dernières équations on tire :

$$R = \frac{(n_1 - n_2)f_1 f_2}{f_2 - f_1} \quad \text{et} \quad A = \frac{n_2 f_2 - n_1 f_1}{f_2 - f_1}.$$

La détermination de n revient donc à mesurer f.

Nous avons déjà indiqué comment on peut exécuter cette mesure (voir page 142). Pour la faire avec précision, on monte la lentille composée à la place de l'objectif d'une lunette C (fig. 61) semblable à celle du goniomètre, et l'on reçoit sur la lentille les rayons issus d'un collimateur A réglé à l'infini (voir page 167). On agit sur le tirage de l'oculaire de manière à obtenir dans le plan du réticule l'image nette de la fente. La distance du réticule à la lentille (ou plus exactement à son deuxième point nodal) n'est autre que f. Pour la déterminer commodément,

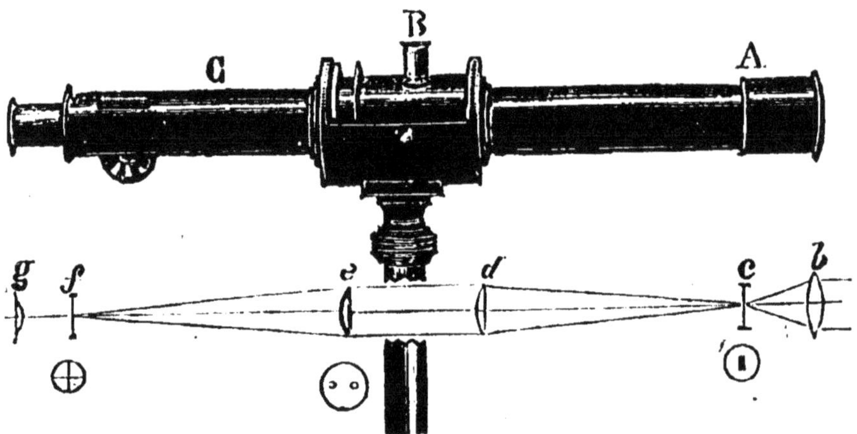

Fig. 61. — Réfractomètre de M. Piltschikoff.

on munit le tirage d'une graduation en millimètres avec vernier.

Enfin, pour plus de commodité encore, on pourrait graduer directement le tirage en indices, c'est-à-dire marquer sur celui-ci les indices (de centième en centième, par exemple), qui correspondent aux diverses positions d'un index fixé à la partie mobile. Mais il est plus simple de construire une table ou une courbe qui donne les indices en fonction des indications du vernier.

Nous indiquons ici la disposition donnée à l'appareil

par M. Pellin, sans insister sur quelques détails destinés à augmenter la précision des mesures :

> *c*, système de fentes du collimateur ; la lumière (monochro-
> matique) y est concentrée par une lentille *b*.
> *d*, lentille collimatrice.
> *e*, lentille composée *à liquide* (diaphragmée).
> *f*, réticule ou verre dépoli.
> *g*, oculaire.

Dans le modèle courant, la lentille *e* est telle que sa distance focale varie de 15 à 25 centimètres (tirage : 10^{cm}) lorsque l'indice du liquide varie de 1,3 à 1,7.

XII

SPECTROSCOPIE

GÉNÉRALITÉS

Si l'on regarde à travers un prisme une fente étroite parallèle à son arête et éclairée par de la lumière monochromatique, jaune par exemple, on voit une image également jaune de cette fente, qui semble reportée vers l'arête du prisme par suite de la déviation des rayons vers sa base. Cette image est nette si la fente est suffisamment éloignée du prisme et si les rayons traversent celui-ci au voisinage du minimum de déviation.

Si la fente est éclairée à la fois par deux lumières monochromatiques, on voit deux images distinctes des deux couleurs constituantes. Enfin, si l'on emploie la lumière blanche, il se forme une infinité d'images virtuelles de la fente dont la position varie insensiblement avec la couleur, et dont l'ensemble constitue un *spectre virtuel*.

C'est ainsi qu'en opérant avec une fente très étroite, éclairée par la lumière solaire, Wollaston a pu observer le premier un spectre très pur, sillonné par un certain nombre de raies noires parallèles à la fente. Ces raies marquent, comme on le sait aujourd'hui, la place de certaines couleurs qui manquent dans la lumière solaire, ou sont considérablement affaiblies par son passage à travers les atmosphères solaire et terrestre.

On considère la lumière émise par une source solide ou liquide incandescente, ou encore par une flamme tenant en suspension du charbon ou d'autres matières solides, comme absolument continue, c'est-à-dire que la réfrangibilité des diverses couleurs qui la composent varie d'une manière continue d'une extrémité à l'autre du spectre ; dans cette hypothèse, le spectre ne peut présenter aucune interruption.

Mais si la réfrangibilité des rayons émis par une source varie par sauts, le spectre est interrompu chaque fois que les rayons correspondant à des indices compris entre deux valeurs n_1 et n_2 manquent, soit que la source ne les émette pas, soit qu'ils aient été absorbés en chemin.

Le premier cas est celui du *spectre d'émission* des vapeurs incandescentes ; le deuxième, celui des *spectres d'absorption*, dont nous nous occuperons plus loin, et en particulier du *spectre solaire*.

Toutefois ces lacunes ne sont observables que si la fente est assez étroite et la dispersion du prisme suffisante pour que les images de la fente, fournies par les deux couleurs limites d'indice n_1 et n_2, n'empiètent pas l'une sur l'autre. Si au contraire elles empiètent plus ou moins, les raies ou bandes obscures se réduisent à des minima plus ou moins perceptibles. De là la nécessité d'opérer avec une *fente très étroite*, bien parallèle à l'arête du prisme, ainsi que nous l'avons dit.

Celui-ci devra être en cristal très dispersif (flint-glass) et d'un angle aussi grand que possible. Mais il ne faut pas oublier qu'on est limité de ce côté par la *réflexion totale*, qui se produit lorsque l'angle du prisme est égal au double de l'angle limite. Cet angle limite λ, défini par la relation $\sin \lambda = \dfrac{1}{n}$, est ici compris entre 35° et 40°. L'angle réfringent ne dépasse pas ordinairement 60°. Lorsqu'on veut obtenir une plus grande dispersion, on dispose sur une plate-forme plusieurs prismes, de manière qu'ils soient traversés successivement au minimum de déviation par les rayons jaunes moyens.

SPECTROSCOPE

L'observation à l'œil nu (à la manière de Wollaston) du spectre virtuel n'a point permis de préciser la position des raies ; il fallait un autre mode pour en arriver à cette belle application qui a reçu le nom d'*analyse spectrale*. C'est Frauenhofer qui a réalisé le premier *spectroscope* en examinant le spectre au moyen d'une lunette ; on lui doit le premier catalogue des raies auxquelles on a donné son nom. Kirchoff et Bunsen ont donné à l'appareil la forme qu'on lui connaît aujourd'hui. Nous décrirons rapidement le spectroscope à un seul prisme employé dans les manipulations (fig. 62).

Les pièces essentielles rappellent de très près le goniomètre de Babinet : collimateur, prisme et lunette ; mais plus de cercle divisé ni d'alidades pourvues de vernier. De plus, comme il ne s'agit pas de mesurer des angles, le prisme est placé au milieu de la plate-forme A sans qu'il soit besoin de préciser la position de son arète. Le collimateur C et la lunette B peuvent prendre des mouvements en tous sens.

Indépendamment de ces pièces, que nous connaissons déjà, le spectroscope possède un petit collimateur D qui porte, au lieu d'une fente, une petite règle divisée transparente, obtenue en photographiant sur verre un double déci-

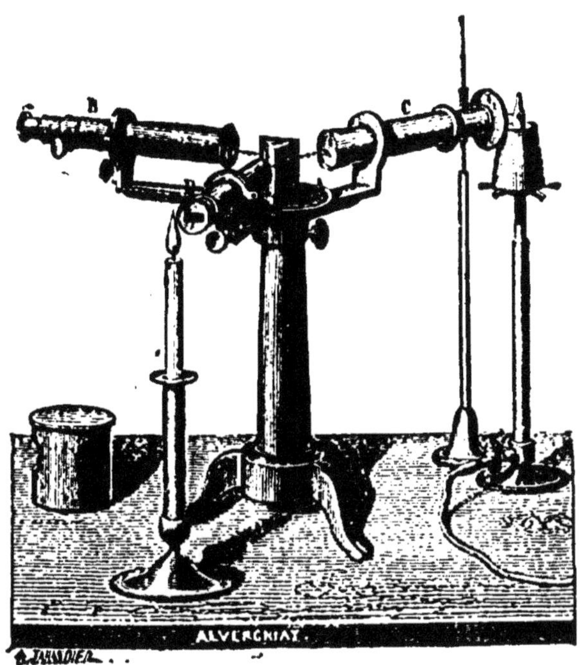

Fig. 62. — Spectroscope.

mètre. Cette échelle minuscule est placée horizontalement dans le plan focal de ce collimateur. Elle est éclairée par une bougie, ou mieux par un petit bec de gaz dit papillon, dont la hauteur est réglée une fois pour toutes.

Réglage. — Avant tout il est indispensable d'effectuer les opérations suivantes :

1° Régler la lunette pour la vision des objets très éloignés ;

2° Régler le collimateur de manière qu'il donne de la fente une image à l'infini, et amener son axe dans le prolongement de celui de la lunette ;

3° Mettre en place le prisme, et rendre la fente parallèle à son arête ;

4° Amener le prisme au minimum de déviation pour les rayons moyens (jaunes).

Toutes ces opérations se font exactement comme pour le goniomètre (voir page 167). On les fait, en général, avec la lumière jaune du sodium, et on enlève pour cela le capuchon qui recouvre ordinairement le prisme.

Après le deuxième réglage, on a substitué le deuxième collimateur D au premier, et on a réglé sa longueur, en agissant sur le tirage, de manière que l'image de la graduation soit vue nettement dans la lunette; puis on a amené cette image au milieu du champ au moyen de la vis qui permet de faire tourner le tube autour d'un axe horizontal. C'est alors que l'on procède aux opérations n°ˢ 3 et 4;

5° Sans toucher au reste de l'appareil, qui est maintenant réglé, on amène le petit collimateur dans une direction telle que les rayons qui en émanent viennent se réfléchir sur la deuxième face du prisme et tombent dans la lunette. On réalise rapidement cette condition en se rappelant que le collimateur et la lunette doivent être symétriquement placés par rapport à la normale à la surface réfléchissante. En mettant l'œil à la lunette, on aperçoit dans le champ au moins une partie de l'image de l'échelle. On déplace le collimateur jusqu'à ce que le n° 50 (ou en général un certain numéro dont on prend note) coïncide avec l'image de la fente en lumière jaune du sodium.

N. B. — Avoir soin que les bords de la fente soient bien propres : quelques poussières font apparaître des raies noires transversales lorsque la fente est étroite, et gênent les observations. — Ne point placer les sources lumineuses trop près de la fente ni de la mire divisée (5 centimètres).

I. Spectre continu. — On place d'abord devant la fente un bec de gaz ordinaire. On voit s'étaler dans le champ de la lunette un spectre complet, sans raies. Il en serait de même si l'on employait une lampe à huile, un bec Auer ou la lumière de Drummond.

L'observateur peut repérer les couleurs sur la règle divisée qu'il a simultanément sous les yeux.

On peut compléter l'observation de ce spectre par une expérience intéressante : Après avoir amené le centre du réticule à l'extrémité du violet visible, on adapte à la lunette un verre fluorescent : on voit la partie ultra-violette s'illuminer.

II. Raies et bandes d'absorption. — Les substances colorées, et même un grand nombre d'autres qui paraissent incolores sous une épaisseur modérée, comme l'eau, ne se laissent pas également traverser par toutes les radiations. Les premières surtout donnent facilement lieu à des expériences intéressantes. — Ces substances devront être placées entre la source lumineuse et la fente.

1° *Verres colorés.* — Le verre rouge à base de cuivre, employé dans les ateliers de photographie, absorbe complètement les radiations violettes et ultra-violettes. Pour peu qu'il soit de teinte foncée, il ne laisse subsister absolument que la partie rouge du spectre.

Au contraire, les autres verres de couleur sont en général polychromatiques; ils laissent subsister des bandes de diverses couleurs dont la combinaison produit la couleur composée de ce verre. Ainsi le verre bleu de cobalt présente trois bandes d'absorption très fortes; le spectre se trouve réduit à quatre bandes lumineuses.

2° *Dissolutions*. — On met dans une petite cuve en verre (fig. 63) une dissolution étendue de bichromate de potasse : le spectre est traversé par deux larges bandes d'absorption d'inégale intensité, qui s'étalent en s'affaiblissant sur les couleurs voisines.

Fig. 63.—Cuve en verre pour observer les bandes d'absorption.

On remplace cette dissolution par une autre très étendue de permanganate de potasse : un grand nombre de bandes étroites couvrent le spectre, elles sont particulièrement remarquables dans la région verte.

Ces bandes sont d'un grand intérêt pratique. Elles permettent souvent de reconnaître sans autre essai les corps en dissolution d'après leur nombre et leur position, que l'on précise au moyen du micromètre.

On pourra prendre pour exemple les *bandes de l'hémoglobine*. On mêle le sang à un excès d'eau, à raison par exemple de 3 gouttes pour 10 centimètres cubes d'eau, et l'on place la dissolution entre la fente du collimateur et un bec de gaz ordinaire.

On voit apparaître dans le spectre deux bandes d'absorption, l'une dans le jaune, l'autre dans le vert (entre les raies D et E de Frauenhofer : figure 64, n°ˢ I et II). La seule solution dont les bandes présentent quelque analogie avec celles-là est la cochenille ammoniacale. Voici un moyen sûr d'éviter toute erreur : Si l'on ajoute à la dissolution un peu d'acide sulfhydrique, ou certains autres agents réducteurs, les deux bandes sont remplacées par une seule qui est intermédiaire (bande de Stokes : n° III).

On peut encore soumettre le sang à l'action des acides forts ou des alcalis. On obtient dans le premier cas une seule bande entre le rouge et l'orangé (n° IV), et dans le deuxième cas, une seule bande encore, mais qui couvre à peu près tout l'orangé jusqu'à la raie **D**.

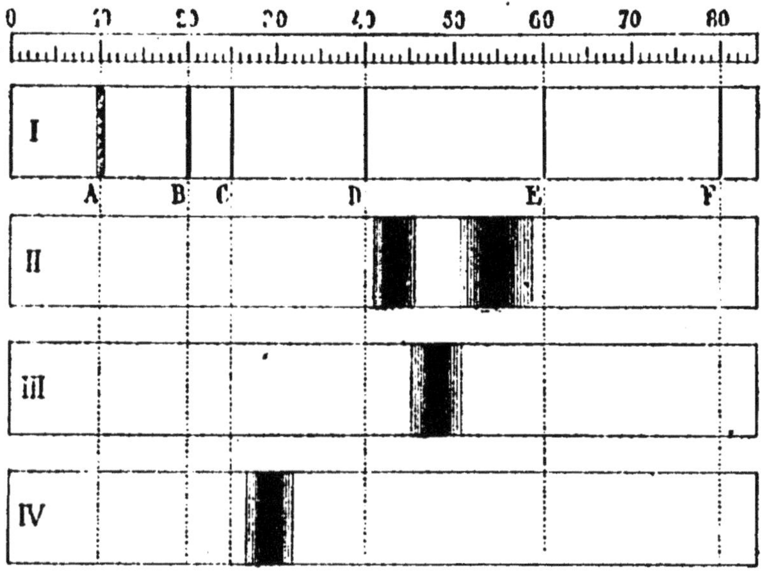

Fig. 64. — Bandes d'absorption du sang.

Ces caractères sont assez nets pour faire reconnaître une goutte de sang tombée sur un linge. On la dissout dans 2 centimètres cubes d'eau environ, que l'on introduit dans un tube de 10 centimètres de long et 5 millimètres de diamètre, fermé à ses extrémités par des lames de verre : l'épaisseur traversée compense le peu de concentration de la solution.

Parmi les spectres d'absorption les plus intéressants nous signalerons encore celui de la chlorophylle, qui sera étudié dans le *Cours de botanique.*

3° *Gaz.* — On prend un tube de verre fermé à la lampe à ses deux extrémités et rempli par exemple de peroxyde d'azote; on l'interpose encore entre la source et la fente : le spectre est aussitôt sillonné d'un grand nombre de bandes d'absorption très fines.

Résultat analogue avec la vapeur de brome ou d'iode, l'ozone, etc... Comme pour les dissolutions, chaque spectre d'absorption est caractéristique. Ainsi les bandes de la vapeur d'iode couvrent tout le champ de vision, comme celles du peroxyde d'azote ; mais, sans même qu'il soit besoin de les compter, ou de préciser leur position, on les reconnaît aisément à ce qu'elles sont nettement tranchées du côté du violet, et estompées au contraire du côté du rouge.

III. Spectres d'émission. — 1° *Vapeurs incandescentes.* — Lorsqu'on place devant la fente du spectroscope un bec de gaz de Bunsen, dont la flamme est très chaude, mais non éclairante, le champ de la lunette n'est pas sensiblement éclairé. Si l'on place dans cette flamme une tige de verre, ou une éponge de platine trempée dans une solution d'un sel de sodium, on voit apparaître une raie brillante jaune, qui se décompose en deux plus fines si la fente est très étroite et surtout si le spectroscope a plusieurs prismes.

Elles occupent sur le micromètre exactement la même place que les raies D de Frauenhofer dans le spectre solaire. La moindre trace de sodium dans la flamme est immédiatement décelée par l'apparition de ces raies jumelles.

On trouvera dans la salle de manipulations, à côté du spectroscope, une série de flacons contenant des sels en dissolution de divers métaux alcalins et alcalino-terreux, et dans chaque flacon une éponge de platine. On introduira successivement ces diverses éponges dans la flamme (on aura soin de les remettre dans leurs flacons respectifs, afin de ne pas produire de mélanges).

On reconnaîtra que le potassium montre particulièrement deux belles raies, l'une dans le rouge, l'autre dans le violet, — le thallium une belle raie verte, — le cæsium un groupe bleu remarquable, etc. (fig. 65).

Fig. 65. — Spectres d'émission de quelques métaux.

Les métaux ordinaires présentent en général un grand nombre de raies, et leur spectre est d'un très bel effet. Nous recommandons spécialement à ce point de vue le spectre du cuivre. Il est nécessaire, pour l'examen de ces métaux peu volatils, que la flamme soit très chaude.

2° *Spectre d'émission des gaz.* — Pour observer le spectre des gaz, on les enferme dans des tubes de Geissler formés de deux ampoules cylindriques ou sphériques, réunies par un tube étroit et munies soit d'électrodes terminales formées par des fils de platine qui traversent la bobine de verre, soit de gaines que l'on relie aux pôles d'une Ruhmkorff (fig. 66).

Pour faire l'observation, il suffit de placer la partie étroite du tube devant la fente du spectroscope et de faire fonctionner la bobine.

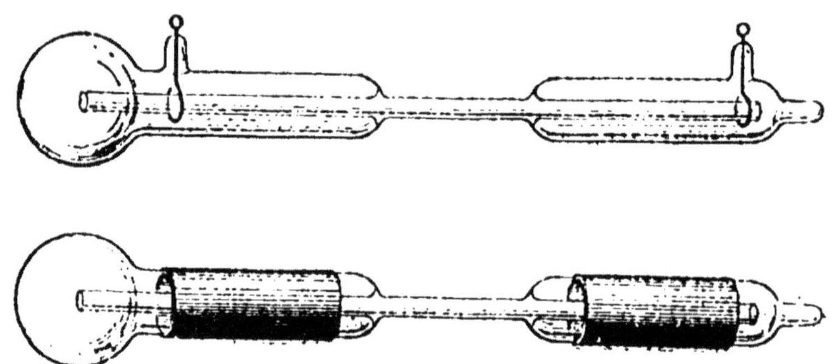

Fig. 66. — Tubes de Geissler à électrodes et à gaines (tubes de Salet).

Afin de donner plus d'éclat aux raies, on peut *renforcer* l'étincelle en faisant communiquer en même temps les pôles de la bobine aux armatures d'une bouteille de Leyde. Nous ne croyons pas utile d'insister sur les particularités qui se présentent alors.

Ajoutons que l'on donne aussi plus d'intensité aux raies que l'on juge trop faibles, en se servant des tubes à gaine : on les place alors *en bout*, c'est-à-dire de manière que leur axe soit dans le prolongement de celui du collimateur.

Nous ne décrirons pas les spectres des divers gaz : des tableaux seront mis à la disposition des élèves au moment de l'observation.

Notons qu'il importe, pour obtenir le spectre d'un gaz, de préparer celui-ci dans un état de pureté parfaite ; on peut même dire qu'il est rare de rencontrer un tube satisfaisant à cet égard : la plupart renferment en particulier de l'azote.

SPECTROSCOPE A RÉSEAU

Non-comparabilité des spectroscopes à prismes. — Supposons que l'on ait catalogué au moyen du micromètre les raies d'émission observées dans les diverses expériences que nous venons de rappeler. Chaque raie observée avec notre instrument, réglé comme nous l'avons dit, est caractérisée par le numéro du micromètre sur lequel vient se peindre son image (le n° 50, pris pour origine, étant compris entre les 2 raies D). Cela suffit à tous les besoins de l'analyse spectrale.

Mais le catalogue est à refaire chaque fois que l'on change d'instrument, ou simplement de prisme. Non seulement le spectre pourra couvrir un plus ou moins grand nombre de divisions du micromètre, mais les distances des diverses raies à l'origine ne sont pas proportionnelles aux précédentes : la *loi de dispersion* n'est plus la même.

On voit donc qu'il importe de désigner une raie par une propriété spécifique de cette radiation, indépendante de l'instrument qui sert à l'observer : nous avons désigné la *longueur d'onde* dans le vide.

Spectroscope à réseau. — On sait que la déviation d d'un faisceau de rayons parallèles monochromatiques par un réseau est proportionnelle à la longueur d'onde. Si l'on observe le $n^{\text{ième}}$ spectre produit sous l'incidence normale par un réseau ayant N traits par centimètre, cette déviation est donnée par la formule :

$$\sin \delta = n N \lambda \quad (^1).$$

(¹) λ est compté en centimètres. On a, par exemple, pour les rayons jaunes du sodium $\lambda = 0^{\text{cm}},0000589$, que l'on écrit le plus souvent en microns : $0^\mu,589$.

Mais il est préférable, au point de vue de la précision et de la simplicité de l'expérience, d'observer la déviation minima, qui a lieu lorsque les rayons incidents et les rayons diffractés sont également inclinés sur le réseau.

On a alors

$$2 \sin \frac{\delta'}{2} = n N \lambda.$$

Il n'est pas sans intérêt de rapprocher ces formules de celles que nous avons rappelées à propos du prisme. L'expérience se fait d'ailleurs d'une manière toute semblable et au moyen du même appareil.

Après avoir réglé le collimateur et la lunette, comme nous l'avons indiqué antérieurement (page 167), on installe sur la plate-forme du goniomètre un réseau au 1/200° par exemple, c'est-à-dire portant 200 traits par millimètre (N = 2 000), de manière que ses traits soient parállèles à l'axe de rotation des alidades, et que le trait central soit à peu près dans le prolongement de cet axe. Le réseau est enchâssé à cet effet dans un petit support formant tablette (fig. 67). Le préparateur ayant réglé la plate-forme perpendiculairement à l'axe, il suffira de placer le réseau sans appuyer, au milieu de celle-ci (¹).

Fig. 67. — Réseau dans sa monture.

On place d'abord devant la fente du collimateur un petit bec de gaz ordinaire ou simplement une bougie, et l'on amène la lunette dans le prolongement du collimateur :

(¹) On se gardera bien de passer les doigts sur la partie striée du réseau ; car, les traits étant extrêmement fins, l'instrument pourrait être mis hors d'usage.

on observe une image blanche de la fente, qui doit être très nette si l'instrument est bien réglé.

On déplace alors la lunette vers la droite, par exemple, et l'on observe un premier spectre assez étroit, présentant d'ailleurs le violet en dedans.

On se rappelle en effet que le violet est ici moins dévié que le rouge, contrairement à ce que l'on observe dans les spectres prismatiques. Puis on trouve un deuxième spectre plus étalé, et bientôt un troisième dont le violet empiète un peu sur le rouge du précédent, etc.

L'étendue des spectres successifs est proportionnelle à leur numéro d'ordre, de sorte qu'ils se superposent de plus en plus, et, comme ils diminuent d'ailleurs d'intensité, le phénomène devient très confus.

On ramène la lunette dans la première position, et l'on remplace la lumière blanche par la flamme jaune du sodium. Si l'on tourne maintenant la lunette vers la droite, on voit successivement jusqu'à sept images jaunes de la fente suffisamment nettes et intenses pour qu'on puisse pointer sur elles. Il convient généralement de s'arrêter à la troisième (non compris la centrale).

On rétrécit la fente le plus possible, et on amène son image en coïncidence avec la croisée du réticule, après avoir fait tourner la plate-forme au moyen de son alidade, de manière que l'axe de la lunette et celui du collimateur soient à peu près également inclinés sur le réseau,

On fixe alors les vis de pression des deux alidades, et on agit sur la vis de rappel de la plate-forme dans un sens tel que la déviation diminue le plus possible. Lorsqu'elle paraît passer par sa valeur minima, on amène la croisée des fils du réticule en coïncidence avec le centre de l'image, et on agit encore sur la plate-forme pour s'assurer de ce que la déviation augmente, quel que soit le sens dans lequel on fait tourner le réseau.

On note alors au moyen du vernier la position exacte de la lunette sur le cercle divisé : supposons qu'on ait lu 169°43′ ([1]). On amène la lunette et le réseau dans la position symétrique par rapport à l'axe du collimateur, et afin de ne pas commettre d'erreur grossière, on observe les images successives dans la lunette : on s'arrête à la sixième (3e spectre à gauche). On procède exactement comme tout à l'heure et on lit 190° 24′.

La différence 190° 24′ — 169° 43′ = 20° 41′ est le double de la déviation minima correspondant au troisième spectre.

On a donc :

$$\lambda = \frac{2\sin\dfrac{\delta'}{2}}{nN} = \frac{2\sin\left(10°20'30''\right)}{3 \times 2000} = 0^{cm},0000589.$$

Telle est bien, en effet, la longueur d'onde du sodium.

Nous ferons observer que, pour trouver exactement le troisième chiffre significatif, il faut faire les lectures à une minute près. On atteint dans les expériences de recherches une précision cent fois plus grande.

Lorsqu'on aura fait cette expérience, on comprendra bien qu'il soit facile de la répéter sur un grand nombre de radiations bien déterminées, comme celles qui servent à caractériser les métaux ou les gaz avec le spectroscope ordinaire.

Graduation d'un spectroscope en longueurs d'onde. — Cela posé, plaçons successivement devant la fente de nos

---

([1]) L'axe du collimateur correspondant à peu près au zéro de la graduation.

deux spectroscopes, l'un à prisme et l'autre à réseau, les mêmes sources. Nous relèverons dans l'un la position des raies caractéristiques (numéros du micromètre) et nous déterminerons au moyen de l'autre les longueurs d'onde correspondantes.

Après avoir groupé ces données dans un tableau à deux colonnes comprenant un grand nombre de radiations distribuées dans tout le spectre visible, on dessine une courbe en prenant pour abcisses les numéros du micromètre, et pour ordonnées les longueurs d'onde.

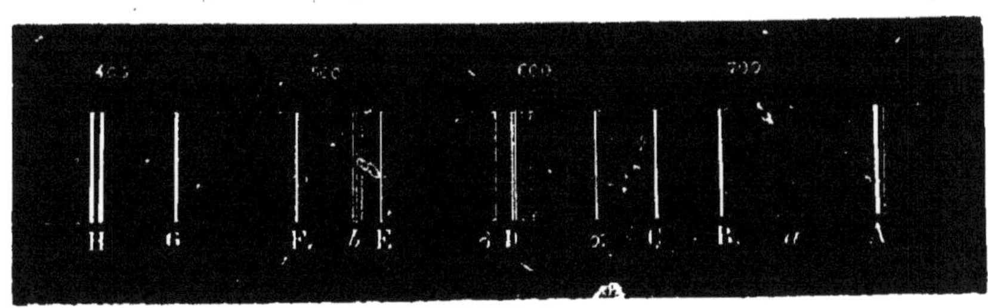

Fig. 68. — Spectre solaire normal.

Vient-on à observer maintenant une raie non encore étudiée ? Il suffit de noter le numéro du micromètre sur lequel elle se place et de se reporter à la courbe : l'ordonnée qui correspond à ce numéro comme abcisse mesure la longueur d'onde de cette radiation.

Cette graduation rend comparables tous les spectroscopes à prismes, qui ont d'ailleurs l'avantage de produire une dispersion beaucoup plus grande que ceux à réseaux, surtout si l'on emploie plusieurs prismes.

Nous considérons donc la construction de cette courbe comme un exercice intéressant à répéter en manipulation. Un tableau des longueurs d'onde correspondant aux principales raies d'émission sera mis à cet effet à la disposition des élèves. Nous donnons à la fin de cet ouvrage

un tableau semblable, et pour mieux faire comprendre où
sont situées les raies dont nous donnons les longueurs
d'onde, nous donnons ici (fig. 68) les principales raies du
spectre solaire normal, c'est-à-dire obtenu au moyen
d'un réseau. Les nombres placés à la partie supérieure
de la figure sont les longueurs d'onde en millièmes de
micron.

ANALYSE SPECTRALE

Dans les diverses observations précédentes, on aura
soin de noter la position sur le micromètre de chacune des
raies bien visibles, en prenant comme repère les raies D
entre lesquelles on placera par exemple le numéro 50 du
micromètre.

Cela fait, si l'on vient à introduire dans la flamme un
sel quelconque d'un métal sur lequel a porté l'un des
essais précédents, il suffira de faire le catalogue des raies
qu'il fournit pour avoir un signalement sur lequel il est
impossible de se méprendre. Il sera même facile de reconnaître en dissolution divers métaux mélangés, surtout s'il
s'agit de métaux inférieurs (alcalins ou alcalino-terreux).

Ce procédé d'analyse est certainement le plus délicat
que l'on connaisse. On sait le parti remarquable qu'on en
a tiré en chimie pour la découverte d'un grand nombre
de métaux, et en astronomie pour l'étude de la composition chimique du soleil et des étoiles.

COLORIMÈTRES

Parmi les nombreuses applications du spectroscope,
nous signalerons comme pouvant faire l'objet d'une manipulation intéressante les colorimètres et spectro-colori-
mètres. Il s'agit de comparer la coloration d'un liquide quel-

conque à celle d'un certain liquide pris pour terme de comparaison.

Deux cas se présentent. Le plus simple est celui où les deux liquides à comparer sont de même nature et par conséquent de même couleur ; il n'y a à déterminer dans ce cas que le rapport des intensités des colorations.

On dispose à cet effet les deux liquides dans deux vases en verre B reposant sur un plateau de verre, et éclairés par-dessous au moyen d'un miroir A (fig. 69). La lumière ayant traversé les deux liquides est reçue sur un système de deux prismes à deux réflexions totales contenus dans la caisse C, et renvoyée de bas en haut dans la lunette L que l'on visse à cet effet à la place du spectroscope S sur la monture qui surmonte la caisse C.

Les rayons rencontrent, au sortir des prismes, un

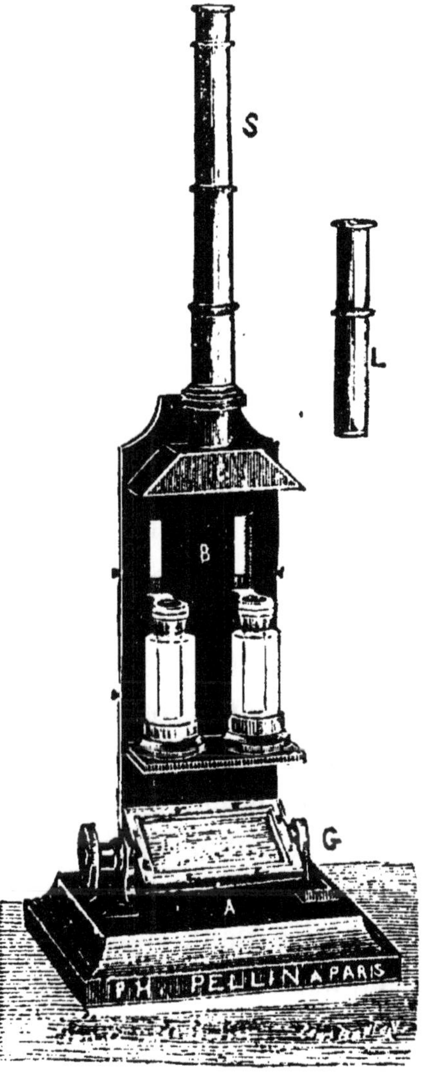

Fig. 69. — Spectro-colorimètre.

diaphragme dont la moitié droite reçoit ceux qui ont traversé le liquide placé à droite et inversement. La lunette L, disposée pour voir de près, est mise au point sur ce diaphragme. On amène ses deux parties à avoir la même teinte, en donnant aux deux colonnes liquides des hauteurs convenables.

Supposons par exemple que l'on ait dû donner au liquide type une hauteur de 15 centimètres, et au liquide étudié une hauteur de 20 centimètres : la coloration de celui-ci n'est que les 3/4 de l'unité.

Afin d'obtenir facilement le résultat, le constructeur a disposé, pour contenir chaque liquide, deux vases rentrant l'un dans l'autre ; l'un d'eux est un tube fermé par le bas que l'opérateur fait monter ou descendre au moyen d'une crémaillère dont le bouton est placé sous sa main.

Un index solidaire de la crémaillère marque sur une graduation la hauteur du liquide correspondant.

Dans le deuxième cas, les deux liquides à comparer étant de nature différente, la lumière qu'ils laissent passer et qui nous donne la notion de leur couleur par transmission ne présente pas la même composition.

En admettant même que les deux liquides paraissent avoir la même couleur, chacun d'eux étant pris sous une certaine épaisseur, il n'en serait plus de même si l'on doublait l'épaisseur de chacun d'eux. La recherche précédente ne saurait avoir dans ces conditions de sens précis.

On se propose alors de déterminer le rapport des hauteurs des deux liquides qui produisent la même absorption sur une ou plusieurs couleurs simples. La lunette L est alors remplacée par le spectroscope S dont la fente, parallèle au plan de la figure, vient prendre la place du diaphragme mentionné plus haut.

Ce spectroscope à *vision directe* est formé comme toujours de trois parties : un collimateur, un système de prismes et une lunette. Les prismes sont combinés de façon

que les rayons jaunes sortent parallèlement à leur direction à l'incidence, de sorte que l'observateur voit deux
spectres étalés perpendiculairement au plan de la figures
dont certaines couleurs sont très affaiblies par le passage
de la lumière au travers des deux liquides.

Nous retrouvons ici les bandes d'absorption dont nous
nous sommes occupés déjà. En opérant comme tout à
l'heure, on amène une certaine bande d'absorption à présenter la même intensité dans les deux spectres, et l'on
mesure les hauteurs correspondantes des deux liquides.

L'étude de la coloration peut devenir ici très complexe.
N'oublions pas d'ailleurs que deux liquides dont les couleurs nous paraissent assez semblables peuvent présenter des
bandes d'absorption fort différentes.

Le spectro-colorimètre prend une grande importance
dans l'étude des composés de l'hémoglobine.

XIII

PHOTOMÉTRIE

La photométrie comprend deux déterminations principales : l'*intensité* et l'*éclat intrinsèque* des sources.

Éclairement. — Si l'on veut s'affranchir de toute théorie relative à la nature de la lumière, on doit partir de la notion de l'*égalité d'éclairement*, que l'on acquiert facilement par l'expérience suivante :

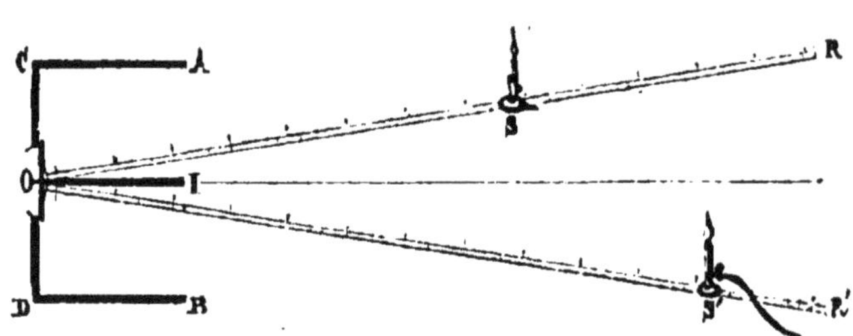

Fig. 70. — Photomètre de Foucault.

On installe sur une table une sorte de boîte incomplète ACDB, en bois ou en carton noirci, non fermée du côté AB, comme le montre la figure 70. On voit en O un orifice circulaire fermé par un verre dépoli ou toute autre matière translucide, que divise en deux parties égales un écran vertical OI. Ajoutez à cela deux règles divisées OR et OR', également inclinées sur cet écran, et vous aurez un photomètre de Foucault.

Pour la commodité de la manœuvre, on ajoute à l'appareil un système de poulies permettant à l'opérateur de déplacer les sources lumineuses le long des règles sans cesser d'avoir l'œil en O. Enfin, pour éviter l'influence de la lumière diffuse de la salle, on monte en O une sorte d'entonnoir en métal ou en carton noirci, placé normalement, et à l'extrémité duquel on applique l'œil. Cet accessoire est ce que l'on voit en C dans la figure 71 qui représente un photomètre de Foucault des plus simples.

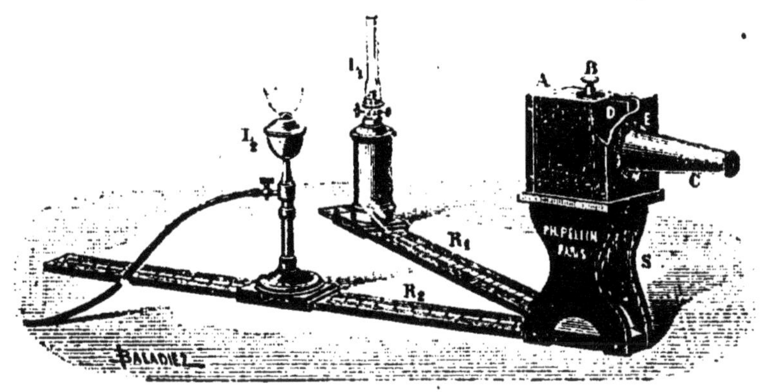

Fig. 71. — Photomètre de Foucault.

Disposons d'abord deux sources identiques à la même distance de O : le verre dépoli nous paraîtra uniformément éclairé. On dit alors que les deux sources produisent sur l'écran des éclairements égaux.

Éloignons l'une des sources de quelques centimètres; l'égalité cesse d'exister, et l'on prévoit que l'éclairement diminue de plus en plus du côté où la source s'éloigne.

La théorie montre qu'il est en raison inverse du carré de la distance; on le vérifie expérimentalement en s'appuyant sur le principe de l'*addition des éclairements*.

On admet sans peine que si deux sources identiques sont placées simultanément, et dans les mêmes conditions, devant un écran blanc, elles produisent ensemble un éclairement double de celui que produit chacune d'elles isolément ([1]).

Prenons cinq bougies aussi identiques que possible : plaçons l'une d'elles sur un chandelier, les quatre autres sur un support construit de façon que les rayons envoyés à l'écran par chacune des bougies ne soient pas arrêtés par les autres. Nous constatons que pour obtenir l'égalité d'éclairement, il faut placer ce système à une distance double de celle où se trouve la bougie unique.

On devra répéter cette expérience à différentes distances, et en mettant successivement sur le chandelier les diverses bougies, afin d'éliminer l'influence des inégalités qui peuvent se présenter de l'une à l'autre. En prenant finalement la moyenne des rapports des distances, on trouvera un nombre très voisin de 2.

Intensités. — On voit par ce qui précède que si deux sources sont amenées à des distances telles qu'elles produisent le même éclairement, leurs intensités sont proportionnelles aux carrés de leurs distances à l'écran. Il suffit donc pour trouver le rapport des intensités de deux sources, de les faire glisser le long des règles divisées, comme nous venons de le dire, jusqu'à ce que l'égalité d'éclairement soit réalisée.

On fera bien, pour éviter toute erreur due au défaut de symétrie de l'appareil ou de l'œil, de répéter l'expérience en changeant de côté les deux sources.

([1]) A propos de phénomènes d'interférence, on observera que, malgré l'existence de ceux-ci, l'éclairement moyen obéit encore à cette loi.

Unités. — Nous avons laissé arbitraire jusqu'ici l'unité d'intensité. Dans beaucoup de cas on se contente de prendre pour unité telle ou telle sorte de *bougies*. Dumas et Regnault ont préféré la lampe Carcel brûlant dans des conditions définies (consommant 42 gr. d'huile épurée à l'heure). Cette unité est encore la plus employée aujourd'hui ; mais elle n'est pas d'une constance absolue, de sorte qu'on lui préfère dans les recherches de quelque précision l'unité proposée par M. Violle, et adoptée par les physiciens depuis 1881 sous le nom d'*unité absolue*. C'est l'intensité de la lumière émise, dans la direction normale, par un centimètre carré d'un bain de platine à la température de fusion. Cette nouvelle unité vaut un peu plus de 2 carcels (2,08 environ).

On a adopté comme unité courante la 20ᵉ partie de l'unité absolue de M. Violle, c'est-à-dire à peu près la 10ᵉ partie du carcel de Dumas et Regnault. On lui a donné le nom de *bougie décimale*.

On prend pour unité d'éclairement celui que produit à l'unité de distance et normalement la source précédemment prise pour unité. Avec le centimètre pour unité de longueur, cet éclairement est énorme ; mais cela n'a aucune importance, puisque nous n'avons jamais qu'à *comparer* des éclairements et à les rendre égaux. Nous retiendrons seulement cette conséquence pratique des définitions, que l'éclairement E produit par une source d'intensité I sur un écran blanc placé à la distance D, et recevant normalement les rayons lumineux, est $E = \dfrac{I}{D^2}$ [1].

____

[1] On sait d'ailleurs que si ces rayons font un angle α avec la normale à l'écran, on a $E' = \dfrac{I}{D^2}\cos\alpha$. C'est la loi dite du cosinus de l'obliquité. Nous n'aurons pas à en faire usage ici.

Éclat intrinsèque. — Cela posé, l'*éclat intrinsèque* d'une source lumineuse se mesure par l'éclairement produit normalement, à l'unité de distance, par l'unité de surface de la source ; ce n'est donc pas autre chose que l'intensité de la source par unité de surface.

Cette notion donne lieu à deux nouvelles expériences d'un très grand intérêt pratique :

Plaçons d'un côté du photomètre une lampe à gaz, et le plus près possible de la flamme un écran percé d'un orifice circulaire que nous prendrons pour unité de surface. Mettons de l'autre côté une lampe semblable, mais couverte par un écran à plusieurs ouvertures de rechange (fig. 72).

1° Prenons un premier orifice sensiblement égal à notre unité, et réglons la position des deux lampes de manière à réaliser l'égalité d'éclairement. On pourra déplacer dans des limites assez larges l'orifice sur la flamme sans que l'égalité soit détruite. Cela montre que chaque unité de surface, considérée comme source distincte, a la même intensité : on l'exprime en disant que l'éclat intrinsèque est uniforme, à moins que l'on ne s'approche trop des bords de la flamme.

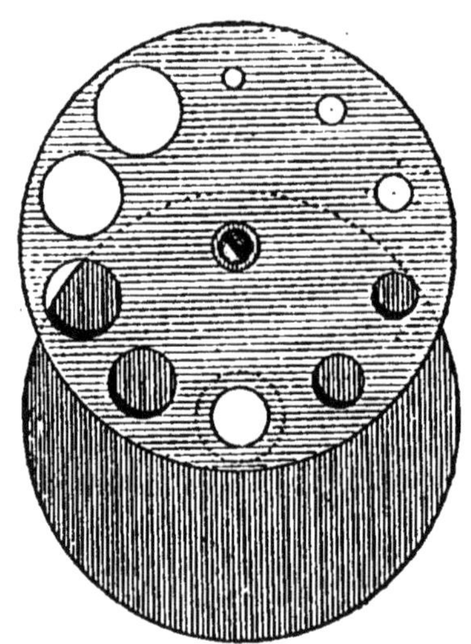

Fig. 72. — Diaphragme à ouvertures variables.

Cette restriction n'aurait point lieu d'être faite si l'on prenait pour l'une des sources lumineuses une image réelle du soleil formée dans le plan focal d'une lentille ou d'un système optique quelconque. Grâce à la loi du cosinus de l'obliquité, applicable aussi bien à l'émission qu'à la réception, le soleil se comporte à ce point de vue comme un disque lumineux dont l'éclat serait uniforme, même au voisinage immédiat des bords.

2° Remplaçons le premier orifice par un autre de diamètre double et par conséquent de surface quadruple. Nous constaterons que pour revenir à l'égalité d'éclairement, il faut éloigner cette source à une distance double. Cette nouvelle vérification de la loi du carré des distances est à la fois plus facile et plus satisfaisante que celle que nous avons indiquée au début.

Comparaison des éclats intrinsèques. — Les intensités de deux sources de même nature (deux lampes à huile, ou bien même une lampe à huile et une autre à pétrole ou à gaz), sont évidemment proportionnelles à leur surface éclairante et à leur éclat intrinsèque ($I = i.s$), de sorte que la mesure des intensités se ramène à celle des éclats intrinsèques.

On peut augmenter l'intensité d'une lampe en augmentant sa dépense d'huile ou de gaz. L'éclat intrinsèque dépend surtout de la qualité du combustible. On voit donc là un moyen très précieux de se renseigner sur le pouvoir éclairant d'une huile ou d'un gaz, sans qu'il soit besoin de déterminer exactement la quantité de combustible dépensé par heure.

Photomètre de Rumford.

Parmi les nombreux photomètres, l'un des plus simples et des plus employés, concurremment avec le précédent, est celui de Rumford.

Dans une chambre noire d'un à deux mètres de profondeur et présentant du côté de l'observateur une ouverture centrale, on dispose :

1° Un écran blanc E vers le fond de la chambre ;

2° Une tige cylindrique C placée à quelques centimètres de l'écran ;

3° Deux règles divisées partant de la tige et également inclinées sur l'écran ;

4° Sur la normale à l'écran passant par C un support sur lequel on a disposé une petite lunette de Galilée, ou simplement un tube de carton destiné à mettre l'œil à l'abri de la lumière ambiante.

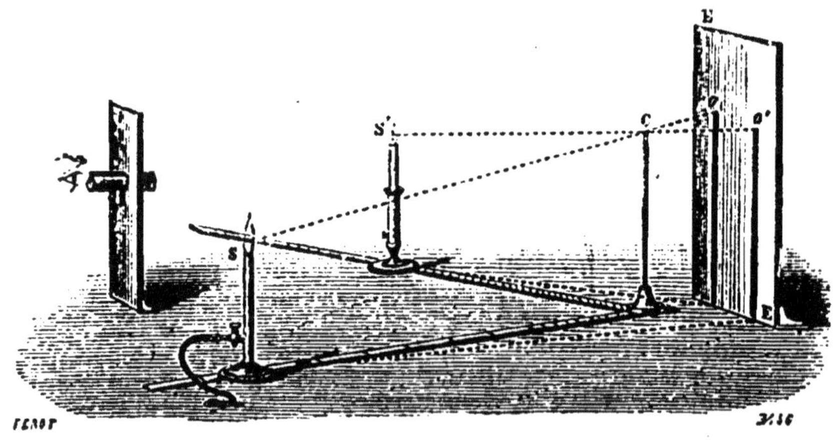

Fig. 73. — Photomètre de Rumford.

Expérience. — On place les deux sources à comparer sur les règles divisées comme l'indique la figure 73, et on déplace l'une d'elles jusqu'à ce que les deux ombres portées sur l'écran soient égales. — A ce moment l'éclairement produit en o' par la source S, et en o par la source S' sont égaux; l'obliquité des rayons So' et $S'o$ étant sensiblement la même, les intensités des deux sources sont entre elles comme $\overline{So'}^2$ et $\overline{S'o}^2$.

On se contente généralement de remplacer ces deux longueurs par les distances SC et $S'C$ qu'on relève directement sur les règles; l'erreur qui en résulte n'est pas bien grande, si les deux sources sont à peu près de même intensité et si les distances Co et Co' sont petites vis-à-vis des précédentes.

Les photomètres de Foucault et de Rumford sont appliqués dans l'industrie à la comparaison des lampes à incandescence. Leur exactitude est largement suffisante pour cet usage. Nous passerons sous silence les appareils plus précis employés dans les recherches.

Remarque. — Tant que les lumières émises par les deux sources sont de même nature, la comparaison s'effectue aisément. Mais si l'on essaie de comparer une lampe à huile à une lampe à incandescence, il est bien difficile ou impossible de préciser la position pour laquelle l'égalité d'éclairement est réalisée, surtout si la dernière est bien poussée, c'est-à-dire alimentée par un courant suffisant pour lui donner son maximum d'éclat.

D'une manière générale, si les deux sources n'ont pas exactement la même couleur (simple ou composée), l'expression d'*éclairements égaux* perd le sens précis et très net que nous lui avons attribué.

Pour combler cette lacune, on a imaginé les *spectrophotomètres;* mais nous nous contenterons, en pareil cas, de comparer les intensités des deux sources en plaçant devant l'œil un verre jaune, par exemple, comme ceux qu'on emploie en photographie. Bien que ce verre ne soit pas monochromatique, au sens propre du mot, les deux sources ne présentent plus alors de différence de teinte importante, et l'on trouve aussi facilement que plus haut le rapport des intensités de la lumière jaune émise par les deux sources.

Il pourrait être intéressant dans certains cas de répéter l'expérience avec un verre rouge, puis avec un verre bleu ; le résultat numérique ne serait pas le même.

XIV

POLARISATION CHROMATIQUE

I. — LUMIÈRE PARALLÈLE. — APPAREIL DE NORREMBERG

Nous ne pouvons que rappeler sommairement les résultats obtenus dans la théorie de la polarisation chromatique, tant en lumière parallèle qu'en lumière convergente.

Considérons une lame mince parallèle au plan de la figure 74, taillée dans un cristal biréfringent dans une direction quelconque, pourvu qu'elle ne soit pas perpendiculaire à l'axe. — Cette lame reçoit normalement un faisceau de lumière polarisée

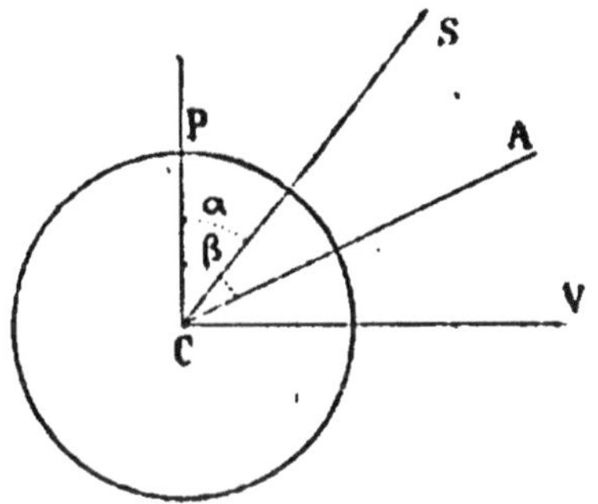

Fig. 74. — Couleurs des lames minces en lumière parallèle.

dans le plan P (c'est-à-dire que la vibration s'effectue dans le plan CV).

Soit CS la section principale de la lame faisant avec CP l'angle α, et supposons pour plus de généralité la section principale de l'analyseur biréfringent dans une direction quelconque CA faisant avec CP l'angle β.

Un faisceau monochromatique d'intensité 1, tombant

sur la lame, se trouve décomposé à la sortie de l'analyseur en deux faisceaux, l'un ordinaire et l'autre extraordinaire, dont les intensités sont, en négligeant les pertes par réflexion, diffusion, etc..,

$$I_o = \cos^2\beta + \sin 2\alpha \sin 2(\beta - \alpha) \sin^2 \frac{\pi\delta}{\lambda}$$

$$I_e = \sin^2\beta - \sin 2\alpha \sin 2(\beta - \alpha) \sin^2 \frac{\pi\delta}{\lambda}$$

δ exprimant le retard créé entre les deux rayons ordinaire et extraordinaire par le passage à travers la lame cristalline.

Le rapport $\dfrac{\delta}{\lambda}$ varie avec la couleur.

On voit que le premier terme de l'intensité I_o du rayon ordinaire est indépendant de la couleur, tandis que le deuxième en dépend. Si donc on opère avec la lumière blanche, la somme des termes en *cos²β* représente de la lumière blanche, puisque les intensités de toutes les couleurs s'y trouvent réduites dans le rapport de 1 à *cos²β*. La somme des seconds termes représente au contraire la combinaison des diverses couleurs simples réduites dans un rapport variable, c'est-à-dire une couleur composée. On exprime ces résultats en disant que le premier terme est le terme blanc, le deuxième le terme coloré.

On remarque d'ailleurs que si les deux images empiètent l'une sur l'autre, on obtient dans la partie commune l'intensité $I_o + I_e = 1$ pour toutes les couleurs: autrement dit, les deux images sont complémentaires.

Quant à la couleur de l'une ou l'autre des deux images, on peut la calculer, comme l'a fait Newton, en fonction des indices ordinaire et extraordinaire, et de l'épaisseur de la lame.

On en déduit un moyen très curieux de mesurer l'épaisseur d'une lame cristalline avec une précision bien supérieure à celle que donne le sphéromètre. Nous nous contenterons de retenir que la couleur des deux images obtenues en faisant passer la lumière au travers d'une lame dont l'épaisseur varie d'un point à un autre dépend de celle-ci.

On en profite pour réaliser de très belles expériences au moyen de lames de gypse parallèles à l'axe, qui ont été usées méthodiquement de manière à produire entre deux nicols des images richement colorées de fleurs et de papillons, alors qu'examinées à l'œil nu, ces lames n'offrent rien de particulier.

Appareil de Norremberg. — Cet appareil se compose des pièces suivantes :

1° Une glace de verre A destinée à polariser la lumière par réflexion (fig. 75) ;

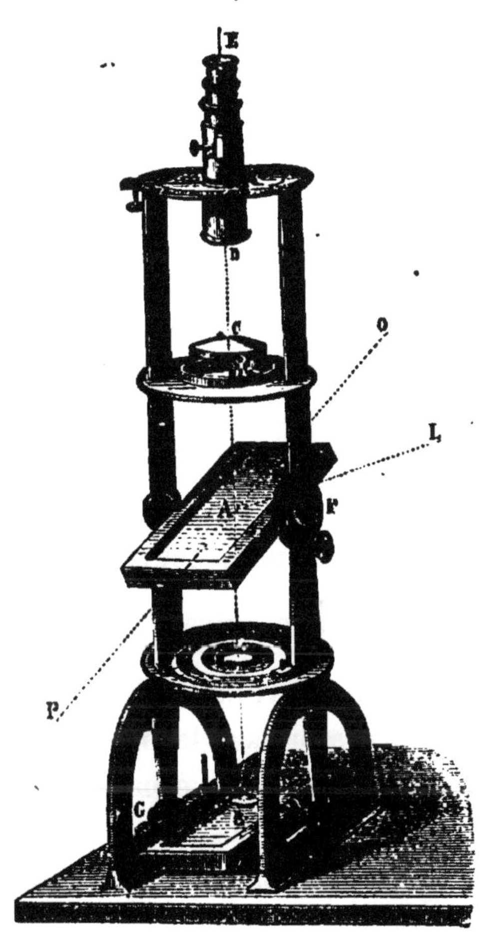

Fig. 75. — Appareil de Norremberg.

2° Un miroir horizontal B, qui reçoit normalement cette lumière et la renvoie verticalement, à travers la glace, à la pièce suivante ;

3° Un analyseur biréfringent et un oculaire réglé pour la vision à l'infini, réunis dans une monture DE;

4° 2 supports C et C′ sur lesquels on place successivement la lame cristalline à examiner.

EXPÉRIENCE. — Le réglage de l'appareil est très simple.

On l'installe devant une fenêtre de manière que la lumière du jour tombe sur le miroir A, et se réfléchisse suivant AB et sous l'angle de polarisation totale ([1]).

On amène donc la glace, au moyen d'une alidade mobile sur un arc de cercle gradué, à faire avec l'horizontale qui correspond au zéro de la graduation un angle de 54° 1/2. Au besoin, on envoie la lumière sur l'appareil au moyen d'un miroir auxiliaire. Cela fait, on met l'œil en E, et l'on fait tourner cette pièce qui porte l'analyseur biréfringent. L'une des images reste fixe : c'est l'image ordinaire; l'autre tourne autour de la première : c'est l'image extraordinaire.

On amène l'une d'elles à l'extinction, la première par exemple : à ce moment le plan d'incidence et la section principale de l'analyseur sont croisés, c'est-à-dire que $\beta = \dfrac{\pi}{2}$. L'image extraordinaire a son maximum d'intensité, que nous avons représenté par 1.

On place alors sur la plate-forme C une lame mince de quartz parallèle à l'axe par exemple; on a sous les yeux deux images colorées complémentaires : si l'une est jaune, l'autre est d'un bleu connu sous le nom de gris de lin; si la première est verte, l'autre est rose, etc. On remarque que l'image ordinaire est très pure, tandis que l'autre est lavée de blanc.

[1] Cet angle I, appelé aussi angle d'incidence brewstérienne, est défini par la relation $tg\,I = n$, — n étant l'indice de réfraction du verre. Il est voisin de 54° 35′.

Les intensités respectives sont représentées dans ce cas particulier par

$$I_o = C\sin^2 2x$$
$$I_e = 1 - C\sin^2 2x$$

dans lesquelles C est le coefficient de coloration, qui ne dépend que de l'épaisseur et non de l'orientation de la lame sur le support.

Si l'on fait tourner la lame, on voit les colorations changer d'intensité, mais non de teinte. Le maximum de coloration a lieu pour $\sin 2x = \pm 1$ ($x = 45°$ ou $x = 135°$), c'est-à-dire lorsque la section principale de la lame est dirigée suivant l'une des bissectrices de l'angle formé par le plan d'incidence et la section principale de l'analyseur. Les colorations disparaissent au contraire, et l'image ordinaire s'annule, lorsque $\alpha = 0$ ou $x = \frac{\pi}{2}$, c'est-à-dire lorsque la section principale de la lame coïncide avec le plan d'incidence ou avec la section principale de l'analyseur.

Si $\beta \neq \frac{\pi}{2}$, la rotation de la lame produit des changements de teinte, en passant par la lumière blanche, pour

$$x = 0, \quad x = \frac{\pi}{2}, \quad x = \beta \quad \text{et} \quad x = \beta + \frac{\pi}{2}.$$

Faisons tourner maintenant l'analyseur. La formule primitive montre que le terme coloré change de signe, c'est-à-dire que les teintes s'échangent l'une dans l'autre en passant par zéro (lumière blanche) lorsque

$$\beta = x \quad \text{ou} \quad \beta = x + \frac{\pi}{2}.$$

Ces changements n'auront donc lieu que quatre fois

pour un tour complet, au lieu de huit dans l'expérience précédente.

Enfin, si l'on reprend l'expérience primitive avec $\beta = 0$, c'est-à-dire la section principale de l'analyseur coïncidant avec le plan d'incidence, c'est l'image extraordinaire qui, cette fois, présente une couleur franche, l'ordinaire étant lavée de blanc.

Remarque. — Si l'on place la lame cristalline sur le support inférieur C', elle est traversée deux f-' par la lumière polarisée ; elle équivaut ainsi à une lame d'épaisseur double placée en C. — Ajoutons que l'on reconnaît les lames de mica dites *quart d'onde* à ce qu'elles donnent dans la première expérience décrite plus haut la teinte gris de lin, puis une teinte jaune si l'on fait passer cette lame sur le support inférieur.

Parmi les préparations intéressantes, citons la lame de gypse légèrement con-cave, qui produit des anneaux colorés dont les teintes sont tout à fait semblables à celles des anneaux de Newton, et le compensateur de Ba-binet

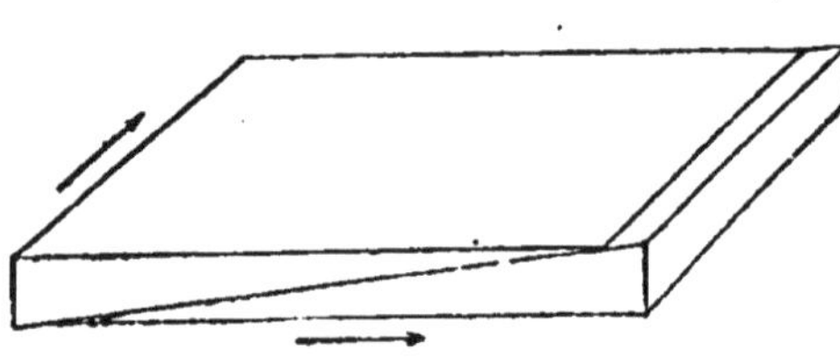

Fig. 76. — Compensateur de Babinet.

(¹) (fig. 76) qui donne des franges colorées parallèles, avec une frange noire au milieu correspondant à des épais-seurs égales traversées dans les deux quartz ($\delta = 0$).

(¹) Rappelons que cet appareil est formé de deux prismes en quartz de très petit angle, qui, appliqués l'un sur l'autre, forment une lame d'épaisseur uniforme ; les faces d'entrée et de sortie sont toutes deux parallèles à l'axe optique, l'axe de l'un étant parallèle à l'arête réfringente, celle de l'autre perpendiculaire.

II. — LUMIÈRE CONVERGENTE.

Dans les expériences précédentes, le champ de l'appareil étant très faible, les rayons reçus par l'œil sont très sensiblement parallèles. On se propose maintenant de recueillir, au moyen d'un oculaire à champ beaucoup plus considérable, les rayons ayant traversé la lame cristalline sous des obliquités très variées.

A cet effet, le faisceau lumineux, limité en général par un orifice circulaire et polarisé par un miroir, une pile de glaces G ou tout autre appareil convenable, traverse d'abord un système de lentilles très convergent appelé *focus* (8,7,6, fig. 77), qui la concentre sur la lame cristalline. Puis les rayons tombent sur un oculaire composé tout spécial, que l'on compare habituellement à un microscope, et rencontrent avant d'arriver à l'œil un nicol analyseur N derrière lequel se trouve reporté l'anneau oculaire. Pour nous conformer à l'usage, nous décomposerons cet instrument en deux parties : un objectif, qui est tout semblable au focus, mais disposé inversement (**5,4,3**), puis un oculaire d'Huygens O, comprenant le nicol.

Pour se bien rendre compte du fonctionnement de cet appareil, il ne faut point perdre de vue que chaque point de l'image réelle formée par l'objectif doit caractériser une *direction* de rayons lumineux à travers la lame, ou autrement dit une épaisseur traversée et un retard δ déterminés.

Bien que tout l'appareil que nous venons de décrire soit connu sous le nom de *microscope polarisant*, on voit que tout le système superposé à la lame cristalline constitue, à proprement parler, un oculaire très composé dont le grossissement est < 1, mais dont le champ est considérable.

C'est plutôt une *sorte de lunette astronomique renversée* qu'un microscope.

Réglage. — Le préparateur se chargera lui-même du réglage de l'instrument. Nous reviendrons néanmoins sur le point qui vient d'être indiqué, parce qu'il n'en est pas généralement question dans les traités.

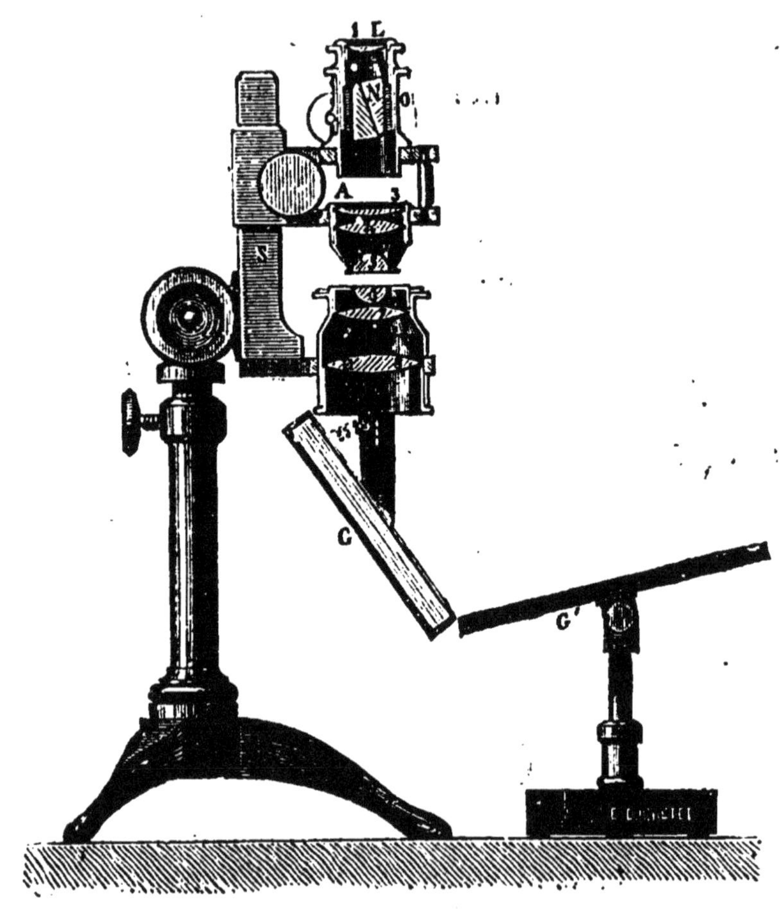

Fig. 77. — Microscope polarisant.

Nous avons distingué dans l'appareil deux parties : l'une située au-dessous de la lame, et qui sert à l'éclairer par de la lumière polarisée très convergente, — l'autre supérieure AO qui sert à l'observation. On devra séparer d'abord celle-ci et la régler exactement comme une lunette, c'est-à-dire en s'en servant pour viser un objet très éloigné. On constatera, à cette occasion, que l'instrument a un champ très vaste et donne, en quelque sorte, une vue panoramique, mais qu'il rapetisse les objets, à l'inverse des lunettes usuelles.

Cela fait, on met en place l'instrument de manière à bien éclairer la lame placée entre les lentilles 5 et 6, et on approche la partie supérieure au moyen d'une crémaillère commandée par un bouton, comme cela se fait d'ordinaire avec le microscope.

CRISTAUX UNIAXES. — En lumière convergente, δ varie avec l'incidence. Prenons d'abord le cas simple d'une lame de spath taillée perpendiculairement à l'axe et le nicol analyseur mis à l'extinction. La différence de marche δ étant la même pour les rayons également inclinés sur l'axe, les franges colorées sont évidemment circulaires; elles présentent le même aspect que celles déjà observées sur une lame parallèle à l'axe présentant une légère concavité sphérique.

De plus, la section principale de la lame est ici indéterminée; les deux plans principaux du polariseur et de l'analyseur, en particulier, sont des sections principales. La théorie précédemment rappelée fait prévoir qu'il y aura obscurité dans les deux directions correspondantes, du moins pour des incidences faibles.

On observe, en effet, une croix noire dont les deux bras se coupent au centre commun des anneaux colorés ι vont en s'élargissant, et en s'estompant d'ailleurs, à mesure qu'ils s'éloignent du centre.

Si l'analyseur est tourné de 90°, le phénomène est inverse; les colorations deviennent, en chaque point du champ, complémentaires des précédentes : on observe en particulier une croix blanche.

Enfin, si l'analyseur est dans une position quelconque, on observe une double croix grise, c'est-à-dire moyennement éclairée et non colorée; le champ se trouve divisé en 8 secteurs qui présentent alternativement des arcs colorés complémentaires.

Avec le quartz, et en général avec les cristaux doués de pouvoir rotatoire, la partie centrale de la croix disparaît.

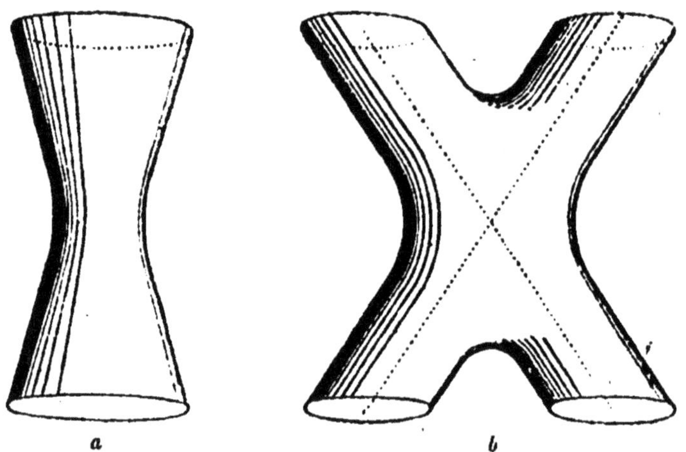

Fig. 78. — Surfaces isochromatiques.

D'une manière générale, les franges colorées que l'on observe avec les cristaux à un axe ressemblent beaucoup aux sections planes d'un hyperboloïde à une nappe (fig. 78, a). En particulier, si le cristal est taillé parallèlement à l'axe, on observe des hyperboles.

Les cristaux biaxes (qui appartiennent aux systèmes cristallins orthorhombique, clinorhombique et anorthique) offrent des phénomènes plus compliqués. La surface dite isochromatique, dont les sections par une série de plans parallèles donnent les franges colorées, est représentée par la figure 78, b.

On peut la représenter comme formée par deux sortes de tubes qui se croisent, et qui sont asymptotiques aux deux axes optiques. Il nous suffira d'indiquer les différentes figures obtenues, suivant l'orientation de la lame par rapport aux axes :

1° Lame perpendiculaire à la bissectrice de l'angle des axes : les franges colorées affectent la forme des lemniscates ; les lignes neutres (noires lorsque l'analyseur est à l'extinction), sont à peu près des hyperboles ;

2° Lame perpendiculaire à l'un des axes : franges à peu près circulaires comme dans les uniaxes, mais une seule ligne neutre au lieu d'une croix ;

3° Lame parallèle au plan des axes : les franges sont à peu près des hyperboles, mais non équilatères en général.

Nous ne croyons pas devoir insister davantage sur les nombreuses observations très intéressantes auxquelles donnent lieu les lames cristallines.

XV

POLARISATION ROTATOIRE

GÉNÉRALITÉS

Lorsqu'on interpose entre un polariseur et un analyseur à l'extinction une lame de quartz perpendiculaire à l'axe d'une épaisseur suffisante (1 millimètre par exemple ou davantage), on observe la réapparition de la lumière si la source est monochromatique, et une coloration dans le cas contraire.

1° **Lumière monochromatique.** — Dans le premier cas, on reproduit l'extinction en faisant tourner l'analyseur d'un certain angle A, à droite ou à gauche suivant les cas ; on peut exprimer ce fait en disant que le plan de polarisation de la lumière incidente a tourné de l'angle A. La substance est dite dextrogyre ou lévogyre suivant qu'elle fait tourner à droite ou à gauche le plan de polarisation.

Biot a constaté que la rotation pour une couleur donnée est proportionnelle à l'épaisseur de la lame traversée, et il a appelé *pouvoir rotatoire* la rotation α obtenue avec une lame de 1 millimètre d'épaisseur. Il a trouvé que les pouvoirs rotatoires de deux quartz, dont l'un est droit et l'autre gauche, sont égaux en valeur absolue. Il a énoncé en outre que la rotation est à peu près en raison inverse du carré de la longueur d'onde de la lumière employée. On sait aujourd'hui que le pouvoir rotatoire du quartz est de 15° 30' pour la lumière rouge correspondant à la raie B et de 42° 20' pour la raie violette G; il est de 24° environ pour le jaune moyen, de sorte qu'un quartz de 3^{mm},75 d'épaisseur produit une rotation de 90° pour cette couleur.

Un grand nombre de substances dissoutes jouissent du pouvoir rotatoire, les sucres par exemple. Comme on peut s'y attendre, la rotation est proportionnelle au nombre de molécules rencontrées par le rayon lumineux.

On appelle en général pouvoir rotatoire moléculaire le quotient du pouvoir rotatoire par la densité de la substance active :

$$[\alpha] = \frac{A}{ld}.$$

Pour les solides la densité d a le sens habituel; pour les dissolutions, c'est la masse dissoute dans l'unité de volume.

2° **Lumière blanche.** — D'après ce qui précède, lorsqu'on emploie la lumière blanche, l'interposition d'une lame de quartz fait reparaître les diverses couleurs simples avec des intensités d'autant plus grandes que leurs rotations se rapprochent davantage de 90°.

Si maintenant on fait tourner l'analyseur dans le sens de la rotation, on éteint successivement les diverses couleurs, en allant du rouge vers le violet. Les couleurs les plus éloignées de celles que l'on éteint conservent évidemment le plus d'intensité. L'œil perçoit alors des couleurs composées dont on se rend mieux compte devant un appareil que par la meilleure description. Notons seulement que si l'on éteint les rayons *jaunes moyens*, on obtient une teinte bien connue sous le nom de *gris de lin* ou *teinte sensible*.

Les substances actives sont caractérisées d'ailleurs non seulement par la grandeur de leur pouvoir rotatoire, mais aussi par leur *dispersion rotatoire*, c'est-à-dire par le rapport qui existe entre les rotations de deux couleurs déterminées, rouge et jaune par exemple.

Il se trouve que le sucre de canne et le quartz ont à peu près la même dispersion rotatoire, et il en résulte que l'on peut compenser la rotation droite d'un glucose par la rotation gauche d'un quartz lévogyre d'épaisseur convenable, aussi bien en lumière blanche qu'en lumière monochromatique. Nous en trouverons l'application dans la saccharimétrie.

Dans les expériences de précision, au lieu de s'en rapporter à l'appréciation des teintes par l'œil, on analyse au moyen d'un spectroscope la lumière émergente. Il est facile de connaître exactement la couleur ou mieux la longueur d'onde pour laquelle l'extinction a lieu, puisque cette couleur est remplacée dans le spectre par une bande noire.

On comprend que, tandis que la couleur éteinte manque absolument dans le spectre, les couleurs les plus voisines sont fortement atténuées, etc.; ces bandes obscures sont donc estompées sur les bords, mais on en distingue très bien la partie centrale sur laquelle porte l'observation.

POLARISTROBOMÈTRES OU SACCHARIMÈTRES

Les plus employés sont ceux de Soleil et de Laurent. L'appareil de Jellet, perfectionné par M. Cornu, est pré-

férable à certains égards ; mais il nous a paru difficile de
l'introduire dans ces manipulations. Nous renverrons le
lecteur désireux de le connaître, aux traités d'optique.

Saccharimètre de Soleil.

La lumière blanche, polarisée par un nicol P (fig. 79
et 80), tombe sur un *quartz à deux rotations* L. Celui-ci

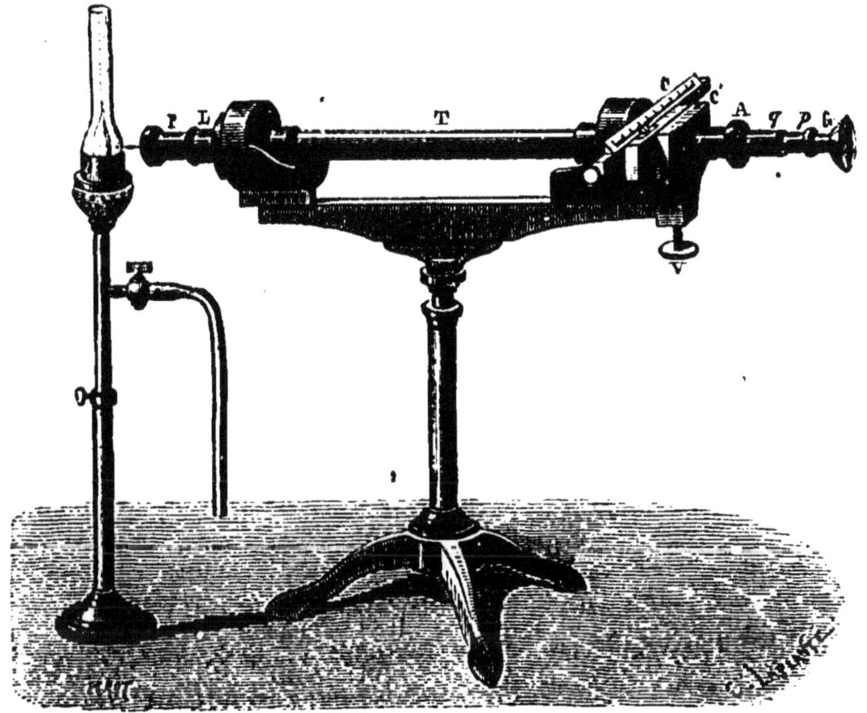

Fig. 79. — Saccharimètre de Soleil.

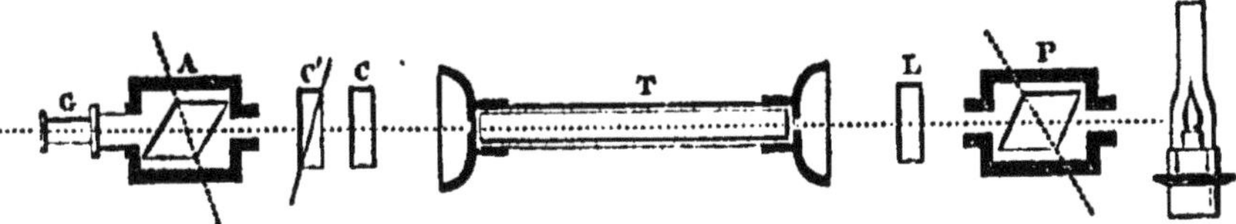

Fig. 80. — Coupe longitudinale du saccharimètre de Soleil.

est formé par deux lames demi-circulaires de quartz de
$3^{mm},75$ d'épaisseur, l'un droit et l'autre gauche (fig. 81).

Comme nous l'avons dit plus haut, le plan de polarisation de la lumière jaune tourne de 90° à droite pour l'un, à gauche pour l'autre, de sorte que si la section principale de l'analyseur A est amenée en coïncidence avec celle du polariseur, il y a extinction de la lumière jaune pour les deux parties du biquartz à la fois : toutes deux montrent donc la teinte gris de lin.

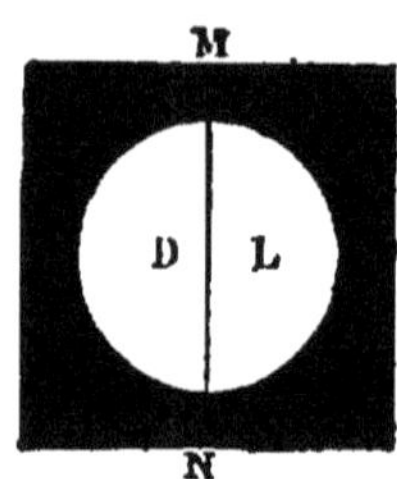

Fig. 81. — Lame biquartz.

Notons en passant que si l'épaisseur du quartz était un peu différente, l'extinction aurait lieu pour une couleur différente, et que la teinte commune serait changée. Mais ce qui est remarquable dans cette disposition, c'est que si l'on tourne légèrement l'analyseur, les deux quartz prennent des colorations différentes. En partant de la teinte gris de lin, l'un des quartz vire au rouge, l'autre au vert ; c'est l'opposition très marquée de ces teintes qui a fait donner à la première le nom de *teinte sensible* ([1]).

On voit en C C' deux autres quartz de rotations contraires constituant le *compensateur*. L'un d'eux, C', a une épaisseur variable. A cet effet, il est formé de deux prismes de petit angle (fig. 82) que l'on fait glisser l'un sur l'autre au moyen d'un bouton extérieur que l'on voit en V sur la figure 79. Les déplacements sont mesurés au moyen d'une réglette et d'un index solidaires des prismes, que l'on voit aussi en C sur cette figure. Lorsque l'index est sur le zéro, les lames C et C' ont exactement la même

<hr>

([1]) Si l'épaisseur des quartz n'était pas exactement celle qui convient, on aurait encore une *teinte de passage* caractérisée par l'échange de colorations des deux images ; mais l'opposition serait moins sensible à l'œil.

épaisseur, et par conséquent leur système ne modifie pas le plan de polarisation.

Outre ces pièces fondamentales, l'appareil comporte encore une petite lunette de Galilée G, servant d'oculaire, et un tube T de 22 centimètres de longueur, terminé par deux glaces de verre, et dans lequel on introduit les dissolutions à examiner.

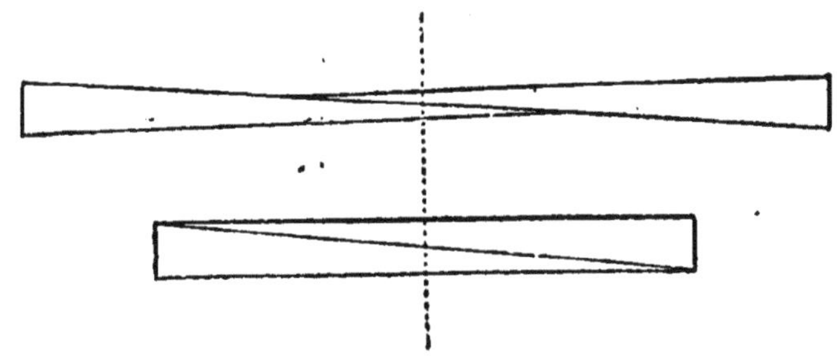

Fig. 82. — Compensateur de Soleil.

Enfin, pour le cas où la flamme employée n'est pas suffisamment blanche, ou bien si le liquide est sensiblement coloré, on joint encore à l'appareil un producteur de teinte sensible $p\ q$. Nous ne croyons pas utile de nous en préoccuper.

Opération. — L'opération consiste à chercher quelle épaisseur de quartz dextrogyre ou lévogyre il faut pour compenser la rotation produite par la substance étudiée. Cette méthode ne peut donc être employée avec avantage que pour les corps dont la dispersion rotatoire est sensiblement la même que celle du quartz, les sucres par exemple. Ainsi la manipulation devra porter sur l'essai d'un sucre.

Après avoir amené l'index sur le zéro de la réglette C, réglé la lunette G, en agissant sur le tirage de son oculaire, de manière à voir nettement les colorations du biquartz, et amené celles-ci à être identiques, en faisant tourner l'analyseur, on introduit la dissolution sucrée dans le tube T; puis on agit sur le compensateur de manière à reproduire la teinte sensible. Il suffit alors de lire sur la règle le déplacement de l'index, et de noter s'il a lieu du côté marqué d'un signe + ou du côté opposé.

Assez souvent la règle porte deux graduations : l'une indiquant en fractions de millimètre l'épaisseur de quartz équivalente à la colonne sucrée, l'autre exprimant la teneur en sucre cristallisable, à la condition qu'il n'y ait aucune autre substance active en dissolution.

En pratique, pour éviter tout calcul, on opère toujours sur une liqueur contenant $16^{gr},47$ de sucre (pulvérisé et desséché à l'étuve) dans 100 centimètres cubes de dissolution. Une semblable solution, traversée par la lumière sur une longueur de 22 centimètres, produit le même effet qu'un millimètre de quartz droit, si le sucre est pur ([1]).

Lorsque le sucre n'est mêlé qu'à des substances inactives, il suffit de remarquer que si l'épaisseur des quartz compensateurs est de $0^{mm},95$, c'est que la matière examinée ne contient que 95 p. 100 de sucre pur. Mais le problème est généralement bien plus compliqué, parce que le sucre est le plus souvent mêlé à des glucoses, ordinairement lévogyres d'ailleurs. Dans ce cas, après avoir déterminé le pouvoir rotatoire du mélange, on ajoute à la solution $1/100^{e}$ de son poids d'acide chlorhydrique fumant, et l'on chauffe pendant 10 minutes vers 80°. Le sucre est

([1]) Ce renseignement sert de base aux tables de Clerget, employées dans les usines ; il paraît toutefois plus convenable de réduire le poids de $16^{gr},47$ à $16^{gr},19$, ce qui aurait pour effet de diminuer les résultats donnés dans la table dans le rapport de 100 à 98,3.

transformé en deux glucoses dont l'ensemble constitue le *sucre interverti,* qui est lévogyre.

Or, si l'on désigne par K le pouvoir rotatoire moléculaire du sucre de canne et par K' celui du sucre interverti, la rotation produite dans la première expérience est

$$A = K\,ld + R$$

R désignant la rotation positive ou négative due aux substances autres que le sucre, et d le poids de sucre cristallisable contenu dans l'unité de volume.

Dans la seconde expérience, on a

$$A' = -K'ld + R$$

de sorte que

$$A - A' = (K + K')\,ld.$$

Si l'on avait eu affaire à du sucre pur, on aurait obtenu une rotation

$$A_1 = K\,ld_1$$

en désignant par d_1 le poids du mélange dissous dans l'unité de volume.

On en déduit la proportion de sucre pur :

$$\frac{d}{d_1} = \frac{A - A'}{A_1} \cdot \frac{K}{K + K'}$$

On sait que $\qquad K = 73°,8 \qquad$ et $\qquad K' = 26°,5$

d'où $\qquad\qquad \dfrac{K}{K + K'} = 0,736.$

D'ailleurs dans le cas actuel (compensateur Soleil) les angles A, A' et A_1, sont remplacés par les indications proportionnelles de la graduation; de plus, étant donné le poids de $16^{gr},47$ dans 100 centimètres cubes ($d = 0,1647$), A_1 correspond, avons-nous dit, à 1 millimètre de quartz, c'est-à-dire à 100 divisions. En conséquence, il suffit de lire sur la même échelle les nombres n et n' obtenus avant et après l'interversion pour obtenir la proportion centésimale de sucre de canne

$$0,736\,(n - n').$$

N. B. — Les nombres n et n' seront affectés du signe — s'ils sont lus du côté qui correspond aux rotations gauches.

On comprend ici l'utilité de la deuxième graduation ; elle donne directement

$$n_1 = 0,736\,n \qquad \text{et} \qquad n'_1 = 0,736\,n$$

de sorte qu'il est encore plus simple de lire

$$n_1 - n'_1 = \text{proportion centésimale.}$$

Saccharimètre de Laurent.

Cet appareil fonctionne à la *lumière jaune*. Il se compose des pièces suivantes (fig. 83 et 84) :

1° Un polariseur biréfringent a (l'une des images est rejetée sur le côté) ;

2° Un diaphragme circulaire p dont la moitié seulement est recouverte par une lame mince de quartz ou de gypse parallèle à l'axe, dite *demi-onde*, pour la lumière jaune (raies D) ;

3° Un analyseur c que l'on peut faire tourner au moyen d'une alidade mobile sur un large cercle divisé ;

4° Une petite lunette de Galilée *df* servant d'oculaire, comme dans l'appareil précédent.

Pour bien comprendre le fonctionnement de l'appareil,

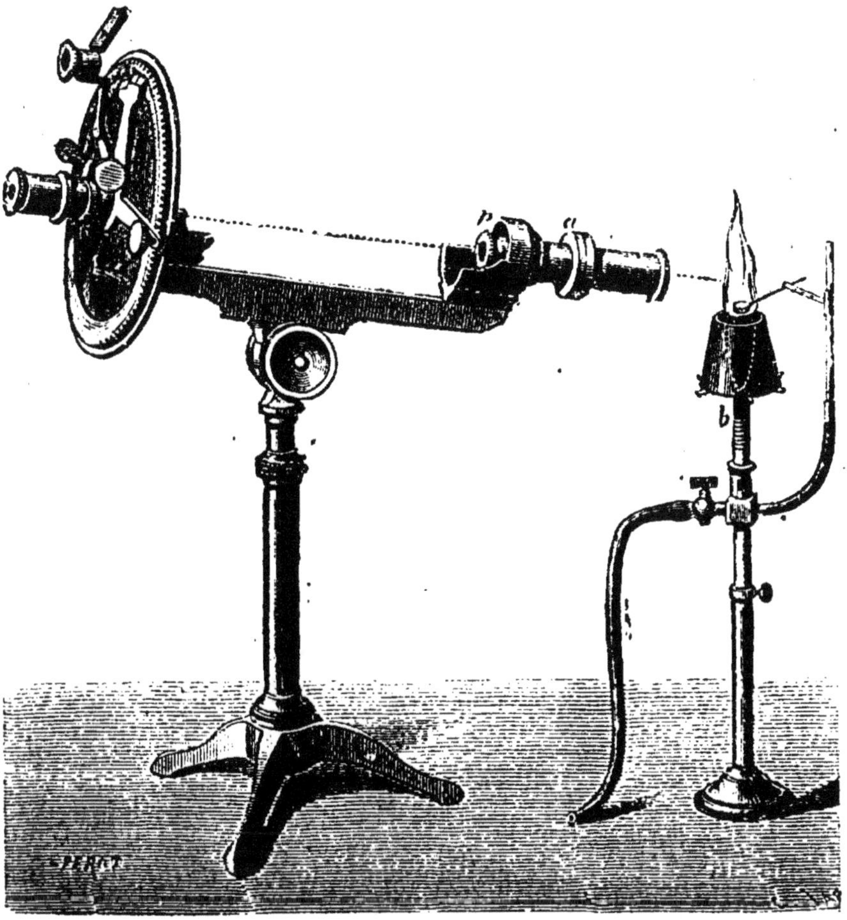

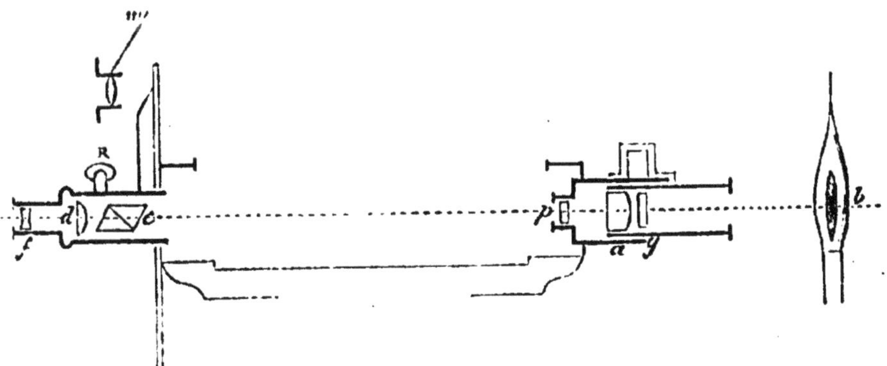

Fig. 83. — Saccharimètre de Laurent.

Fig. 84. — Coupe longitudinale du saccharimètre de Laurent.

il suffit de se reporter aux formules relatives aux couleurs des lames minces cristallisées. Nous avons vu que l'intensité de l'image ordinaire au sortir de la lame est

$$I_o = \cos^2\beta + \sin 2\alpha \sin 2(\beta - \alpha) \sin^2\frac{\pi\delta}{\lambda}.$$

Or, puisque dans le cas actuel la lame cristalline a une épaisseur telle que le retard de l'un des rayons sur l'autre soit $\delta = \dfrac{\lambda}{2}$, on a simplement

$$I_o = \cos^2\beta + \sin 2\alpha \sin 2(\beta - \alpha)$$

tandis que l'intensité du faisceau qui n'a pas traversé la lame est

$$I = \cos^2\beta.$$

On donne à α une valeur très faible, 2° par exemple, et l'on prend pour zéro de l'instrument la position qui correspond à l'égalité des deux images et pour laquelle on a

$$\beta = \alpha + \frac{\pi}{2}.$$

On fait tourner à cet effet la bonnette qui porte le polariseur a, et l'on amène le n° 2 de sa graduation en face d'un index placé à la partie supérieure de la pièce fixe.

Remarquons que pour $\beta = \dfrac{\pi}{2}$ on a

$$I_o = \sin^2 2\alpha \quad \text{et} \quad I = 0;$$

pour $\beta = \dfrac{\pi}{2} + 2\alpha$, au contraire

$$I_o = 0 \quad \text{et} \quad I = \sin^2 2\alpha,$$

c'est-à-dire que la partie éclairée de l'image est devenue sombre et réciproquement, et cela pour une variation de β très faible (fig. 85). On peut donc saisir avec beaucoup de précision la valeur de β, c'est-à-dire la position de l'analyseur pour laquelle les deux parties de l'image sont égales.

OPÉRATION. — Elle se conduit à très peu près comme dans l'expérience précédente.

On règle d'abord la lunette de Galilée de manière à voir nettement les deux moitiés du diaphragme p, puis l'analyseur à l'égalité des éclairements, qui remplace ici

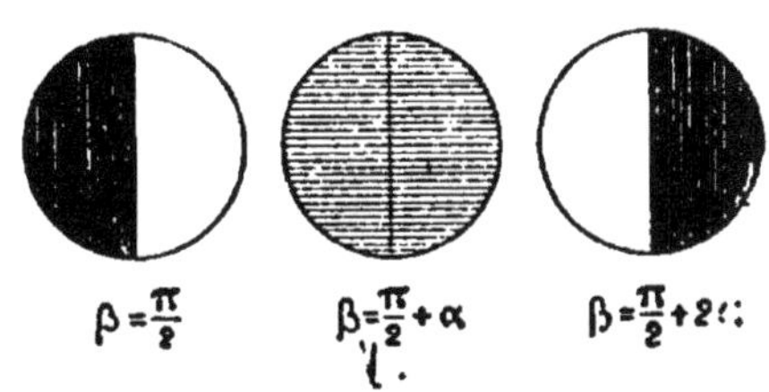

Fig. 85. — Aspects successifs du champ.

la teinte sensible. A cet effet, on amène l'alidade solidaire de l'analyseur dans une direction à peu près horizontale. On note exactement sa position au moyen du vernier qu'elle porte ; celui-ci est éclairé par le petit miroir m et observé à la loupe.

Puis on introduit le tube renfermant le liquide à examiner, ou d'une manière plus générale, la substance active, *quelle que soit sa dispersion rotatoire*. On cherche la nouvelle position de l'alidade pour laquelle l'égalité a lieu et pour laquelle le passage du sombre au clair s'effectue rapidement comme nous l'avons expliqué plus haut : la différence des lectures est la rotation A.

Dans le cas d'une solution contenant à la fois divers sucres, on opère comme nous l'avons dit plus haut (p. 224). La proportion centésimale de sucre cristallisable a encore pour expression

$$0,736 \frac{A - A'}{A_1}.$$

Mais cette fois A_1 désigne la rotation (mesurée sur l'appareil même) obtenue en dissolvant dans la même proportion du sucre candi pur, soit par exemple $16^{gr},47$ par 100 centimètres cubes (¹). On peut d'ailleurs calculer A_1, et l'on trouve 22° environ.

APPLICATION A LA RECHERCHE DU SUCRE DANS L'URINE DES DIABÉTIQUES

On sait que l'urine des diabétiques contient une variété de sucre tout à fait semblable au glucose dextrogyre que l'on prépare au moyen de la fécule ; son pouvoir rotatoire, en particulier, est le même : $+ 53°$ pour les rayons jaunes.

Comme d'ailleurs l'urine ne contient pas ordinairement d'autre substance active (c'est-à-dire ayant une action sur la lumière polarisée) il est facile de déceler le sucre et même de le doser en quelques minutes au moyen des saccharimètres.

Si l'urine est bien claire, on l'introduit directement dans le tube de l'appareil ; sinon, on la décolore tout d'abord. A cet effet on y laisse tomber goutte à goutte une dissolution de sous-acétate de plomb, jusqu'à ce qu'il ne se produise plus de précipité ; puis on la filtre sur du noir animal.

L'opération physique se conduit comme précédemment; le calcul seul est différent.

1° *Emploi de l'appareil de Laurent.* — Si l'on désigne par l la longueur du tube (en décimètres),

d le poids de glucose dissous dans un litre d'urine,

$[\alpha]$ le pouvoir rotatoire de ce glucose (53°),

a la rotation observée,

on a :
$$d = \frac{a}{l[\alpha]}.$$

(¹) Cette tare de l'appareil au moyen d'une solution de même densité d, c'est-à-dire contenant le même poids de sucre pur par unité de volume, élimine toute erreur sur la détermination de A_1 (voy. la note de la page 224).

2° *Emploi du saccharimètre de Soleil.* — Les 100 divisions de l'échelle de cet appareil correspondent à une dissolution contenant 164^{gr},71 de sucre de canne par litre. Mais le pouvoir rotatoire de notre glucose est 53° au lieu de 73°,8 ; il faudra donc

$$\frac{164,71 \times 73,8}{53} = 225 \, \text{grammes}$$

de ce glucose par litre pour produire cette même rotation (100 divisions de la règle, ce qui correspond à 1 millimètre de quartz).

Autrement dit, chaque division de la règle correspond à 2^{gr},25 de glucose par litre d'urine. Si donc l'index se trouve à la division n lorsque l'égalité des teintes est reproduite, l'urine contient $n \times 2,25$ gr. de sucre par litre.

N. B. — La détermination de la rotation comporte une précision bien supérieure à celle des divers essais : densité, liqueur de Fehling, etc.

XVI

CHARGES ET DENSITÉS ÉLECTRIQUES

Cette manipulation est consacrée à l'étude de la répartition de l'électricité sur les conducteurs. Rappelons les divers points qu'il s'agit de vérifier :

1° A l'état d'équilibre, l'électricité réside entièrement à la surface des conducteurs ;

2° Sur une sphère électrisée, suffisamment éloignée de tout autre corps, conducteur ou non, la densité électrique est uniforme, c'est-à-dire que chaque unité de surface porte la même quantité d'électricité ;

3° Sur tout autre corps la densité est d'autant plus grande en un point que la courbure y est plus forte. La densité est d'ailleurs exagérée par le voisinage d'autres corps et surtout de conducteurs en communication avec le sol ;

4° Le potentiel est le même aux divers points d'un conducteur, quelles qu'en soient la forme et la position.

5° La capacité électrique d'une sphère conductrice isolée est proportionnelle à son rayon (¹). Elle est augmentée en particulier par le voisinage de corps conducteurs en communication avec le sol.

(¹) Dans le système de mesures électrostatiques C.G.S., elle est mesurée par le rayon exprimé en centimètres.

Ces diverses vérifications peuvent se faire au moyen de l'électroscope ordinaire à feuilles d'or et de l'électroscope à décharges de Gaugain.

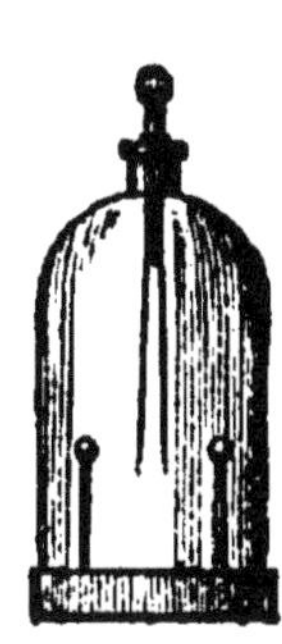

Fig. 86. — Électroscope à feuilles d'or.

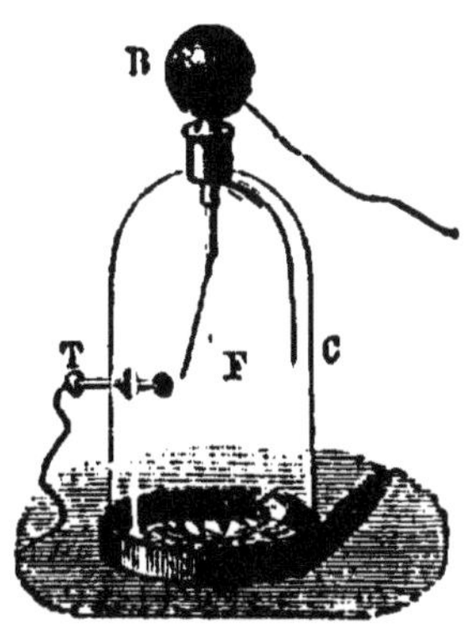

Fig. 87. — Électroscope de Gaugain.

Tout le monde connaît suffisamment le premier appareil (fig. 86) pour qu'il ne soit pas besoin de revenir sur sa description.

L'*électroscope de Gaugain* (fig. 87) en diffère en ce qu'il n'a qu'une feuille d'or et une seule colonne métallique reliée au sol. Pour plus de commodité, celle-ci est formée d'une tige T terminée par une boule à l'intérieur de la cloche où elle pénètre par une tubulure latérale.

Lorsqu'on met en communication la boule B avec un corps électrisé au moyen d'un fil médiocrement conducteur tel qu'un fil à coudre, cette boule et la feuille F se chargent avec une certaine lenteur ; la feuille agit par influence sur la boule voisine et s'en rapproche à mesure qu'elle se charge ; bientôt, elle vient la toucher, et l'électromètre se décharge dans le sol. Les mêmes mouvements se reproduisent, de plus en plus lentement d'ailleurs, jusqu'à ce que le corps en expérience soit complètement déchargé.

Pour une position donnée de la boule, la quantité d'électricité écoulée est proportionnelle au nombre des décharges. Voilà donc un moyen très simple de mesurer les charges électriques en unités arbitraires. Mais on devra prendre soin de bien isoler les diverses pièces de l'appareil. Le corps chargé d'électricité sera placé sur un plateau de paraffine bien propre, et la tige de l'électroscope devra être isolée de la cloche par un bouchon de la même substance.

Première proposition. — On prend une sphère creuse présentant un orifice A (fig. 88) que l'on peut fermer par un petit couvercle ajusté. On a suspendu à celui-ci, au moyen d'un fil de soie, une petite boule métallique B ; un anneau permet de le soulever avec la boule au moyen d'un bâton isolant muni d'un petit crochet.

On dispose d'un électroscope ordinaire à feuilles d'or ; l'air de la cloche est desséché par de la chaux vive ou toute autre substance convenable (¹). On essuie la cloche avec un morceau de drap bien sec, et l'on met en communication avec le sol le plateau métallique qui sert de base à l'appareil.

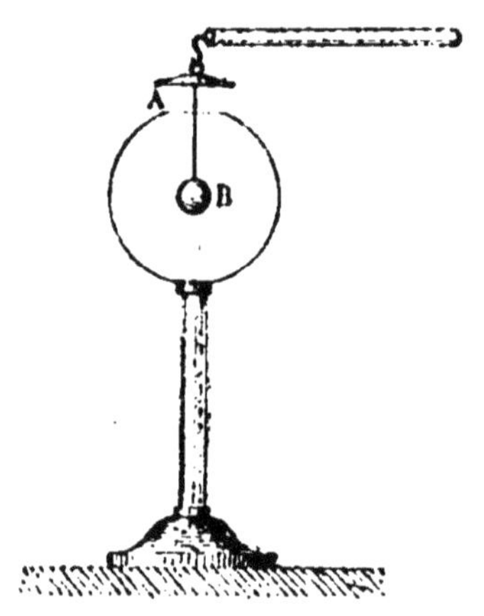

Fig. 88. — Sphère creuse.

(¹) Nous recommandons spécialement les appareils dans lesquels la tige qui supporte les feuilles d'or pénètre dans la cloche à travers un bouchon de paraffine. On doit, chaque fois que l'appareil n'est pas en service, couvrir la boule d'un capuchon, afin d'éviter que la paraffine ne se recouvre de poussières, qui pourraient la rendre conductrice et produire des fuites.

Cela fait, on électrise la boule creuse en lui faisant toucher le conducteur d'une machine électrique ; puis on l'incline sur son support (qui est ordinairement en ébonite ou en verre enduit de vernis à la gomme laque), de manière à mettre en contact la boule B avec la paroi intérieure. On replace l'appareil sur la table et l'on soulève le couvercle A ; on touche celui-ci du doigt (et non la boule B) afin de le ramener à l'état neutre ; puis on met en contact la boule B avec celle de l'électromètre. Celui-ci ne manifeste aucune trace d'électrisation.

Pour montrer que la sphère creuse est bien électrisée, on la touche extérieurement avec la boule B, et on recommence la manœuvre : cette fois les feuilles de l'électroscope divergent fortement.

Deuxième et troisième propositions. — On charge une sphère métallique isolée, soit au moyen d'une machine, soit simplement en la battant avec une peau de chat bien sèche. Puis on la touche avec une petite boule ou mieux un petit disque métallique à bords arrondis, fixé à l'extrémité d'une tige de verre ou de toute autre substance isolante, et l'on met ce *plan d'épreuve de Coulomb* en contact avec la boule de l'électroscope ; on observe la divergence des feuilles d'or.

On répète plusieurs fois l'expérience, en ramenant chaque fois l'appareil à l'état neutre ; quel que soit le point touché, la divergence des feuilles est toujours la même.

Il n'en est plus de même si le corps a une forme quelconque, ou si la sphère est voisine, par exemple, d'un écran métallique communiquant avec le sol ; dans ce dernier cas, le plan d'épreuve emporte plus d'électricité s'il est appliqué du côté de la sphère qui regarde l'écran.

Ces vérifications se font beaucoup mieux si l'on installe

devant l'électroscope un petit viseur qui permet de mesurer avec quelque précision l'écartement des feuilles d'or.

On remplace d'ailleurs avantageusement cet appareil par l'électromètre capillaire dont nous ferons usage plus loin.

Enfin, on peut vérifier l'égalité des charges du plan d'épreuve au moyen de la balance de Coulomb, et mesurer, en cas d'inégalité, le rapport des charges. — Nous y reviendrons plus loin.

Quatrième proposition. — Rappelons que le potentiel joue en électricité un rôle analogue à celui de la température dans l'étude de la chaleur. — Lorsque deux corps inégalement chauds sont mis en *contact*, il y a communication de chaleur du plus chaud au plus froid par conductibilité. De même, lorsque deux conducteurs chargés d'électricité sont mis en *communication*, de l'électricité positive passe du corps dont le potentiel est le plus élevé sur le conducteur à potentiel inférieur ([1]).

Nous croyons utile d'insister sur ce point que les deux conducteurs doivent être mis ici en communication au moyen d'un fil long et fin, c'est-à-dire à distance et non au contact; car le potentiel de l'un dépend de la charge de l'autre, si la distance qui les sépare n'est pas assez grande pour rendre négligeables les phénomènes dits *d'influence*.

Ainsi chargeons deux sphères de rayons différents, et qui se touchent : elles sont actuellement au même potentiel; éloignons-les l'une de l'autre : elles prennent des potentiels différents, car leurs charges ne sont pas proportionnelles à leurs rayons, c'est-à-dire à leurs capacités électriques.

([1]) Ou bien de l'électricité négative suit le chemin inverse.

Il est à remarquer que les points d'un conducteur ou d'un système de conducteurs formés d'un même métal sont nécessairement au même potentiel à l'état d'équilibre. Il en est encore pratiquement de même pour un système conducteur hétérogène, attendu que les différences de potentiel dites *de contact* sont très faibles vis-à-vis de celles qui nous occupent en ce moment.

Expérience. — On charge simultanément avec la même machine la sphère creuse et un cylindre terminé par des surfaces arrondies, tous deux soigneusement isolés, et la communication avec la source étant établie par des fils suffisamment longs et fins. Puis on supprime cette communication, et l'on réunit, toujours de la même façon, la boule de l'électroscope avec le cylindre. On a soin, bien entendu, de ne toucher les fils qu'avec un appareil à manche isolant.

La divergence des feuilles d'or est invariable lorsqu'on promène le point de contact à la surface du cylindre. Elle reste encore la même lorsqu'on fait communiquer l'électroscope avec un point quelconque de la sphère, tant à l'intérieur qu'à l'extérieur.

On voit très nettement, par cette expérience, qu'il ne faut point confondre le potentiel d'un corps conducteur avec la densité électrique à sa surface, ni avec la tension ou répulsion. La densité en un point est proportionnelle au potentiel, mais elle dépend de la courbure en ce point; quant à la tension, elle est proportionnelle au carré de la densité.

On achèvera l'expérience en rapprochant les deux corps jusqu'au contact : on verra la divergence des feuilles d'or augmenter, ce qui prouve que le potentiel s'est élevé, et par suite que la *capacité du système* des deux corps *est inférieure à la somme des capacités de ces corps isolés.*

Cinquième proposition. — La capacité d'un conducteur se mesure par la quantité d'électricité qu'il peut prendre lorsqu'on le charge au moyen d'une source jouissant d'un certain potentiel que l'on prend pour unité.

De même on peut mesurer la capacité d'un ballon, par exemple, par la masse d'un certain gaz à 0° qu'il renferme sous une certaine pression prise pour unité.

La comparaison peut se poursuivre. Si l'on envisage un gaz parfait et une enveloppe incompressible, la masse de gaz emprisonnée dans le ballon est alors proportionnelle à la pression : de même la quantité d'électricité prise par un conducteur est proportionnelle à son potentiel, ce que l'on exprime par la formule

$$Q = CV.$$

L'exemple précédent montre bien que pour avoir la capacité propre d'un corps, il faut le tenir éloigné de tou corps pouvant exercer sur lui une influence électrique.

Chargeons donc au moyen d'une même machine, comme nous l'avons indiqué plus haut, plusieurs conducteurs et déchargeons-les successivement par l'intermédiaire de l'électroscope de Gaugain. D'après ce que nous avons dit page 233, les charges Q, Q', etc., prises par ces divers corps sont proportionnelles aux nombres n, n', etc., de décharges. Il en est donc de même des capacités C, C'..., puisque le potentiel V est le même pour tous.

Expérience. — Opérer sur deux sphères isolées de rayons R et R' ; on trouvera que les nombres n et n' de décharges sont entre eux comme les rayons :

$$\frac{C}{C'} = \frac{n}{n'} = \frac{R}{R'}.$$

On est conduit par la théorie à prendre pour unité de capacité celle d'une sphère d'un centimètre de rayon; la capacité d'une sphère quelconque est donc mesurée par le même nombre que son rayon (en centimètres).

En considération de la distribution superficielle, on aurait pu s'attendre à trouver une capacité proportionnelle à la surface, c'est-à-dire, dans le cas présent, au carré du rayon; mais il ne faut pas oublier que les densités sur deux sphères mises en communication à distance, sont en raison inverse des rayons. Si le rayon de la deuxième sphère est double de celui de la première, sa surface est quadruple, mais la densité y est deux fois moindre, de sorte que sa charge est double seulement.

Répéter l'expérience en chargeant les deux sphères en contact; le nombre des décharges est inférieur à $n+n'$, ce qui confirme la conclusion de l'article précédent.

Enfin charger la première sphère en la mettant au voisinage de la deuxième, celle-ci communiquant avec le sol et non avec la première; le nombre des décharges est supérieur à n : la capacité de la première est augmentée par le voisinage de la deuxième.

Remarque générale. — Toutes les fois que, dans une expérience relative à l'électricité statique, on opère sur des charges insuffisamment isolées, il est nécessaire d'alterner les mesures. Ainsi, dans l'expérience précédente, pendant que la première sphère se décharge à travers l'électroscope, l'autre perd une petite partie de sa charge; le nombre n' obtenu est, ou peut être trop faible. On répète l'expérience en commençant par décharger la 2e sphère, de sorte que cette fois c'est n qui se trouve trop faible. On doit comparer les valeurs moyennes de n et de n' pour obtenir des résultats conformes à la théorie.

XVII

BALANCE DE COULOMB

Cet appareil, au moyen duquel Coulomb a établi les lois qui portent son nom, peut être utilisé pour les démonstrations de quelques propriétés fondamentales.

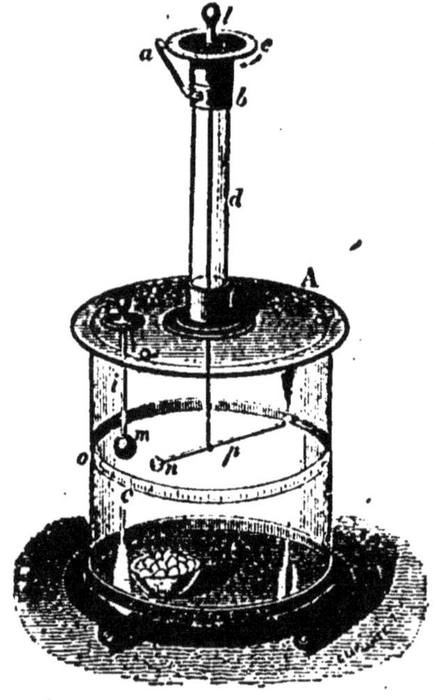

Fig. 89. — Balance de Coulomb.

On est amené, dans tous les cas, à étudier les attractions ou répulsions qui s'exercent entre deux masses d'électricité à des distances connues. On suppose que les deux masses sont répandues sur des corps dont les dimensions sont négligeables par rapport à leur distance ; ce sont ici deux petites sphères (fig. 89). L'une, m, est fixe ; elle est portée à l'extrémité d'une tige i en ébonite, et celle-ci s'ajuste sur un orifice r pratiqué dans le couvercle de la cage de verre qui renferme l'appareil. L'autre, n, est mobile ; elle est fixée à l'extrémité d'une tige isolante *p* suspendue vers son milieu de manière qu'elle se déplace dans un plan horizontal.

Le fil de suspension est métallique et très fin (son diamètre ne dépasse guère 1/20ᵉ de millimètre); il est enroulé à la partie supérieure du tube *d* sur un petit treuil *t* solidaire d'un tambour mobile *e*, qui porte une graduation; la tige *a* fixée à la garniture *b* porte un repère devant lequel se déplace la graduation.

La mise en place de l'appareil consiste dans les opérations suivantes :

1° Amener le zéro du tambour *e* en face du repère *a;*

2° Faire tourner le plateau A jusqu'à ce que le centre de la boule fixe soit dans le plan qui passe par le fil de suspension et par le zéro de la graduation inférieure que l'on voit en *c* sur une bande de papier entourant la cage, et qui est en degrés.

3° Amener au moyen du treuil la boule mobile à la hauteur de la boule fixe; puis enlever celle-ci, et faire tourner le tube *d* jusqu'à ce que la boule mobile vienne prendre exactement la place de la première, à l'état de repos bien entendu.

Première loi de Coulomb. — Les répulsions (ou les attractions) exercées entre deux masses électriques sont en raison inverse du carré de leur distance.

Charger la boule fixe en lui faisant toucher le conducteur d'une machine quelconque (¹) et l'introduire dans la balance, en ayant soin de la placer dans la position précédemment assignée. La boule mobile la touche, puis est vivement repoussée; on la ramène en face de la division 30,

______

(¹) On la tient évidemment par le manche isolant, que l'on a bien essuyé à sec.

par exemple, en agissant sur le tambour e de manière à tordre le fil de suspension. Supposons que l'index se soit déplacé de 50°; la torsion totale du fil, qui est de 80°, fait équilibre à la force répulsive qui s'exerce entre les deux boules.

Tordons encore le fil jusqu'à ramener la boule mobile en face du n° 15; nous trouverons que l'index est venu se placer aux environs du n° 305°. La torsion totale est donc de 320°; elle est quadruple pour une distance à peu près moitié de la précédente, ce qui vérifie la loi.

On sait que l'équation exacte de l'équilibre est

$$c\,(\delta + \alpha) = \frac{mm'}{4\,l\sin^2\dfrac{\alpha}{2}}\cos\frac{\alpha}{2}$$

c étant le moment de la force de torsion pour 1°, m et m' les deux masses électriques, l la distance au fil de chacune des boules, α la déviation et δ le déplacement de l'index sur le tambour. Comme c, l, m et m' sont constants dans cette expérience, on devra vérifier que pour deux positions données correspondant à α et α', on a :

$$(\delta + \alpha)\sin\frac{\alpha}{2}\,tg\,\frac{\alpha}{2} = (\delta' + \alpha')\sin\frac{\alpha'}{2}\,tg\,\frac{\alpha'}{2}.$$

N. B. — Pour éliminer l'influence des pertes, on fera un nombre impair d'observations, en ramenant alternativement la déviation à des valeurs voisines de α et α' : 30° et 15° dans l'exemple proposé.

Deuxième loi de Coulomb. — Les actions qui s'exercent entre deux masses électriques sont proportionnelles à ces deux masses. Cette loi nous donne la notion de masse électrique; elle nous montre que les lettres m et m' qui figurent dans la formule de Coulomb $f = \dfrac{m\,m'}{d^2}$ ne sont pas de simples coefficients, mais bien des grandeurs physiques susceptibles d'addition, etc., ainsi qu'il résulte de ce qui va suivre.

Reprenons l'expérience précédente ; l'écart des deux boules étant par exemple de 15°, et l'index du tambour sur le n° 305°, introduisons par un deuxième trou ménagé à cet effet dans le couvercle une boule identique à la boule fixe, mais à l'état neutre ; faisons-lui toucher celle-ci et enlevons-la.

L'écart a diminué ; diminuons la torsion du fil jusqu'à ce que la boule mobile reprenne son ancienne position, en regard du 15°.

S'il n'y a pas de perte, nous devons constater que l'index est maintenant sur le n° 145° : la torsion n'est plus que de 160°, c'est-à-dire la moitié de son ancienne valeur (¹).

Il est clair que dans le contact des deux boules, l'électricité s'est partagée en deux parties égales ; or cette expérience prouve que le coefficient m de la formule de Coulomb, qui dépend de la masse électrique, a été réduit de moitié, puisque la force répulsive a été réduite dans ce rapport et que les autres quantités n'ont pas changé. En d'autres termes, si l'on réunit deux masses électriques égales, la nouvelle masse ainsi obtenue est double de l'une d'elles, et il en est de même du coefficient m. Celui-ci mesure donc bien une grandeur physique.

Étude de la distribution électrique. — La balance de Coulomb est un véritable *électromètre*. Après avoir chargé la boule mobile d'une électricité convenable, introduisons

---

(¹) S'il y a perte par faute d'isolement, la torsion finale est inférieure à 160°.

à la place de la boule fixe le plan d'épreuve avec lequel nous toucherons successivement divers points d'un conducteur ou d'un système de conducteurs. Amenons par une torsion convenable la boule mobile dans une position toujours la même, et mesurons la répulsion par la torsion du fil de suspension. La masse m de la boule fixe ayant seule changé, la torsion totale est proportionnelle à cette charge. Supposons, par exemple, que l'on amène toujours la boule mobile en regard du n° 30°, et qu'il faille tourner le tambour de 120° dans un cas et de 70° dans un autre : les densités électriques aux deux points touchés sont entre elles dans le rapport $\dfrac{120+30}{70+30}=\dfrac{3}{2}$.

On peut donc reprendre au point de vue *quantitatif* toutes les expériences précédemment exécutées avec l'électroscope à feuilles d'or.

Constance du potentiel sur un système de conducteurs. — Si l'on met successivement la boule fixe de la balance en communication métallique avec les divers points d'un système de conducteurs électrisés et communiquant eux-mêmes entre eux, la répulsion de la boule mobile reste invariable. Cela montre que la charge de la boule fixe, et par suite son potentiel qui est aussi celui desdits conducteurs, n'ont point changé.

Mesure des potentiels. — La charge que prend un corps conducteur en communication avec une source au potentiel V est exprimée par

$$M = CV,$$

C étant le coefficient que nous avons désigné sous le nom de capacité électrique.

Donnons à la boule mobile une certaine charge, inva-

riable pendant la durée d'une expérience, grâce à un bon
isolement, et faisons communiquer successivement la
boule fixe avec des corps à divers potentiels V, V', V'', etc.;
elle prendra des charges proportionnelles CV, CV', CV'', et
les torsions (totales) qu'il faudra imprimer au fil pour ramener toujours la déviation à une même valeur, étant
proportionnelles, d'après ce qui précède, aux charges, me-
sureront par là même les potentiels en unités arbitraires.

Voilà un moyen très simple et souvent suffisant de
comparer des potentiels assez élevés.

Il ne serait pas difficile de mesurer par le même procédé, et moyennant quelques déterminations auxiliaires,
les potentiels en valeur absolue; mais nous ne croyons
pas devoir nous y arrêter ici.

CYLINDRE DE FARADAY

**Détermination de la charge totale d'un corps quel-
conque (isolant ou conducteur) de petites dimensions.** —
Le *cylindre de Faraday* est une application très intéressante de la propriété des écrans électriques. Il se compose
d'un cylindre creux A (fig. 90) muni d'un couvercle B à
bords arrondis, que l'on peut enlever par un manche isolant C. Il repose sur un plateau de paraffine D, et communique avec la boule d'un électroscope E.

On sait que les phénomènes électriques extérieurs
n'ont aucune action à l'intérieur d'une enceinte métallique fermée, et que réciproquement un phénomène électrique produit à l'intérieur de cette enceinte n'a aucun
effet à l'extérieur. Ce dernier point peut être donné comme
une démonstration du principe de la *conservation de*

l'électricité : toutes les fois qu'il se produit une certaine quantité d'électricité positive, il se produit simultanément une quantité égale d'électricité négative.

PREMIÈRE EXPÉRIENCE. — Suspendons au couvercle, au moyen d'un fil de soie, une boule métallique E. Enlevons le couvercle par son manche isolant, électrisons la boule,

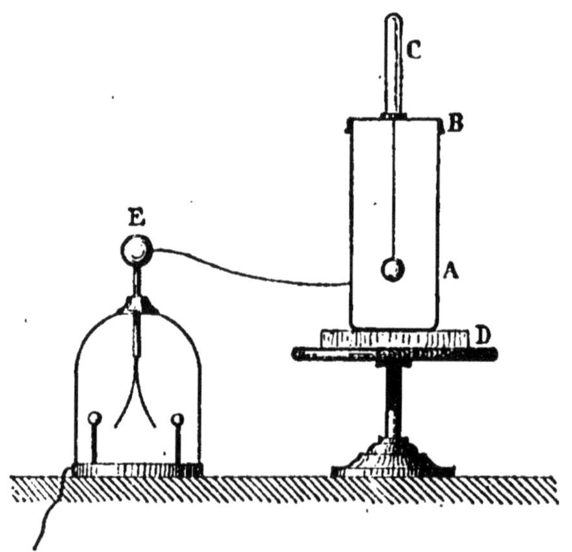

Fig. 90. — Cylindre de Faraday.

et touchons A et B pour les amener à l'état neutre ; puis introduisons la boule dans le cylindre. A mesure qu'elle y pénètre, les feuilles d'or divergent de plus en plus, jusqu'à ce que le couvercle vienne s'appliquer sur l'ouverture. A ce moment la boule est environnée de toutes parts. Inclinons le cylindre de manière qu'elle touche la paroi et se décharge par conséquent sur elle : la divergence des feuilles ne change pas.

On explique ces résultats en disant que l'électricité de la boule attire d'abord sur les parois intérieures du cylindre une quantité égale d'électricité contraire, et qu'il se développe en conséquence à l'extérieur une quantité égale d'électricité de même signe. Au moment du contact, l'électricité de la boule a neutralisé l'électricité contraire développée par influence.

Deuxième expérience. — Prenons deux petits disques de substances quelconques tenus par des manches isolants, et frottons-les l'un contre l'autre. Introduisons l'un d'eux dans le cylindre de Faraday : il y a divergence des feuilles de l'électroscope. — Sans décharger l'instrument, introduisons le deuxième disque : les feuilles reviennent au contact.

On voit que les deux disques possédaient des quantités égales d'électricités contraires.

Ou bien encore : prenons une lame de mica à l'état neutre (on le constate en l'introduisant dans le cylindre), et clivons-la, c'est-à-dire séparons-la en deux autres.

En jetant successivement les deux fragments dans le cylindre, on constate qu'elles ont pris, en se séparant, des quantités égales d'électricités contraires.

Remarque. — Cet appareil permet, comme on le voit, de mesurer la quantité totale d'électricité que porte un corps isolant. Il suffit pour cela de le mettre en relation avec un électromètre au lieu d'un électroscope. L'électromètre capillaire convient très bien pour cette application.

XVIII

MACHINES ÉLECTRIQUES. BOUTEILLE DE LEYDE. BATTERIES.

GÉNÉRALITÉS

Il est bon de faire connaissance avec les types les plus usuels des machines électrostatiques ; mais nous ne saurions faire entrer dans le cadre de cet ouvrage leur théorie ni même leur description détaillée, pour laquelle nous renverrons aux traités les plus récents.

Ce travail serait d'ailleurs d'autant plus inutile que ces types se modifient de jour en jour, et que le chef des travaux physiques se préoccupera d'introduire au laboratoire chaque nouvelle machine présentant un perfectionnement de quelque importance.

Les anciennes machines à frottement de Ramsden, de Nairne, de Van Marum, etc., dont les cabinets de physique sont en général richement dotés, sont à peu près hors d'usage aujourd'hui ; on les trouve trop encombrantes, eu égard à leur puissance.

Les vastes collecteurs isolés sur pieds, de verre sont remplacés dans les machines modernes par les armatures de petites bouteilles de Leyde (H, K, fig. 91) qui communiquent avec les peignes. Si l'on supprime ces bouteilles, la machine ne donne plus d'étincelles proprement dites, mais des aigrettes, c'est-à-dire une série d'étincelles grêles et peu brillantes, qui jaillissent d'une manière à peu près continue. Cela tient à ce que les petits conducteurs qui restent, auxquels sont fixés les peignes, et dans lesquels glissent les deux pièces de l'excitateur, ont une capacité électrique très faible.

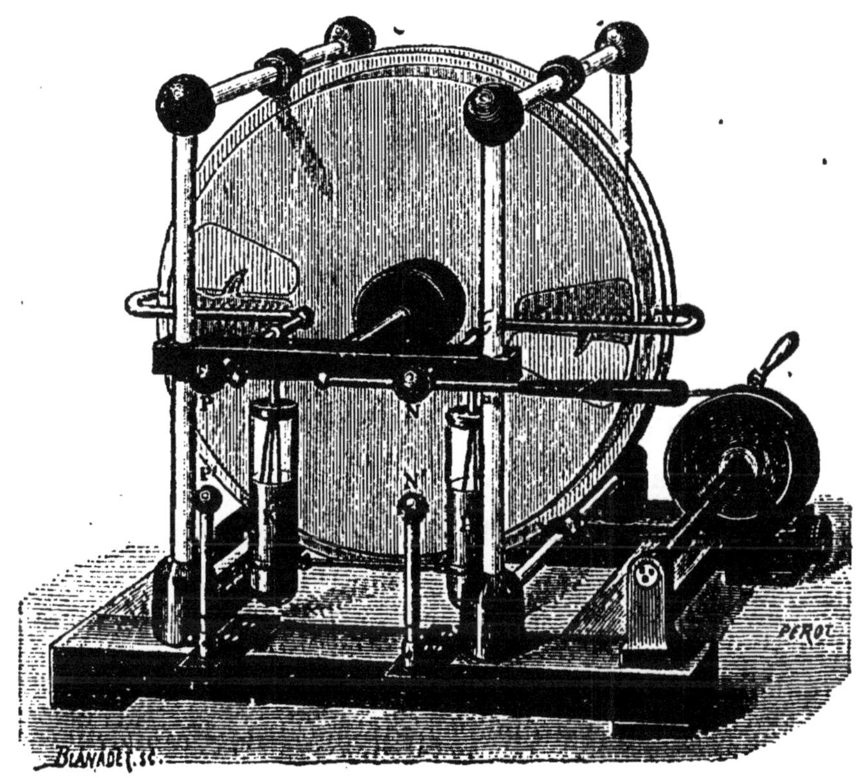

Fig. 91. — Machine de Holtz.

Machine de Holtz.

L'une des plus anciennes de ces machines dites *à influence* est celle de Holtz, représentée par la figure 91.

Son amorcement exige des soins particuliers. D'abord

il est essentiel que toutes les pièces soient parfaitement sèches. Assez souvent on installe sous la cage qui renferme la machine, et sur un support ménagé tout exprès, un fourneau à charbon de bois. Il est préférable d'essuyer avec un morceau de flanelle ou de drap bien sec et chaud les plateaux de verre et les supports.

Cela fait, on réunit les deux branches de l'excitateur PN, et l'on fait tourner la machine dans une direction opposée à celle des pointes des secteurs de carton métallisé que l'on voit sur la figure, en tenant appliqué sur l'un d'eux un morceau d'ébonite électrisé par frottement, ou mieux le bouton d'une petite bouteille de Leyde préalablement chargée (au moyen de l'électrophore par exemple).

Au bout de quelques instants, on entend un crépitement d'étincelles qui annonce l'amorcement de la machine. On enlève l'appareil de charge et l'on éloigne progressivement la tige N de l'excitateur.

N.B. — Il arrive que la machine refuse de s'amorcer ; cela peut tenir à ce que les plateaux sont rendus conducteurs par des poussières qui sont venues s'y déposer. On s'en débarrasse en frottant légèrement ceux-ci avec un linge bien propre légèrement imprégné de pétrole. Ce traitement convient en général à toutes les machines.

Machines de Voss et de Wimshurst.

La petite machine de Voss (fig. 92) s'amorce sans l'intervention d'une charge préalable, grâce à un système de petits balais de clinquant (deux sont visibles en *gg* sur la figure), qui frottent sur une série de boutons métalliques fixés au plateau mobile.

On la remplace avantageusement par la machine de
Wimshurst (fig. 93) qui jouit de la même propriété, et
dont les grands modèles donnent des effets remarquables.
Ici les deux plateaux sont mis en mouvement en sens
contraires.

Plusieurs constructeurs ont remplacé avec succès les
plateaux de verre par des plateaux d'ébonite.

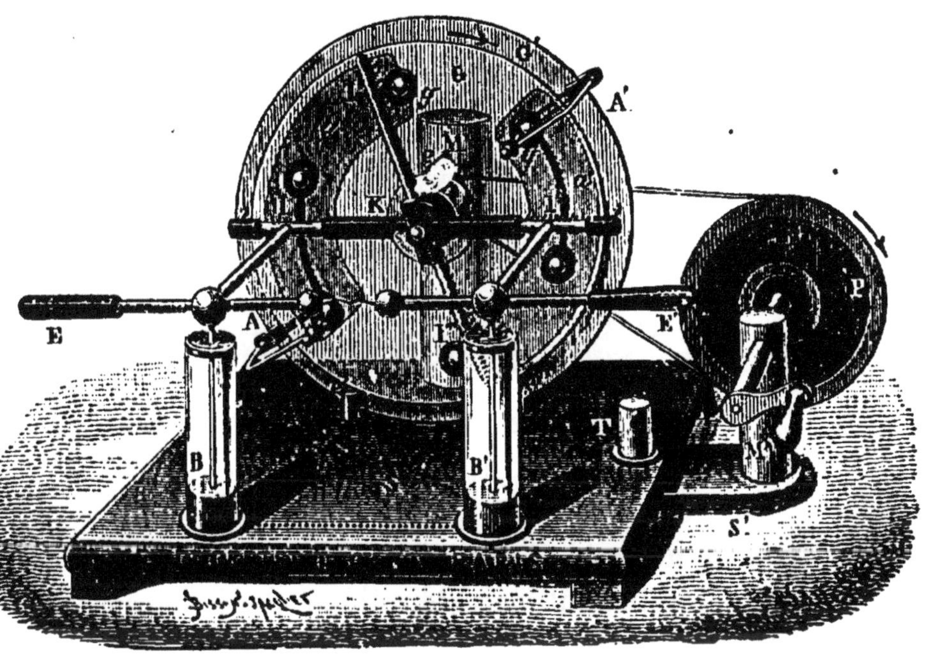

Fig. 92. — Machine de Voss.

Ajoutons que la suppression des petits secteurs métalliques, pratiquée par M. Bonetti, ne fait qu'accroître le
débit de la machine, et que l'on a l'avantage de pouvoir
l'inverser à volonté sans qu'elle puisse s'inverser d'elle-
même.

Toutes ces machines appartiennent à un même type;
toutes possèdent deux petites bouteilles de Leyde en guise
de conducteurs destinés à mettre en quelque sorte l'élec-

tricité en réserve pour la laisser échapper d'un seul coup en une forte et brillante étincelle. Pour les amorcer, il faut toujours les faire tourner en maintenant en contact

Fig. 93. — Machine de Wimshurst.

les deux branches de l'excitateur jusqu'à ce que l'on entende le crépitement caractéristique de l'amorcement. Enfin toutes réclament les mêmes soins.

Machine de Carré.

Celle-ci rappelle en quelque sorte les anciennes machines. Elle se compose en effet d'un petit plateau de verre ou d'ébonite A qui s'électrise entre les deux frottoirs D (fig. 94).

Un plateau d'ébonite B, tournant en sens contraire, est placé dans un plan voisin, de façon que sa projection sur un plan vertical parallèle aux deux plateaux présente une partie commune avec celle du plateau A.

L'électricité s'y produit par influence comme dans les machines précédentes ; mais la présence du plateau A l'empêche de s'inverser. Ses capacités sont formées comme dans les anciennes machines de conducteurs à grande surface C. Cette machine ne peut donc pas donner d'aigrettes.

Fig. 94. — Machine de Carré.

CHARGE D'UNE BOUTEILLE DE LEYDE ET D'UNE BATTERIE.

Cette opération est des plus simples lorsqu'on dispose d'une machine électrostatique amorcée. On met en communication l'un des pôles de la machine avec l'armature intérieure et l'autre avec l'armature extérieure. On peut ainsi à volonté mettre de l'électricité positive ou négative sur l'une ou l'autre armature. La charge se continue jusqu'à ce que les deux armatures aient pris une différence de potentiel $V_1 - V_2$ égale à celle de la machine, variable d'ailleurs avec l'état des plateaux et la qualité de l'isolement.

On peut encore, pourvu toutefois que les diverses pièces de la machine et des appareils en expérience soient soigneusement isolés, mettre en communication avec le sol l'armature extérieure, — en la tenant à la main, si c'est une bouteille de Leyde, ou en la faisant communiquer par une chaîne avec la canalisation de gaz ou d'eau, si c'est une batterie. Cette armature est alors au potentiel 0, et l'autre prend un potentiel V égal à $V_1 - V_2$. Le pôle correspondant de la machine est également mis au sol.

Cette manière d'opérer offre plus d'inconvénients que d'avantages ; mais on est bien obligé d'y recourir avec les machines qui ne fournissent qu'une électricité.

Pendule de Henley.

Pour se renseigner à chaque instant sur la charge que possède une batterie, on emploie deux appareils : l'électromètre de Henley ou la bouteille électrométrique de Lane.

Le premier est formé d'un pendule A (fig. 95), dont la tige conductrice est articulée à l'extrémité B d'une tige verticale C. Celle-ci est vissée sur l'armature intérieure de l'une des jarres qui constituent la batterie. La tige A se meut sur un cadran divisé, en ivoire.

Chargé de même électricité que la tige C, le pendule subit de sa part une répulsion proportionnelle au carré du potentiel de l'armature ; cette force est équilibrée par le poids du pendule, de sorte que le sinus de l'angle d'écart est proportionnel au carré du potentiel, si l'armature extérieure est au sol.

Le pendule monte d'abord lentement, puis de plus en plus vite jusque vers 55°, et de plus en plus lentement à partir de là, sans jamais atteindre 90°. Le constructeur a dû donner à ce pendule un poids tel que l'écart de 70° à 75° corresponde au potentiel le plus élevé que peut supporter la batterie, sans que l'on coure le risque de voir une étincelle percer le verre, et mettre par conséquent l'appareil hors de service. Quand on charge la batterie, il faut donc surveiller l'électromètre afin d'éviter cet accident.

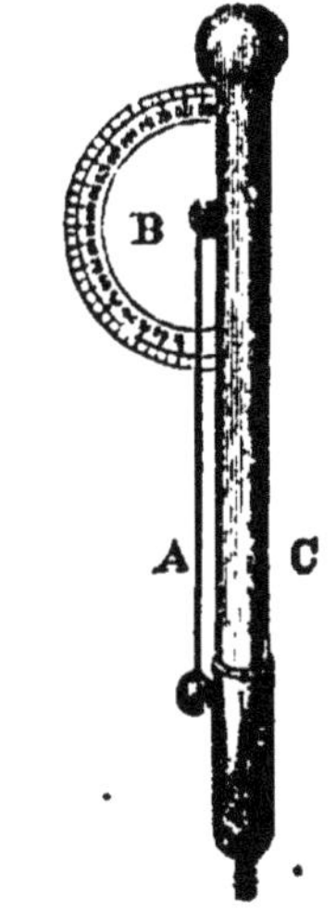

Fig. 95. — Pendule de Henley.

Bouteille de Lane.

Cette bouteille de Leyde repose sur un support isolé du sol (fig. 96); mais l'armature extérieure communique avec une tige métallique *a* dans laquelle glisse à frottement une autre tige *vn* terminée par une boule *n* ; celle-ci peut être amenée, au moyen d'une vis micrométrique *v*, à une distance connue et variable d'une autre boule *m* terminant l'armature intérieure.

Si l'on met en relation avec les deux pôles d'une machine de Holtz, par exemple, les deux armatures de la bouteille de Lane, celle-ci se charge jusqu'au moment où la différence de potentiel entre les deux boules est suffisante pour qu'une étincelle jaillisse entre elles.

Après quelques étincelles, on peut admettre que le verre

est arrivé à un état d'électrisation intérieure permanent, c'est-à-dire qu'il n'y a plus accumulation d'électricité pour former le *résidu*. Dès lors la quantité d'électricité débitée par chaque étincelle est constante, tant qu'on ne modifie pas la distance *mn*, appelée *distance explosive*.

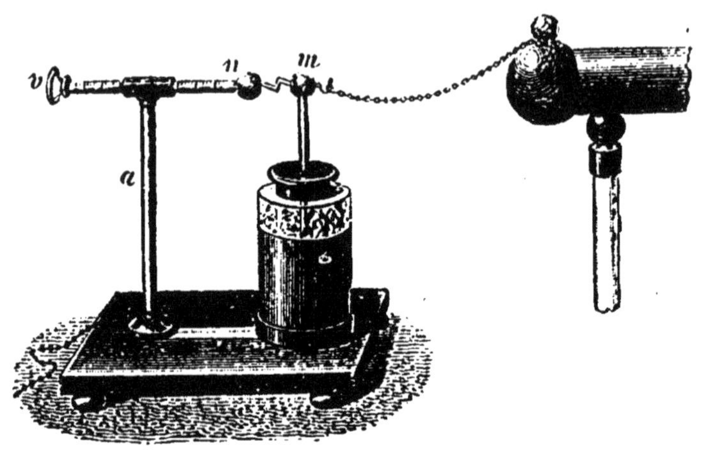

Fig. 66. — Bouteille de Lane.

Ainsi lorsqu'on charge une batterie en intercalant dans le circuit de charge une bouteille de Lane, la charge totale fournie à la batterie est proportionnelle au nombre des étincelles.

Toutefois on ne devra pas oublier que, si l'on charge une batterie après un long repos, les premières quantités d'électricité qu'on lui fournit disparaissent entièrement pour constituer les *résidus ;* on sait en effet que si, après avoir tiré d'un condensateur quelconque une première étincelle, on l'abandonne à lui-même pendant quelques instants, il apparaît une nouvelle charge superficielle donnant lieu à une deuxième étincelle plus faible, et ainsi de suite. Si donc on se propose d'effectuer des mesures sur l'électricité fournie à une batterie, il faut lui faire donner plusieurs étincelles avant de commencer ces mesures.

Comparaison des deux instruments. — Chargeons par l'intermédiaire d'une bouteille de Lane une batterie munie d'un électromètre de Henley, toutes les parties de l'appareil étant soigneusement isolées du sol, à l'exception de l'armature extérieure qui sera réunie à la canalisation du gaz. Nous constaterons que le sinus de l'angle d'écart de l'électromètre est à peu près proportionnel au carré du nombre des décharges partielles.

Thermomètre de Riess.

La figure 97 représente l'installation d'une expérience faite par Riess pour étudier la chaleur dégagée par les décharges électriques.

On y voit le pôle + de la machine électrique communiquant avec l'armature extérieure de la bouteille de Lane, l'intérieure communiquant à son tour avec l'intérieure d'une batterie, et l'extérieure de celle-ci avec le pôle — de la machine.

D'un autre côté, l'armature intérieure de la batterie communique avec une borne métallique isolée B, et l'armature extérieure avec une autre borne A, par l'intermédiaire d'un fil de platine fin dont une partie est enroulée en hélice à l'intérieur de la boule R du thermomètre de Riess.

Pour faire l'expérience, on écarte le levier L de A, puis on met en marche la machine électrique. On compte, par exemple, dix étincelles à la bouteille de Lane ; puis on réunit au moyen de l'excitateur universel les deux pôles de la batterie. On répète plusieurs fois cette expérience préliminaire afin d'éliminer l'influence des résidus, ainsi que nous l'avons dit plus haut.

On note alors la position de la colonne liquide C dans le tube du thermomètre ; on compte encore dix étincelles, et on amène rapidement L sur A. La batterie se décharge (abstraction faite du résidu), et la chaleur dégagée dans le fil dilate subitement l'air du thermomètre R. On note la position à laquelle arrive le liquide refoulé par ce gaz. Le déplacement de la colonne liquide est proportionnel à la quantité de chaleur dégagée ; il est d'ailleurs d'autant plus grand que le tube est moins incliné.

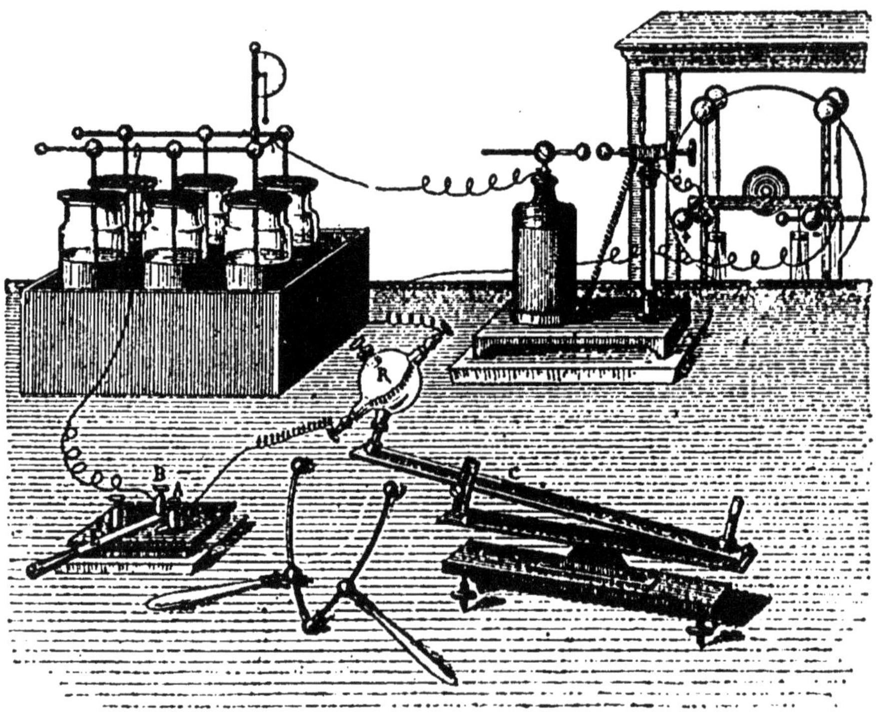

Fig. 97. — Expérience de Riess.

On répète l'expérience en faisant varier le nombre des décharges de la bouteille de Lane.

Rappelons les résultats obtenus par Riess, et qui sont entièrement conformes à la théorie établie postérieurement.

1° La chaleur dégagée est proportionnelle au carré de la charge; si donc on opère successivement avec 5, 10, 15 charges de la bouteille de Lane, les déplacements de la colonne C sont entre eux comme 1, 4, 9.

2° Si l'on diminue le nombre des jarres de la batterie, sans changer la charge qu'on lui fournit, la chaleur dégagée augmente; elle est en raison inverse du nombre des jarres, c'est-à-dire de la capacité de la batterie.

On a établi, en effet, postérieurement aux expériences de Riess, que la chaleur dégagée a pour expression

$$\frac{1}{2} CV^2 = \frac{1}{2} Q \times V = \frac{1}{2}\frac{Q^2}{C}$$

en désignant comme plus haut par C la capacité de la batterie, par V la différence de potentiel entre ses armatures et par Q sa charge ($Q = CV$). Or, si l'on divise par 3, par exemple, la capacité C (nombre de jarres), sans changer la charge Q, la troisième expression montre que la quantité de chaleur dégagée est triplée.

3° Enfin, on remplace le fil de platine intérieur par celui qui est à l'extérieur, et réciproquement. Riess a constaté que la chaleur dégagée dans l'unité de longueur de fil est en raison inverse du carré de la section du fil. Nous ne citons ce résultat que pour mémoire, ne croyant pas utile de chercher à le retrouver en manipulation.

EXPÉRIENCES DIVERSES

Il sera intéressant de répéter à cette occasion plusieurs expériences des cours élémentaires trop connues pour que nous nous arrêtions à les décrire : fusion et volatilisation d'un fil fin, portrait de Franklin, torpille électrique, etc.

Charge d'une bouteille de Leyde au moyen de l'électrophore. — L'électrophore apparaît au premier abord comme une machine insignifiante au point de vue des expériences qu'elle permet de réaliser. On pourra se convaincre du contraire en s'en servant pour charger une bouteille de Leyde, voire même une batterie.

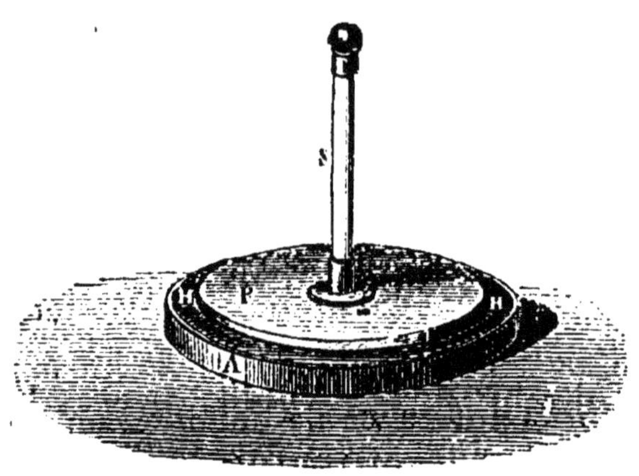

Fig. 98. — Électrophore.

Les électrophores modernes se composent d'un disque d'ébonite H, reposant sur un plateau métallique A (fig. 98) que l'on fait communiquer avec le sol. L'ébonite, frottée légèrement avec une étoffe de laine bien sèche, ou battue avec une peau de chat, se charge d'électricité négative. A mesure que l'on continue l'opération, la charge pénètre à l'intérieur de la substance isolante, attirée par le disque métallique qui se charge par influence d'électricité positive, et repoussée par la nouvelle charge que l'on produit à chaque instant.

On applique sur l'ébonite un disque de bois P recouvert d'étain, que l'on tient par un manche isolant S et on le touche un instant pour lui enlever l'électricité négative actuellement repoussée par celle de l'ébonite; puis on le soulève, et on lui fait toucher le bouton qui termine l'armature intérieure de la bouteille de Leyde. Si l'armature extérieure de celle-ci ne communique pas avec le sol, on la touche simultanément du doigt. Presque toute la charge du disque passe dans la bouteille de Leyde, dont la capacité est beaucoup plus grande que la sienne.

On répète cette opération jusqu'à ce qu'en approchant le plateau électrisé du bouton, on n'obtienne plus d'étincelle appréciable. A ce moment, l'armature intérieure de la bouteille est sensiblement au même potentiel que le plateau; il ne peut plus lui prendre qu'une très faible partie de sa charge : il n'y a donc plus d'intérêt à continuer la manœuvre.

On pourra constater, en déchargeant par exemple la bouteille sur le thermomètre de Riess, qu'elle avait pris une quantité d'électricité importante.

XIX

LA PILE ET SES APPLICATIONS

Les élèves devront s'appliquer à monter eux-mêmes des éléments de pile dans les meilleures conditions. Nous allons donc rappeler la constitution des plus employées. Mais nous croyons utile d'insister, avant tout, sur deux points de théorie que l'on perd de vue trop souvent : la nécessité d'*amalgamer les zincs* et de *ne pas mettre d'acide* dans les éléments qui doivent fonctionner d'une manière continue.

1° Tous les éléments usuels comprennent un zinc comme électrode soluble ([1]). Il importe, même dans les éléments qui ne renferment point d'acides, d'amalgamer le zinc afin de rendre sa surface homogène.

C'est un fait d'expérience connu depuis longtemps que le zinc pur du commerce, plongé dans l'eau acidulée, n'est point attaqué sensiblement, alors que du zinc ordinaire plongé dans le même liquide donne un dégagement abondant d'hydrogène. On admet que le zinc parfaitement pur ne subirait aucune attaque, et l'on explique la disso-

---

([1]) C'est ce que nous appellerons, conformément à l'usage, le *pôle négatif;* mais on n'oubliera pas que le courant va du zinc à l'autre électrode à l'intérieur de la pile.

lution du zinc ordinaire par la formation de *couples locaux* dus à la présence de métaux étrangers tels que le plomb. On sait, en effet, qu'une lame de zinc et une lame de plomb constituent un élément de pile dans lequel le zinc est l'électrode soluble.

D'autre part, un amalgame jouit, grâce à son homogénéité, de la même propriété que le métal qui s'y trouve dissous dans le mercure, de sorte que le zinc amalgamé n'est pas plus attaqué par l'eau acidulée que le zinc pur. Rappelons encore que, lorsqu'une pile voltaïque simple (de Wollaston, par exemple) fonctionne, les deux pôles étant réunis par un circuit extérieur, l'hydrogène mis en liberté par l'électrolyse de l'eau acidulée se dégage au pôle positif et non sur le zinc. Une pile dans laquelle il se dégage de l'hydrogène sur le zinc fonctionne mal, soit que l'amalgation du zinc soit insuffisante, soit que l'acide soit trop concentré. On en a la preuve en ouvrant le circuit : l'hydrogène continue à se dégager sur le zinc, qui se dissout en pure perte, c'est-à-dire sans produire de courant utilisable.

Dans les piles qui renferment un dépolarisant, il ne doit pas se dégager de gaz si ce dépolarisant est suffisant.

L'amalgamation se fait facilement de la manière suivante : le zinc, préalablement trempé dans l'eau et brossé jusqu'à ce que sa surface soit entièrement mouillée et débarrassée des bulles d'air adhérentes, est plongé dans une cuvette demi-cylindrique de dimension appropriée, contenant de l'eau acidulée et un peu de mercure. Le zinc forme avec le mercure qu'il touche un élément de pile ; le courant va du zinc au mercure à travers le liquide, de sorte que le zinc se décape parfaitement ; la surface ainsi nettoyée, la combinaison se fait facilement entre les deux métaux.

On retourne continuellement le zinc dans le bain, et l'on continue à brosser la surface jusqu'à ce qu'elle soit parfaitement recouverte d'amalgame brillant.

2° Les diverses piles destinées à un travail continu ou intermittent, mais de longue durée, ne doivent jamais contenir d'acides ; car le zinc, même bien amalgamé, finit par être attaqué en quelque point, et le plus souvent au voisinage de la surface du liquide ; dès ce moment, la dissolution du zinc se poursuit de plus en plus activement, de sorte qu'en moins de vingt-quatre heures cette électrode a complètement disparu. C'est pour cela que les piles de Bunsen doivent être remontées à neuf chaque fois qu'elles ont fonctionné pendant huit ou dix heures au plus, et que les piles au bichromate de potasse sont munies d'un treuil ou de tout autre appareil permettant de sortir les zincs du liquide chaque fois que le courant n'est plus utilisé.

MONTAGE DES ÉLÉMENTS DE DANIELL

Les éléments du type Daniell sont formés de deux métaux quelconques plongeant respectivement dans les dissolutions de sels neutres de ces métaux formés par un même acide. L'élément usuel (fig. 99) est formé d'un cylindre de zinc, fendu longitudinalement, qui plonge dans une solution moyennement concentrée de sulfate de zinc, et d'un cylindre de cuivre plongeant dans une solution très concentrée de sulfate de cuivre. Les deux liquides sont séparés par un vase poreux.

On sait que la solution de sulfate de zinc se concentre par le fonctionnement de la pile, tandis que celle du sulfate de cuivre s'épuise. On devra donc entretenir celle-ci en plaçant, par exemple, des cristaux sur une galerie disposée à cet effet à la partie supérieure de l'élément.

Le zinc devra être épais, parce qu'il s'use par suite du fonctionnement de la pile ; le cuivre, au contraire, pourra être pris aussi mince que l'on voudra.

Pour monter un élément de Daniell :

1° Versez d'abord dans le vase poreux la dissolution saturée de sulfate de cuivre, et placez-le sur une soucoupe, jusqu'à ce que le liquide bleu suinte à l'extérieur par les pores (à moins qu'il n'ait déjà servi et soit encore imprégné de liquide). Cette précaution a pour but d'éliminer autant que possible l'air occlus dans les pores, qui donne au vase poreux une grande résistance électrique ;

Fig. 92. — Élément de pile de Daniell.

2° Pendant ce temps, amalgamez le zinc ;

3° Mettez en place le vase poreux, le zinc et le cuivre, puis versez dans le vase extérieur la solution de sulfate de zinc. Les deux liquides doivent arriver à peu près au même niveau ;

4° Fixez une pince sur chaque électrode, et attachez-y les fils. Ceux-ci sont ordinairement en cuivre (le meilleur conducteur des métaux usuels) d'un millimètre de diamètre, et recouverts de gutta-percha ou de deux couches de coton enroulées sur le fil en sens contraires. Les fils couverts de gutta, malgré leur prix assez élevé, sont employés toutes les fois que l'on a besoin d'un bon isolement.

N. B. — Avoir soin que toutes les surfaces mises en contact soient bien propres : une couche d'oxyde introduirait une résistance quelquefois très grande; on les nettoiera au besoin en les frottant avec une toile d'émeri.

ExPÉRIENCES. — On montera plusieurs éléments, quatre par exemple, et l'on examinera quel est le groupement qu'il convient de réaliser, suivant la valeur de la résistance extérieure. Nous allons prendre un exemple.

On sait que la force électromotrice d'un élément de Daniell, monté comme nous l'avons dit, est de 1,07 volt environ. Cette force électromotrice varie peu avec la concentration des dissolutions et avec la température. La résistance de l'élément en dépend davantage; elle est d'ailleurs d'autant plus grande que l'élément est plus petit.

Fig. 100. — Ampèremètre.

1° Prenons un ampère-mètre (^{1}) allant de 0 à 5 ampères (fig. 100). Montons nos quatre éléments en série, c'est-à-dire en fixant le pôle + du premier élément sur le pôle — du deuxième, etc. (fig. 101); attachons enfin le pôle + du dernier élément à la borne marquée + de l'ampèremètre et de même le pôle — à l'autre borne. Nous constatons que le courant est voisin de 1 ampère. Supposons, pour simplifier, qu'il soit justement de 1,07 ampère.

Comme la force électromotrice totale E de la pile est

____

(^{1}) Sorte de galvanomètre peu sensible dont la bobine est formée d'un fil gros et court, sans résistance appréciable par conséquent.

quatre fois 1,07 volt, nous voyons, en appliquant la formule d'ohm, $I = \dfrac{E}{R}$, que la résistance R de la pile est de 4 *ohms*, et, par suite, que la résistance de chaque élément est de 1 ohm.

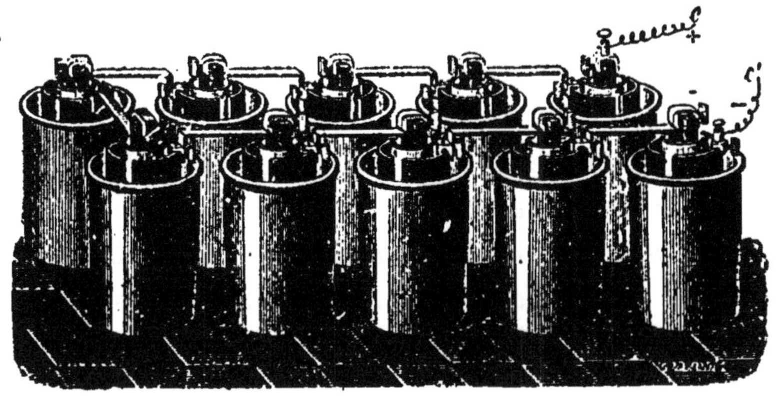

Fig. 101. — Montage en série (pile de Bunsen).

2° Un seul élément employé dans les mêmes conditions donne sensiblement le même courant : 1,07 ampère.

3° Groupons au contraire les éléments en surface, c'est-à-dire en réunissant ensemble tous les pôles + d'une part et tous les pôles — d'autre part ; nous obtenons cette fois une intensité quatre fois plus considérable : 4,28 ampères environ. Cela confirme que la force électromotrice de ce système est la même que celle d'un seul élément (1,07 volt), tandis que la résistance du système est quatre fois moindre que celle d'un élément (0,25 ohm). On a bien en effet : $I = \dfrac{1^{v},07}{0^{u},25} = 4^{a},28.$

4° Intercalons entre la pile et l'ampèremètre une résistance de 5 ohms, par exemple. Nous obtiendrons cette fois :

avec 1 élément : $$\frac{1,07}{1+5} = 0,19\,\text{amp. environ}$$

avec les 4 éléments en tension : $$\frac{4 \times 1,07}{4+5} = 0,61 \quad —$$

avec les 4 éléments en surface : $$\frac{1,07}{0,25+5} = 0,20 \quad —$$

On voit qu'il y a grand avantage cette fois à monter les éléments en tension, contrairement au cas précédent. C'est une application de la règle générale : *Il faut grouper les éléments de manière que la résistance totale de la pile soit aussi voisine que possible de la résistance extérieure.*

Si donc la résistance extérieure était de 1 ohm, il faudrait grouper les éléments deux par deux en surface (pour ne former en quelque sorte qu'un élément de surface double et par conséquent de résistance moitié moindre), et réunir en tension ces deux éléments composés. On aurait $$1 = \frac{2+1,07}{0,5+1} = 1,43.$$

ÉLÉMENTS AU BICHROMATE

Ces éléments sont montés par le constructeur ; mais il faut de temps à autre renouveler le liquide et amalgamer les zincs.

Nous n'avons pas à revenir sur cette opération. Disons seulement que les zincs sont ici des lames épaisses fixées à une montur. spéciale au moyen de boulons (fig. 102). On enlèvera donc les boulons, afin de séparer les zincs, et on traitera ceux-ci comme précédemment.

Le liquide unique à la fois actif et dépolarisant de cette pile se compose de :

Eau.......................... 1 litre.
Acide sulfurique................. 15 grammes.
Bichromate de potasse........... 10 —

On répétera avec cette pile les essais précédents, et l'on pourra constater que, la force électromotrice étant plus grande que celle de l'élément Daniell (2 volts environ) et la résistance beaucoup plus faible, le courant produit par un seul élément attelé directement sur l'ampèremètre est de plusieurs ampères, et qu'il y a presque toujours avantage à grouper les éléments en tension.

On pourra encore, au moyen de deux ou trois de ces éléments associés en tension, faire fonctionner de petites lampes électriques.

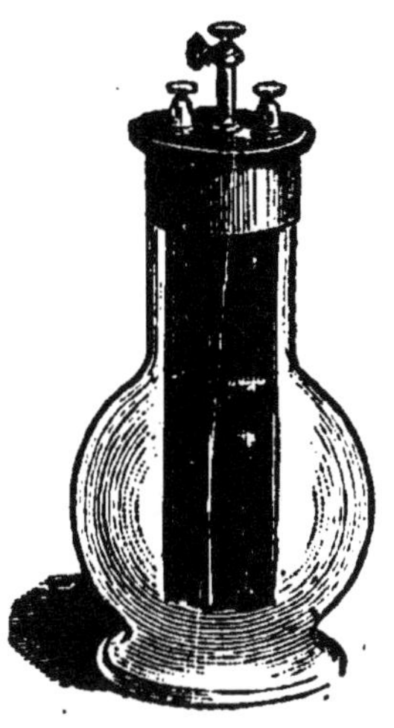

Fig. 102. — Élément de pile au bichromate de potasse.

ACCUMULATEURS

Charge.— Presque tous les accumulateurs (A, fig. 112) que l'on trouve aujourd'hui dans le commerce sont *formés*, c'est-à-dire que les deux électrodes de plomb qui les constituent sont recouvertes d'une épaisse couche active, l'une de plomb poreux prêt à emmagasiner de très grandes quantités d'hydrogène, l'autre d'oxyde de plomb.

Pour charger un accumulateur, on le met en communication avec une source convenable d'électricité, en ayant bien soin d'attacher le pôle + de celle-ci à la borne portant le signe +, et qui communique avec le système des lames oxydées, reconnaissables à leur couleur rougeâtre.

Il suffit à la rigueur que la force électromotrice de cette

source soit au moins égale à 2 volts, si l'on n'a qu'un accumulateur, ou bien plusieurs groupés par leurs pôles de même nom. D'une manière générale, la source doit avoir au moins autant de fois 2 volts qu'il y a d'accumulateurs en tension.

Mais, à ce régime, la charge pourrait demander beaucoup de temps. — En pratique, on prend en général une force électromotrice beaucoup plus grande que ce minimum; mais il faut avoir soin que le courant de charge qui traverse chaque accumulateur ne dépasse pas 10 ampères [1]. Au delà de cette limite, on risque de voir se détacher les lamelles ou les pastilles qui forment la partie active des électrodes; non seulement l'appareil se détériore vite, mais ces pastilles peuvent établir des communications entre les deux pôles de noms contraires (courts-circuits), de sorte que l'appareil se décharge sur lui-même, produisant un courant de grande intensité qui le met rapidement hors de service.

Assez souvent l'on se sert, pour la charge, du courant fourni par le secteur (distribution électrique de la ville) à 105 ou 110 volts.

Il faut avoir soin, en pareil cas, d'intercaler entre les bornes de celui-ci et les accumulateurs un *rhéostat*, c'est-à-dire une résistance assez grande que l'on peut réduire à volonté. On commence par mettre dans le circuit toute la résistance, et on la diminue ensuite jusqu'à ce que le courant atteigne 10 ampères. On arrête la charge

[1] Nous ne parlons ici que des accumulateurs de taille moyenne que l'on rencontre habituellement dans les laboratoires. On en construit aujourd'hui qui, grâce à leur très grande surface utile, peuvent fonctionner régulièrement au débit de 70 ampères et même davantage.

lorsque l'hydrogène commence à se dégager sur les lames négatives.

Décharge. — L'accumulateur, contenant de l'eau acidulée au maximum de conductibilité (1/6 d'acide) entre des lames de grande étendue et très rapprochées, présente une résistance électrique très faible. Il faut donc avoir grand soin de ne pas réunir ses pôles par une résistance trop faible, car il en résulterait un courant de très grande intensité (¹).

Un accumulateur auquel on fait débiter pendant quelque temps un courant supérieur à 15 ampères peut être considéré comme sacrifié. — On aura soin par conséquent de placer toujours un ampèremètre sur le circuit de décharge, afin de surveiller le débit, et d'ajouter une résistance au besoin pour le diminuer.

GALVANOPLASTIE

Il nous suffira de rappeler les opérations bien connues, en insistant un peu sur le manuel opératoire. — Ces opérations se divisent en deux groupes :

1° Reproduction en cuivre d'un objet quelconque, médaille, bas-relief, statuette, etc. ;

2° Dorure, argenture, nickelage, etc., d'un objet quelconque, et en particulier d'une médaille obtenue dans l'opération précédente.

Le premier groupe comprend la préparation d'un moule, que l'on peut appeler un *négatif*, puisqu'il reproduit en

(¹) Dans les installations électriques, on a soin d'intercaler dans chaque circuit utilisateur au moins un *coupe-circuit*, formé par un fil de plomb de diamètre convenablement calculé, qui fond dès que le courant dépasse une certaine valeur assignée à l'avance.

creux tous les reliefs de l'objet, — et le dépôt du cuivre sur ce moule par l'électrolyse.

1° MOULAGE D'UNE MÉDAILLE

Parmi les procédés employés nous conseillerons pour les manipulations les moulages à la gutta-percha et au plâtre.

Premier cas. — On immerge la gutta dans un bain d'eau tiède, à une température juste suffisante pour la rendre bien malléable (40° à 50°). Après l'avoir bien malaxée sous l'eau, ou en forme une boule que l'on applique sur la médaille (on opère également sous l'eau de préférence) et que l'on étale par la pression des doigts de manière à la faire pénétrer dans tous les creux. On sort le tout du bain et on laisse refroidir : la gutta se solidifie, tout en conservant une élasticité qui permet d'en dégager facilement la médaille.

Deuxième cas. — Après avoir enduit la médaille d'une légère couche d'huile, en la frottant avec une brosse douce, on la pose sur une planchette, et on l'entoure d'un anneau de carton moins épais qu'elle, puis d'un cylindre de carton mince ou de métal ayant 2 ou 3 centimètres de hauteur et un peu plus large que la médaille.

Puis on verse sur celle-ci une petite quantité de plâtre à modeler très fin, suffisamment délayé pour qu'il en épouse parfaitement tous les détails. On achève de recouvrir la médaille avec du plâtre moins délayé, jusqu'à former une couche d'un centimètre d'épaisseur environ. Au bout de quelques instants, le plâtre *fait prise* et se durcit ; comme il augmente de volume en se solidifiant, tous les creux du moule sont très bien remplis.

On dégage la médaille, puis on plonge le plâtre pendant quelques minutes dans un bain de stéarine fondue (à 70° environ), et on le laisse sécher à plat, l'empreinte en dessus.

Quelle que soit la matière qui a servi à prendre l'empreinte, il faut la recouvrir d'une couche mince de substance conductrice de l'électricité. On emploie ordinairement la plombagine finement pulvérisée, que l'on applique au moyen d'une brosse douce jusqu'à ce que toute la surface soit d'un gris métallique caractéristisque, et bien brillante. — Puis on entoure le champ du moule d'un fil de

Fig. 103. — Empreinte en gutta-percha

cuivre destiné à établir la communication entre la surface à recouvrir et le pôle négatif de la pile (fig. 103). — On évite de plombaginer la partie postérieure du moule.

2° DÉPÔT DU CUIVRE

Cette opération a pour base la décomposition du sulfate de cuivre (SO^4Cu en dissolution) en cuivre, qui se porte à l'électrode négative, et radical sulfurique (SO^4) qui se porte à l'électrode positive.

Si cette dernière était inattaquable à SO⁴ dans ces conditions, ou comme on dit *insoluble* (platine, par exemple) on observerait un dégagement d'oxygène autour du pôle +, en même temps que la solution y deviendrait de plus en plus acide : au bout de quelque temps le dépôt deviendrait grenu et peu adhérent. Aussi a-t-on le soin de prendre pour électrode positive une lame de cuivre à laquelle on donne d'ailleurs à peu près les mêmes dimensions qu'au moule ou au système des moules, si l'on en recouvre plusieurs à la fois.

Dans ces conditions le radical SO⁴ mis en liberté détache de cette électrode une quantité de cuivre sensiblement égale à celle qui s'est déposée, de sorte que le dégagement gazeux est à très peu près annulé. Le bain reste donc toujours presque identique à lui-même, et peut servir fort longtemps.

Fig. 101. — Appareil composé.

La figure 104 montre la disposition employée. On y voit le pôle positif de la pile (le charbon dans les éléments de Bunsen que représente notre figure) en communication avec la lame de cuivre C, tandis que le zinc du dernier élément communique avec le moule M.

Au bout de quelques heures, le dépôt peut présenter une épaisseur de un ou deux dixièmes de millimètre, suffisante pour que l'on puisse détacher le métal du moule;

mais il convient pour obtenir un beau dépôt d'opérer avec un courant de faible intensité, et de laisser se continuer l'opération pendant 24 heures au moins ; on emploie alors une pile de Daniell.

N. B. — Si le moule de gutta-percha ne se sépare pas aisément, on le ramollit légèrement dans l'eau tiède. Les moules traités avec précaution peuvent servir à un grand nombre de reproductions. On renouvelle seulement à chaque opération l'enduit de plombagine.

ARGENTURE

L'opération ne diffère pas essentiellement de la précédente ; mais les détails et les tours de main sont plus nombreux.

1° DÉROCHAGE. — La pièce à argenter (qui est en cuivre ou cuivrée par la galvanoplastie) est chauffée sur une lampe à alcool, afin de brûler les matières grasses qui peuvent la recouvrir, — puis plongée, encore chaude, dans l'eau acidulée au dixième par l'acide sulfurique, afin de dissoudre l'oxyde de cuivre formé. On l'y laisse séjourner pendant 20 minutes ; puis on lave à grande eau, et on sèche dans la sciure de bois, à l'étuve.

2° DÉCAPAGE. — On fixe la pièce à un fil métallique ; on la plonge pendant quelques secondes dans l'un des bains à décaper dont la composition est indiquée ci-après ; on la lave à grande eau, on la plonge un instant dans une solution très faible d'azotate de mercure, afin de produire une légère amalgamation de la surface, on lave de nouveau, et on la porte immédiatement dans le bain d'argent.

Cependant, quand on veut obtenir un beau brillant, on

peut frotter la pièce amalgamée avec une peau de chamois bien propre. Mais il faut avoir soin, dans tous les cas, de ne point la toucher directement avec les doigts : la plus petite couche de matière grasse empêche le dépôt de l'argent.

3° Dépôt de l'argent. — On opère exactement comme pour le dépôt du cuivre, et l'on se sert du même appareil (fig. 104). On emploie ordinairement deux éléments de Daniell. Le bain est composé en dissolvant dans un litre d'eau 8 grammes de cyanure d'argent avec 40 grammes de cyanure de potassium (¹).

4° Gratte-bossage et brunissage. — Lorsque le dépôt d'argent a atteint une épaisseur suffisante, la pièce est lavée, puis frottée au moyen d'une sorte de brosse très dure, formée d'un faisceau de fils de laiton, et imbibée d'eau de savon. On termine l'opération en frottant la surface avec un brunissoir en agate.

Enfin, pour éviter que l'objet ne jaunisse par suite de la décomposition à la lumière du cyanure dont il reste imprégné, on le trempe dans une solution concentrée de borax, on le porte au rouge, et on le plonge dans une solution sulfurique, exactement comme pour le dérochage.

DORURE, NICKELAGE, ETC.

Ces opérations se font à très peu près comme l'argenture ; aussi n'entrerons nous pas dans leur description détaillée. Nous dirons seulement que le bain d'or est obtenu en dissolvant dans un litre d'eau 5 grammes de

(¹) Le cyanure double est soluble tandis que le cyanure d'argent ne l'est pas. On peut d'ailleurs préparer ce dernier en mélangeant deux dissolutions d'azotate d'argent et de cyanure de potassium.

chlorure d'or et 50 grammes de chlorure de potassium.
L'opération se fait mieux à 50° ou 60° qu'à basse température, et il convient d'employer un courant plus fort que
pour l'argenture ; toutefois trois ou quatre éléments de
Daniell suffisent.

Pour le nickelage, le bain se compose d'une solution de
sulfate double de nickel et d'ammoniaque renfermant
100 grammes de sel par litre. Il est essentiel que le bain
soit maintenu à l'état de neutralité pendant l'opération.
On remue les pièces de temps à autre pour éviter l'appauvrissement trop considérable de la dissolution en leur
voisinage. Ajoutons que le bain se prépare à l'eau distillée, et qu'on doit le réchauffer légèrement en hiver.

Liquides à décaper.

Pour mat....	Acide azotique....	1 litre.
	Sel marin........	30 grammes.
	Acide azotique....	1/2 litre.
Pour brillant.	Acide sulfurique..	1/2 —
	Sel marin........	30 grammes.
	Suie grasse.......	10 —

XX

ÉLECTROMÈTRE A QUADRANTS

Les potentiels qui entrent en jeu dans les piles et en général dans les courants électriques sont bien plus faibles que ceux dont on s'occupe en électricité statique. On peut se faire une juste idée de leur rapport en prenant pour base la force électromotrice d'un élément Daniell qui est à peu près 1,07 volt ([1]).

L'unité électrostatique de potentiel vaut 300 volts. Ainsi deux boules ayant chacune 1 centimètre de rayon, chargées en communication avec l'un des pôles d'une pile de 1680 éléments de Daniell dont l'autre pôle communique au sol (1800 volts = 6 unités électrostatiques) et placées de manière que la distance de leurs centres soit de 6 centimètres, se repoussent avec une force d'une dyne seulement ($1^{\text{milig}},01$).

Aussi faut-il employer pour l'étude de ces potentiels de l'ordre du volt des instruments bien plus sensibles que l'électroscope à feuilles d'or.

([1]) Le volt est, comme on le sait, l'unité électro-magnétique pratique de potentiel $l = 10^8$ unités CGS.

Électroscope condensateur.

On connaît suffisamment l'instrument imaginé par Volta pour étudier ce qu'il a appelé la *force électromotrice de contact*. Nous serons donc très bref à son égard ; mais nous croyons utile de répéter avec cet appareil les expériences fondamentales de Volta, qui servent encore de base aujourd'hui à la théorie de la pile la plus généralement admise.

1° On met en communication avec le plateau inférieur (fig. 105) le cuivre de la lame *zinc-cuivre* de Volta que l'on tient par l'autre bout, la main étant légèrement humide pour établir plus sûrement la communication avec le sol. On touche en même temps, de l'autre main, le plateau supérieur pour le faire communiquer au sol ; puis on supprime toutes les communications, et on enlève le plateau supérieur par son manche isolant.

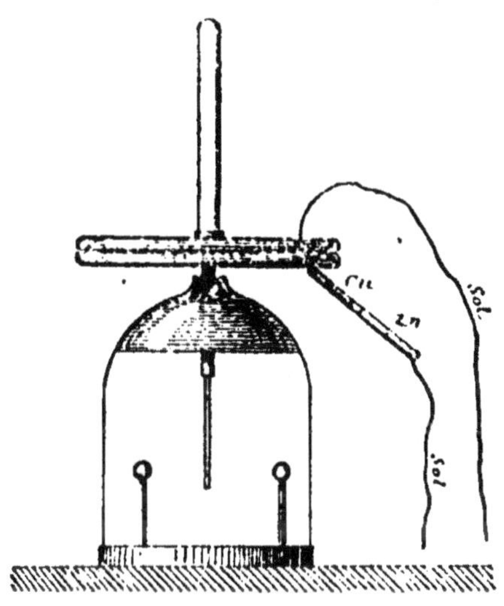

Fig. 105. — Électroscope condensateur.

Les feuilles d'or divergent et sont chargées négativement : leur divergence augmente en effet quand on approche un bâton de caoutchouc frotté.

Le rôle du condensateur s'explique ainsi : le collecteur (plateau inférieur avec les feuilles d'or) prend en présence du plateau condensateur, qui n'en est séparé que par deux couches très minces de vernis, une capacité C beaucoup plus grande que sa capacité propre c. La charge Q qu'il prend en communication avec la source au potentiel V (négatif ici) est CV au lieu de cV ; autrement dit, la charge du collecteur (et en particulier des feuilles d'or après que l'on a enlevé le plateau supérieur) se trouve multipliée par la force condensante $\dfrac{C}{c}$, qui est considérable : la répulsion mutuelle de celles-ci est donc multipliée par le carré de ce même nombre. On conçoit alors aisément qu'une source qui produit un phénomène notable sur l'électroscope condensateur paraisse absolument sans action sur un électroscope ordinaire.

2° On prend un élément de pile de Daniell, par exemple, et l'on fait communiquer le pôle cuivre avec le plateau supérieur et avec le sol, le pôle zinc avec le plateau inférieur. — Puis on interrompt les communications, et l'on continue l'expérience comme tout à l'heure : même résultat.

3° On remplace les plateaux de cuivre par d'autres en zinc, et l'on recommence l'expérience, en isolant la pile sur un plateau d'ébonite ou de paraffine ; on met en communication avec le sol le pôle cuivre ou bien le plateau supérieur, mais non les deux. Dans le premier cas, le plateau supérieur se charge positivement ; le plateau inférieur se trouve sensiblement au potentiel zéro, et se charge par influence d'électricité négative.

Dans le deuxième cas, le zinc supérieur est au potentiel zéro et l'inférieur à un potentiel négatif : le résultat est le même.

Comme on le voit, dans toutes ces expériences les feuilles d'or se chargent toujours négativement. Ce serait

l'inverse si l'on mettait le plateau inférieur en communication avec le cuivre de la pile : c'est ce qui fait dire souvent que le cuivre de la pile est chargé d'électricité positive ; mais cette expression peut engendrer des erreurs.
On pourrait croire, par exemple, que dans la première
expérience de Volta le cuivre est chargé positivement, ce
qui est contraire à la réalité.

On peut varier beaucoup ces expériences et notam-
ment employer des piles de plusieurs éléments, de manière à augmenter les effets à étudier.

Électromètre à quadrants.

Toutes ces expériences peuvent se répéter avec l'électromètre à quadrants, qui a d'ailleurs le grand avantage
de se prêter très bien à des mesures précises.

Cet appareil, imaginé par lord Kelvin (S. W. Thomson)
est le plus souvent employé en France sous la forme que
lui a donnée M. Mascart. Il a même reçu des formes plus
simples, au détriment, il est vrai, de la précision ou de
l'exactitude des mesures ; citons le modèle de M. Branly,
qui se recommande par sa simplicité, et celui de M. Curie,
qui a le grand avantage d'être apériodique, c'est-à-dire
que le système mobile prend sa position d'équilibre sans
osciller comme cela arrive en général.

Ne pouvant entrer dans de longs détails, qui feraient
double emploi avec le Cours de physique, nous supposerons que l'on opère avec l'électromètre de M. Mascart,
représenté par la figure 106.

On sait que l'appareil se compose essentiellement d'une
lame en aluminium affectant la forme d'un 8 (aiguille A,
fig. 107), mobile à l'intérieur d'une boîte cylindrique en

laiton *i*, découpée en quatre secteurs par deux traits de scie rectangulaires. Une petite ouverture circulaire centrale laisse passer librement la tige métallique très fine qui sert à suspendre l'aiguille par l'intermédiaire de deux fils de cocon parallèles formant ce que l'on appelle une *suspension bifilaire*.

Un fil de platine fin, fixé à la partie inférieure de l'aiguille, soutient une lame ou plusieurs petits barreaux du même métal qui plongent dans une cuvette contenant de l'acide sulfurique. Cet acide est lui-même mis en

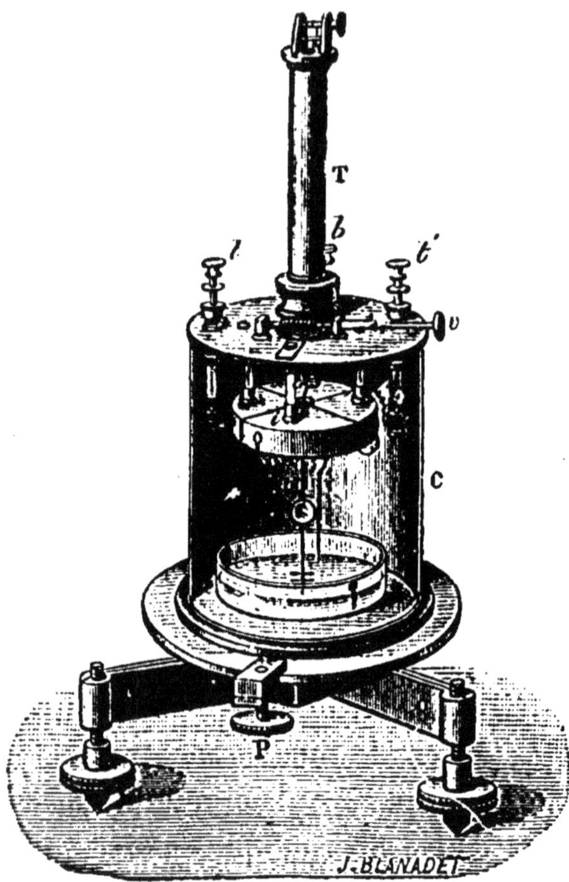

Fig. 106. — Électromètre à quadrants.
(Modèle de M. Mascart.)

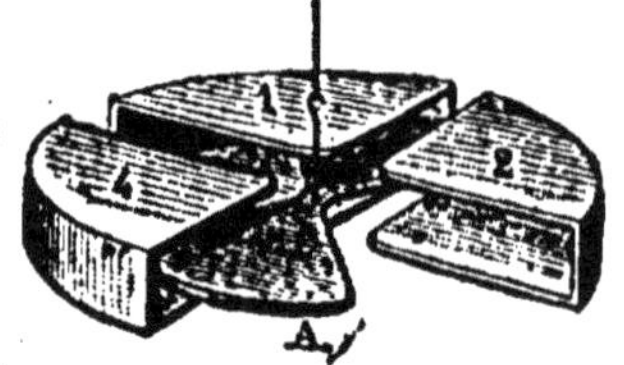

Fig. 107. — Aiguille de
l'électromètre.

communication avec la source dont il faut mesurer le potentiel par l'intermédiaire d'un autre fil de platine fixé à la borne *b* (¹).

(¹) L'appareil est enfermé dans une cage de verre recouverte elle-même d'une cage métallique percée des orifices strictement nécessaires. Les bornes sont isolées de ce métal par de l'ébonite ou de l'ivoire.

Les secteurs de la boîte sont réunis deux par deux et communiquent à deux autres bornes $l\ l'$. Les secteurs de rang pair, d'une part, ceux de rang impair, d'autre part, sont reliés par l'intermédiaire de ces bornes avec les deux extrémités d'une pile dite de charge dont le milieu est mis en communication avec le sol, c'est-à-dire au potentiel zéro.

Cette pile comprend un grand nombre d'éléments de très petites dimensions (100 au minimum), formés chacun d'un petit bâton de zinc et d'un fil de cuivre plongeant dans de l'eau rendue légèrement conductrice par quelques gouttes d'une solution concentrée de sulfate de zinc.

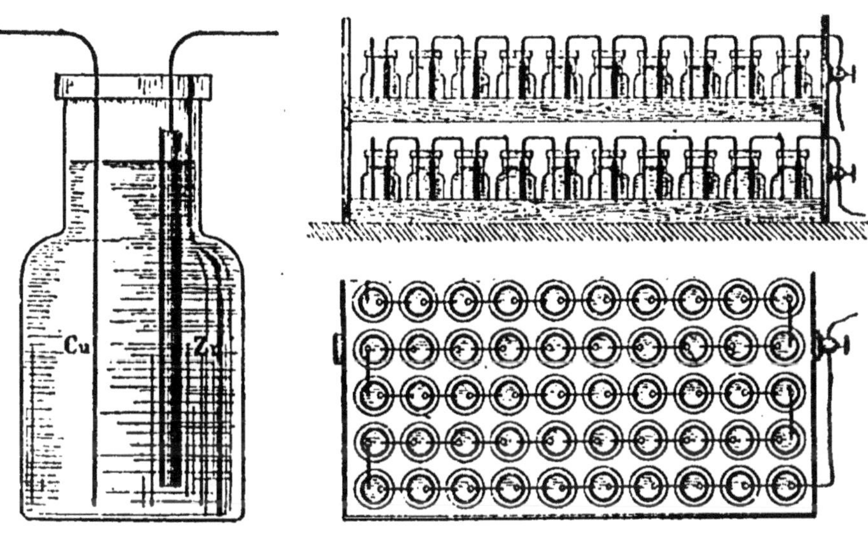

Fig. 108. — Pile de charge.

La figure 108 montre la disposition de cette pile. On y voit les petits vases fixés sur de la paraffine, de manière à éviter toute dérivation entre deux vases voisins.

Dans ces conditions, les secteurs pairs sont à un potentiel $+V_1$, les impairs au potentiel $-V_1$ ($\pm$ 100 volts environ, si l'on emploie 200 éléments), et la force qui sollicite l'aiguille vers les secteurs dont l'électrisation est contraire à la sienne est proportionnelle à VV_1.

D'autre part, la force antagoniste due au bifilaire est proportionnelle au sinus de la déviation α. On a donc :

$$V = K \frac{\sin \alpha}{V_1}.$$

Pour que cette formule soit applicable, il faut que la déviation α soit faible, et que la cage de l'électromètre soit au potentiel zéro. On remarquera à cet égard que, dans le cas assez général où l'on se propose de mesurer non pas le potentiel d'un corps, mais la différence de potentiel entre deux points d'un circuit ou entre les deux pôles d'une pile, on peut prendre pour potentiel zéro un potentiel quelconque autre que celui du sol.

En conséquence, on réunira le milieu de la pile de charge à la cage métallique de l'instrument et à l'un des points en question, l'autre étant mis en communication avec l'aiguille. Le potentiel de la cage, quel qu'il soit, est alors pris pour origine des potentiels.

Rappelons enfin que les lectures des petites déviations se font par le procédé de réflexion dit de Poggendorf, plus ou moins modifié. On emploie beaucoup aujourd'hui la disposition suivante :

Réglage. — Un faisceau lumineux est dirigé au moyen d'un miroir plan *m* (fig. 109) qui peut prendre une orientation quelconque vers un petit miroir concave *a* fixé à l'équipage mobile. Il traverse un orifice *o* rectangulaire au milieu duquel est tendu verticalement un fil fin. Si la distance *ao* est égale au rayon de courbure du miroir *a*, et si l'orifice est placé à une hauteur convenable, une image réelle de celui-ci vient se faire sur une règle graduée translucide (en celluloïd) placée au-dessus de lui.

On oriente d'abord l'électromètre de manière que l'image vienne se faire au voisinage du n° 25, que l'on voit au milieu de la règle graduée, — les secteurs, l'aiguille et la cage métallique communiquant au sol.

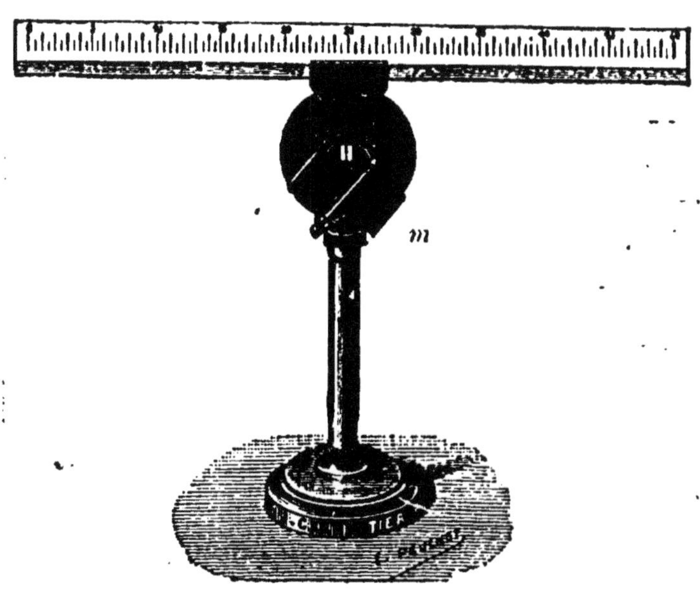

Fig. 109. — Règle transparente.

Puis on isole l'aiguille et on l'électrise. Si elle est placée bien symétriquement par rapport aux secteurs, l'image ne se déplace pas; dans le cas contraire, elle se déplace vers le secteur à l'intérieur duquel elle pénétrait déjà trop. On fait tourner en conséquence le tube T qui supporte le bifilaire au moyen de la vis tangente v.

Après un tâtonnement, en général très court, l'appareil est réglé. Appliquons-le à quelques expériences :

1° **Mesure de la capacité d'un conducteur.** — Soit une sphère de rayon R chargée à un potentiel V. Mettons-la en communication, par un fil suffisamment long pour qu'il n'y ait pas de phénomène d'influence appréciable, et suffisamment fin pour que sa capacité soit négligeable par rapport à celles que l'on étudie, avec un conducteur isolé et à l'état neutre dont il s'agit de déterminer la capacité C.

Le système va prendre un potentiel V' tel que :

$$RV = (R + C)V'.$$

On a donc : $$C = R \cdot \frac{V - V'}{V'}$$

et la mesure en valeur absolue de la capacité C se trouve ramenée à la *comparaison* de deux potentiels V et V''.

Pour faire l'expérience, établir les communications comme nous l'avons dit plus haut, savoir :

1° Mettre la cage métallique au sol d'une manière permanente, ainsi que le milieu de la pile;

2° Abaisser les trois capuchons métalliques placés au-dessus des bornes $t\,t'\,b$, de manière à faire communiquer toutes les pièces de l'appareil avec la cage et par suite avec le sol. Installer la règle divisée, et amener l'image au milieu de celle-ci, comme nous l'avons dit plus haut;

3° Soulever les capuchons et mettre en communication l'aiguille avec la sphère chargée; l'image ne doit point bouger. Dans le cas contraire, achever le réglage au moyen de la vis tangente v;

4° Fixer les pôles de la pile de charge aux deux autres bornes t et t'.

On observe alors une déviation α dont le sinus est proportionnel à VV_1 (voir page 284). Puis on fait communiquer la sphère avec la capacité C, et l'on observe une déviation α' dont le sinus est proportionnel à $V' V_1$.

On a donc :

$$\frac{\sin\alpha}{\sin\alpha'} = \frac{V}{V'} \qquad \text{et} \qquad \frac{V - V'}{V'} = \frac{\sin\alpha - \sin\alpha'}{\sin\alpha'}.$$

Or, les angles x x' sont donnés ici par certains nombres de divisions n et n' de l'échelle, qui mesurent en réalité $tg\,x$ et $tg\,x'$. Pour être rigoureux, il faudrait calculer les sinus au moyen des tangentes, en faisant intervenir la distance de l'échelle au miroir. Mais le plus souvent les angles sont assez petits pour que l'on puisse confondre le rapport de leurs sinus avec celui de leurs tangentes. On écrit donc simplement :

$$C = R \cdot \frac{n - n'}{n'}.$$

Remarque. — Nous avons négligé la capacité c de l'aiguille et du fil de communication vis-à-vis de C et de R. On en peut tenir compte de la manière suivante :

Après avoir chargé l'aiguille et le fil convenablement suspendu (au moyen d'un fil de soie, par exemple) à un potentiel quelconque V qui correspond à une déviation de n_1 divisions de l'échelle, faisons toucher l'extrémité de ce fil à une sphère de rayon r (plus petite que la précédente) : le potentiel devient V_2 et la déviation est réduite à n_2 divisions. On a comme ci-dessus :

$$C = r \frac{V_2}{V_1 - V_2} = r \frac{n_2}{n_1 - n_2}.$$

On devra ajouter c dans les écritures précédentes à la capacité R de la sphère.

2° **Force électromotrice d'une pile impolarisable.** — La force électromotrice d'une pile de Daniell, par exemple, telle qu'elle est définie par la loi d'Ohm $\left(I = \dfrac{E}{R + r}\right)$, n'est autre chose que la différence de potentiel entre ses bornes à circuit ouvert ([1]).

([1]) Il n'en est plus de même avec les piles voltaïques simples ou

Nous nous proposons de *comparer* les forces électromotrices d'un élément Daniell et d'un Bunsen par exemple, récemment monté avec un zinc soigneusement amalgamé et de l'acide nitrique neuf.

L'expérience étant préparée comme tout à l'heure, mettons le zinc de la pile en communication avec le sol et relions le pôle positif à l'aiguille de l'électromètre. Nous constatons une déviation de n divisions (55 millimètres par exemple) ([1]).

Remplaçons l'élément de Daniell par celui de Bunsen ; nous obtiendrons de même n' divisions (soit 99 millimètres dans le cas présent).

Le rapport des forces électromotrices de ces deux éléments est donc 5/9, ce qui est d'accord avec les nombres que l'on trouvera dans le tableau des forces électro motrices (1,07 et 1,93).

Remarque. — On donne beaucoup plus de précision aux mesures en comparant des piles de plusieurs éléments de la manière suivante :

D'après ce qui précède, si l'on monte une pile formée de neuf éléments de Daniell, et à la suite de celles-ci, mais en sens opposé, cinq éléments de Bunsen (le cuivre du dernier Daniell communiquant au charbon et non au zinc du premier Bunsen), la force électromotrice du système doit être nulle. Supposons qu'en faisant l'expérience nous ayons trouvé cependant une déviation de 6 divisions du

imparfaitement dépolarisées : la force électromotrice efficace E peut y être considérée comme la différence entre la force électromotrice en circuit ouvert et celle dite de polarisation, qui prend naissance sous l'influence du courant.

([1]) Pour contrôler le réglage de l'instrument, intervertir les pôles on doit trouver le même nombre de divisions en sens contraires.

côté où elle se produit avec un seul Daniell. Il en résulte que cinq Bunsen valent $\left(9 - \dfrac{6}{55} \right)$ Daniell, c'est-à-dire que 1 Bunsen vaut 1,78 Daniell, ou 1,90 volt.

Cette *méthode d'opposition* est préférable à la méthode directe, qui consisterait à déterminer les déviations produites par cinq éléments de Bunsen, d'une part, et neuf éléments de Daniell, d'autre part.

On a, en effet, l'avantage de n'utiliser que des déviations très faibles, pour lesquelles nos hypothèses fondamentales sont justifiées, et d'ailleurs celui de ne point communiquer de potentiels élevés à l'aiguille de l'électromètre.

Ajoutons que ces expériences peuvent se faire avec des éléments très petits, puisque la force électromotrice ne dépend pas de leurs dimensions. On emploie au laboratoire de la Sorbonne comme étalon dans ces comparaisons un certain nombre d'éléments de M. Gouy dont la force électromotrice (1ᵛ,39) est des plus constantes. Chacun d'eux se compose d'un petit tube de verre contenant (fig. 110) :

1° Du mercure dont la surface est recouverte par de l'oxyde jaune du même métal ;

2° Une dissolution de sulfate de zinc ;

3° Un bâtonnet de zinc amalgamé, plongeant dans celle-ci, fixé dans un bouchon bien ajusté et recouvert de cire ;

4° Un fil de platine recourbé en forme de crochet, qui pénètre par le fond du tube jusque dans le mercure ; un autre crochet est adapté à la partie supérieure, de sorte qu'on peut très commodément suspendre les uns sous les autres une dizaine d'éléments, qui se trouvent ainsi isolés du sol. La figure 110 montre cette disposition. On y a ajouté un élément représenté en demi-grandeur.

On ne terminera pas cette manipulation sans avoir examiné jusqu'à quel point les déplacements de l'image sur l'échelle sont proportionnels aux potentiels V. Il suffira d'employer successivement 1, 2, 3 éléments Gouy ; les déviations devront aussi être entre elles comme les nombres 1, 2, 3, etc.

3° **Vérification des lois d'Ohm.** — On peut énoncer la première loi de la manière suivante : La différence dé potentiel e créée entre deux points A et B d'un circuit parcouru par un courant d'intensité i, séparés par un fil dont la résistance est r, a pour expression

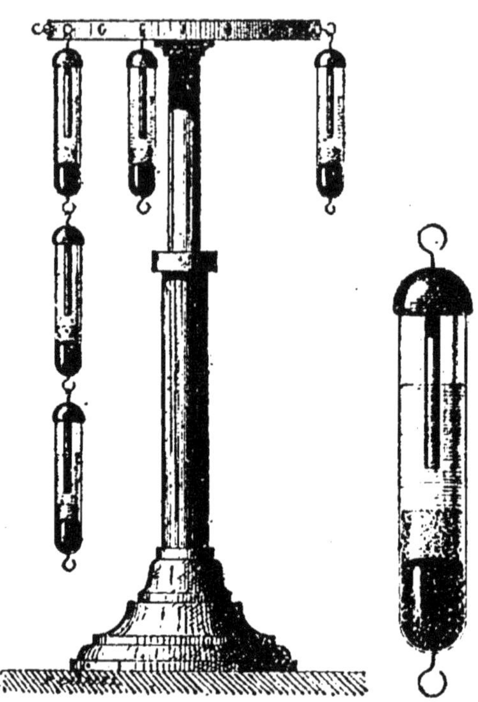

Fig. 110. — Éléments, étalons de M. Gouy.

$$e = ir.$$

Nous conserverons à la deuxième loi sa forme habituelle : la résistance d'un fil de longueur l et de section s a pour expression

$$r = \rho \frac{l}{s}$$

ρ étant la résistance spécifique du métal (^{1}).

<hr>

(^{1}) Dans le système CGS, ρ est la résistance d'un cylindre ayant 1 centimètre de longueur et 1 centimètre carré de section, exprimée en unités CGS de résistance.

Dans la pratique on emploie plutôt la résistance en *ohms* (10^9.CGS)

Disposons sur une planchette un fil métallique homogène, décomposé en parties d'égale longueur en des points que nous désignerons par A,B,C, etc. Lançons dans le fil un courant que nous supposerons constant.

Mettons au sol le point A, et relions successivement les points B, C, D, etc., à l'aiguille de l'électromètre. Nous constaterons que les déviations sont proportionnelles aux nombres 1, 2, 3, 4, etc., pourvu toutefois qu'elles ne dépassent pas les limites où cette proportionnalité ne doit plus exister, en raison de ce qui précède (page 284).

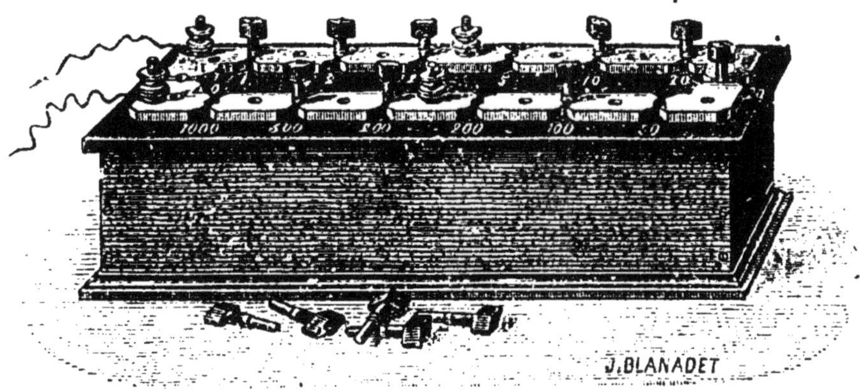

Fig. 111. — Boîte de résistances.

En réalité on se dispense le plus souvent de l'installation fastidieuse des fils, et l'on emploie *une boîte de résistances* (fig. 111 et 129) formée de bobines dont les résistances sont successivement 1, 2, 2,5, etc., ohms par exemple, formant au total une résistance de 10.000 ohms. On fait passer dans toutes les bobines le courant d'une pile de quelques éléments Daniell, et l'on mesure comme précé-

d'un fil ayant 1 mètre de longueur et 1 millimètre carré de section. La valeur de ρ avec ces unités est 100.000 fois plus grande que dans le système CGS ; toute confusion est donc impossible.

demment le potentiel en divers points, l'une des extrémités de la boîte communiquant au sol.

Nous ne croyons pas utile d'insister en manipulation sur les autres parties des lois d'Ohm.

XXI

ÉLECTRO-MAGNÉTISME

I. Expérience d'Œrstedt. — Disposer un fil de cuivre F
(fig. 112) de 2 millimètres de diamètre environ au-dessus
d'une aiguille aimantée *ab*, et dans la direction du méridien magnétique (position d'équilibre de l'aiguille sous
l'influence de la terre seule).

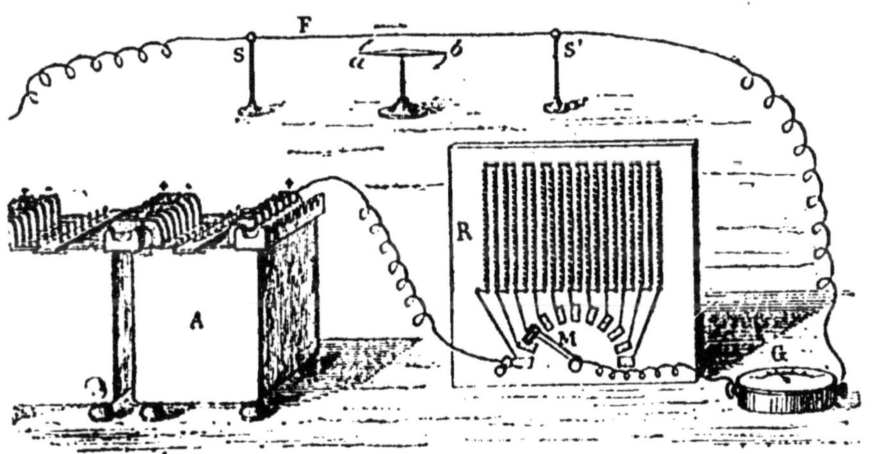

Fig. 112. — Expérience d'Œrstedt.

Relier ce fil à une batterie de trois accumulateurs A, en
tension, par l'intermédiaire d'un rhéostat R dont la résistance peut varier de 0 à 5 ohms, par exemple, avec ampèremètre G dans le circuit, et un interrupteur.

Mettre d'abord toute la résistance dans le circuit, en donnant à la manette M une position convenable, suffisamment indiquée sur le rhéostat. L'ampèremètre marque 1 ampère environ, et l'aiguille est faiblement déviée.

Diminuer la résistance jusqu'à ce que l'ampèremètre marque 10 à 12 ampères. À ce moment l'aiguille se place presque perpendiculairement au courant, si elle en est suffisamment voisine ; la déviation est encore considérable à une distance de plusieurs décimètres.

Répéter cette expérience en changeant le sens du courant et la position du fil par rapport à l'aiguille.

Pas de déviation si le fil est placé perpendiculairement au méridien magnétique, et le courant dirigé de manière que l'observateur d'ampère regardant l'aiguille aimantée ait le pôle austral à sa gauche. On observera seulement dans ce cas que l'aiguille tend à s'incliner autour d'un axe horizontal, à moins que le fil ne soit exactement placé au-dessus du pivot.

On reconnaîtra facilement que les déviations suivent la loi d'Ampère, et de plus que l'action d'un courant rectiligne sur un pôle d'aimant est perpendiculaire au plan qui passe par le courant et le pôle.

II. Aimantation par les courants. — D'une manière générale, un barreau de fer ou d'acier placé dans un champ magnétique prend une aimantation soit temporaire, soit permanente. Le fer *parfaitement doux* se définit par la propriété de ne conserver aucune trace d'aimantation lorsqu'on le soustrait à l'action du champ ; le fer ordinaire conserve une faible aimantation ; on dit qu'il y a *magnétisme rémanent.*

L'acier au contraire est susceptible d'une aimantation *permanente* très considérable et d'autant plus grande qu'il a été plus fortement trempé. On lui communique rapidement le maximum de magnétisme permanent dont il est susceptible en le plaçant dans un champ très puissant produit à l'intérieur d'une bobine notablement plus longue que l'aimant, autant que possible.

Ce champ est proportionnel à n I, n étant le nombre de tours de fil enroulé sur la bobine par centimètre de longueur, et I l'intensité du courant ([1]). On voit que pour obtenir une aimantation très forte, il faut rendre n et I aussi grands que possible.

Ces deux conditions sont en partie contradictoires; en tous cas le fil ne devra pas être trop fin ; car, d'une part, un grand nombre de tours de fil fin constitueraient une grande résistance (en vertu de la loi d'Ohm $I = \dfrac{E}{R}$, le courant I ne pourrait donc être très fort), et d'autre part, un fil fin traversé par un courant de grande intensité s'échauffe beaucoup, et peut même rougir, comme on l'a vu ailleurs.

Pour aimanter un barreau d'acier, il suffit de le placer à l'intérieur d'une bobine dans les conditions que nous venons d'indiquer, et de faire passer le courant pendant quelques instants seulement. On emploiera de préférence le courant des accumulateurs, en ayant soin de prendre les précautions sur lesquelles nous avons déjà insisté (page 270). Le nombre des accumulateurs à employer dépend naturellement de la résistance de la bobine : on ne devra dépasser en aucun cas 10 ampères.

Si l'on introduit en sens inverse dans la bobine ce barreau qui vient d'être aimanté, ou si l'on change le sens du courant, l'aimantation change aussi de sens, comme si

---

([1]) Sa valeur en unité C G S est exprimée par $4\pi n$ I, si I est compté lui-même en unités C G S, c'est-à-dire en dizaines d'ampères.

l'aimantation précédente avait disparu. Une étude plus complète montrerait cependant qu'il n'en est pas tout à fait ainsi.

On pourra répéter à cette occasion deux expériences de cours intéressantes :

1° On enroule du fil régulièrement sur un tube de verre étroit que l'on couvre sur une longueur de 8 à 10 centimètres (fig. 113, *a*). Le tube étant disposé horizontalement, on y place vers l'extrémité une aiguille à tricoter, et l'on fait passer un courant croissant graduellement comme nous l'avons indiqué précédemment.

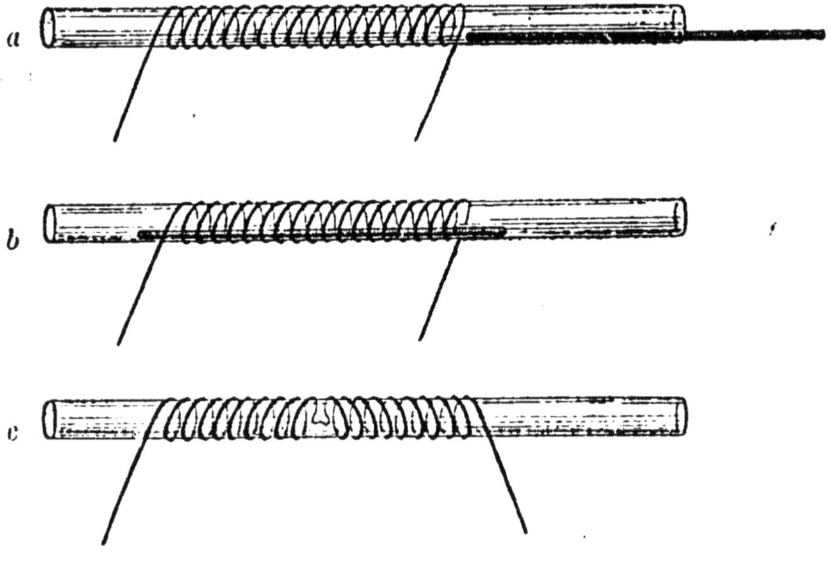

Fig. 113. — Aimantation par les courants.

Lorsqu'il a atteint une intensité convenable, l'aiguille se précipite à l'intérieur du tube et prend, après quelques oscillations, une position d'équilibre dans laquelle ses extrémités dépassent à peu près également les deux bouts de la bobine (fig. 113, *b*). — Cette expérience s'explique aisément par l'attraction qu'exerce la bobine (solénoïde) sur l'acier placé à l'extérieur et aimanté en quelque sorte par influence. Dans la position d'équilibre, les extrémités du solénoïde exercent des attractions égales sur les pôles correspondants du petit barreau.

2° Enrouler le fil sur ce même tube de verre dans un certain sens sur une longueur de 5 ou 6 centimètres, puis en sens contraire sur une longueur pareille (fig. 113, *c*). Placer l'aiguille à tricoter au milieu, et faire passer le courant. L'aiguille a un point conséquent : un pôle austral par exemple au milieu et des pôles boréaux aux deux bouts.

III. Électro-aimant. — Nous croyons intéressant pour les élèves de répéter quelques-unes des expériences de cours relatives aux électro-aimants : attractions, etc...

Signalons en particulier celles relatives au magnétisme rémanent.

On applique sur les deux pôles d'un électro-aimant en fer à cheval la pièce de fer doux dite *armature*, à laquelle on suspend un plateau. On sait que si l'armature se détache au premier abord sous une charge de 2 kilos, on peut lui en faire porter plus du double à la condition de mettre les poids sur le plateau petit à petit.

Le plateau étant médiocrement chargé, on renverse le courant au moyen d'un commutateur; le plateau ne tombe pas, bien qu'il semble qu'à un certain moment l'aimantation ait dû disparaître entièrement avant d'être remplacée par une aimantation contraire.

Cette expérience ne réussit pas si l'on interpose une feuille de papier entre les pôles et l'armature.

Enfin on constate que le plateau peut rester suspendu à l'électro-aimant longtemps après que le courant a cessé, si la charge n'est pas excessive, et à la condition que l'on n'ait pas interposé de feuille de papier.

Nous croyons intéressant aussi d'examiner de près la structure d'une sonnerie électrique, d'un télégraphe de Morse et de divers autres appareils, et d'apprendre à les régler ou à les faire fonctionner.

Nous donnerons seulement quelques indications relatives à la sonnerie électrique et au téléphone.

Fig. 114. — Sonnerie électrique.

IV. Sonnerie électrique. — L'organe essentiel d'une sonnerie est un électro-aimant en fer à cheval E E (fig. 114). Les noyaux de fer doux qui en forment l'âme sont ordinairement fixés au moyen de vis du même métal sur une pièce prismatique de section au moins égale. Leur diamètre est le tiers environ de celui de la bobine. L'enroulement du fil est tel qu'il se produit toujours aux extrémités libres deux pôles de noms contraires; on peut dire que le flux de force magnétique développé par l'action des bobines passe de l'une à l'autre à travers la culasse. On voit sur la figure que les pôles de la pile étant mis en rapport avec C et Z, le courant entre par D, revient en M et passe de là au fer doux A que l'on appelle *armature*, et au ressort R qui le touche actuellement pour sortir enfin par S et Z.

L'armature, montée sur une lame flexible, porte le marteau m. Lorsqu'on envoie le courant, en fermant le circuit de la pile, cette pièce, attirée par l'électro-aimant, doit quitter le ressort en même temps que le marteau frappe le timbre; le courant et par suite l'attraction cessant alors, le contact s'établit de nouveau, et ainsi de suite.

On voit immédiatement en quoi consiste le réglage d'une sonnerie : 1° Placer l'armature assez près des pôles de l'électro-aimant pour qu'une attraction suffisante se produise lorsque le courant passe;

2° Veiller à ce que le ressort R la touche à l'état de repos, mais très légèrement afin qu'un petit déplacement rompe le circuit. L'amplitude des oscillations, d'abord faible, grandit jusqu'à une certaine limite qui dépend de l'intensité du courant.

Notons pour terminer qu'on obtient d'une sonnerie de *dimensions données* le maximum d'effet lorsque la résistance de ses bobines est égale

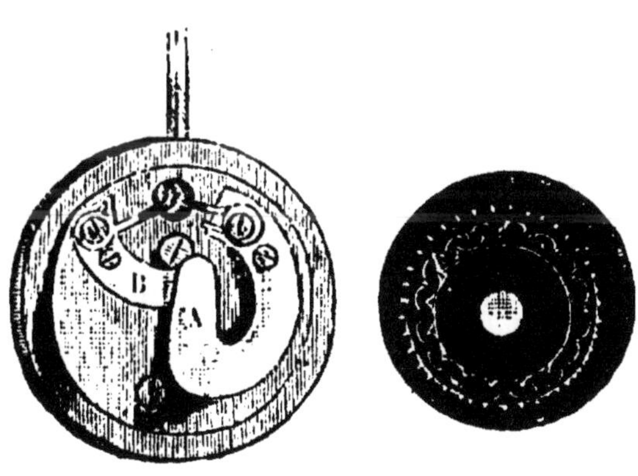

Fig. 115. — Bouton d'appel.

à celle du circuit extérieur. En conséquence, on doit en général donner la préférence au fil fin; car la résistance des piles Leclanché, ordinairement employées pour cet usage, est à elle seule assez considérable (1,5 ohm environ par élément).

Le bouton d'appel des sonneries est un interrupteur des plus simples. La figure 115 en montre suffisamment la disposition intérieure. Lorsqu'on appuie sur le bouton extérieur, la pièce A qui forme ressort vient s'appliquer sur B, et ferme le circuit.

Remarque. — Nous retrouvons identiquement les pièces de la sonnerie électrique dans l'interrupteur à marteau des petites bobines de Ruhmkorff.

V. Téléphones. — Le premier téléphone électro-magnétique capable de transmettre la parole a été inventé par Graham Bell en 1876. Perfectionné dans ses détails et dans sa construction, il est encore souvent employé aujourd'hui. Toutefois, de si nombreuses variantes ont été apportées à cette construction qu'il serait fastidieux de les décrire toutes. Nous nous bornerons à signaler le téléphone Ader et celui de M. d'Arsonval. Nous ne nous occuperons d'ailleurs que des systèmes *sans piles*, où le transmetteur est identique au récepteur.

Dans chacun de ces appareils, on trouve une membrane en tôle mince fixée par ses bords entre deux pièces circulaires de bois ou de métal. Très près et en regard du centre de cette membrane se termine un aimant dont l'un des pôles (ou les deux suivant le cas) est entouré d'une bobine de fil fin.

1° TÉLÉPHONE DE BELL. — La figure 116 montre suffisamment la composition de l'appareil. Les pièces A, T, D sont en bois; les deux premières sont vissées l'une sur l'autre; la dernière est serrée en B C au moyen de trois ou quatre vis dont deux sont visibles sur le dessin. Celle-ci, en forme d'entonnoir, sert à porter la parole au centre de la plaque de tôle dont les vibrations font naître dans l'aimant des variations alternatives, et par suite des courants induits alternatifs dans la bobine, la ligne et le récepteur. On a représenté deux fils conducteurs partant de la bobine et aboutissant au câble transmetteur *f*.

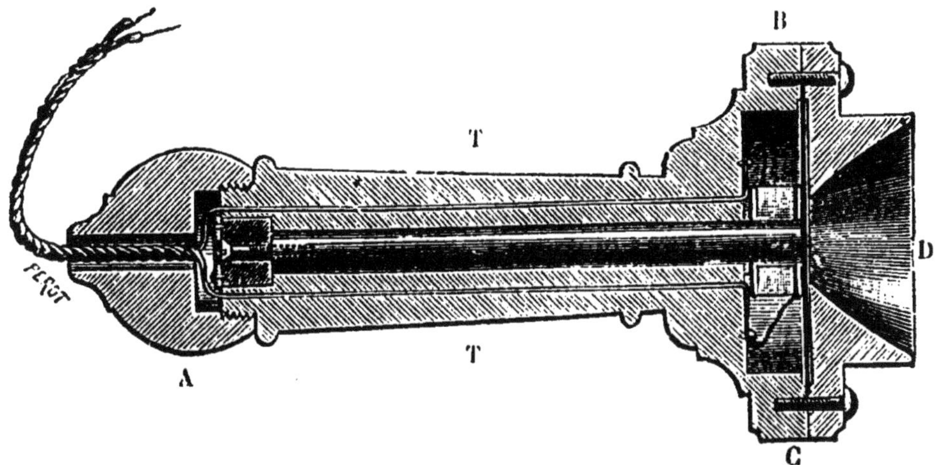

Fig. 116. — Téléphone de Bell (coupe).

Pour démonter ce téléphone, on enlève d'abord les vis B C; l'entonnoir D tombe; mais la plaque de tôle reste appliquée sur le cercle où elle était fixée, par suite de l'attraction énergique exercée sur elle par l'aimant. On l'enlève délicatement afin de ne pas la déformer; car elle serait mise facilement hors d'usage. — On voit alors l'extrémité de l'aimant chaussée de sa bobine.

En dévissant la pièce A, on découvre à cette extrémité une vis qui s'engage dans l'aimant et permet de le déplacer un peu dans le sens de sa longueur, afin de régler sa position par rapport à la plaque vibrante.

Pour remonter l'appareil, on place cette plaque dans sa position bien centrale, en tenant l'appareil verticalement, puis on fixe l'entonnoir D. On essaie alors l'appareil, et l'on agit au besoin sur la vis de réglage pour obtenir le maximum de netteté du son transmis. On a compris que l'extrémité de l'aimant devait être très voisine de la plaque, mais pas assez cependant pour gêner ses vibrations. Le réglage terminé ou seulement vérifié, on remet en place la pièce A.

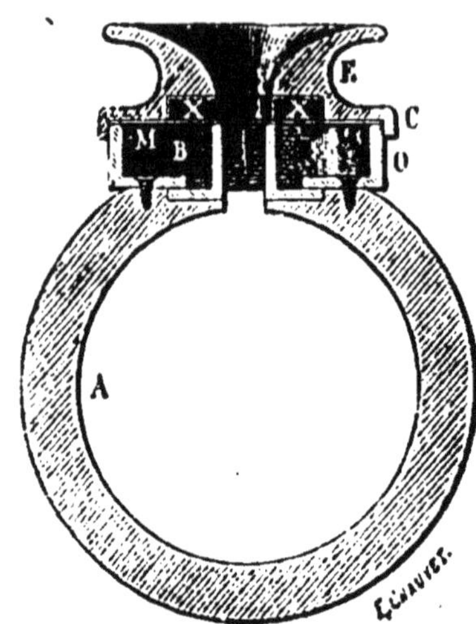

Fig. 117. — Écouteur Ader (coupe).

Fig. 118. — Écouteur Ader (profil).

2° ÉCOUTEUR ADER. — Le récepteur bien connu des lignes téléphoniques françaises diffère surtout du précédent en ce que l'aimant, recourbé en forme d'anneau, a ses deux pôles en regard de la lame vibrante M, et qu'un anneau de fer doux XX (fig. 117) placé au-dessus de celle-ci ferme à peu près le circuit magnétique, et renforce par suite considérablement le champ

Fig. 119. — Écouteur Ader (plan de l'organe magnétique).

dans lequel oscille la lame. Les deux extrémités polaires, faites d'ailleurs de pièces de fer doux ajustées sur l'aimant, forment les noyaux de deux bobines induites dont la disposition est indiquée en B dans les figures 117 et 119.

L'embouchure E se visse sur la chambre sonore O, et assujettit elle-même la lame vibrante. Le réglage de l'aimant est supprimé.

3° TÉLÉPHONE D'ARSONVAL. — L'aimant circulaire A est muni de deux pièces polaires en fer doux T et N entre lesquelles se trouvent les bobines (B, fig. 120). La première est un cylindre creux, la deuxième un cylindre plein.

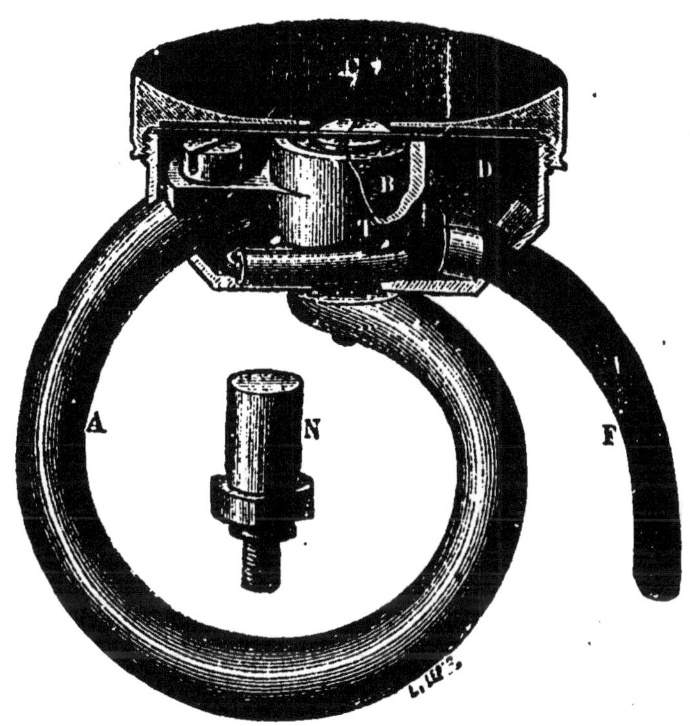

Fig. 120. — Téléphone d'Arsonval.

On a supposé coupée par le milieu la chambre sonore D, la plaque vibrante *p* et l'entonnoir *c*. On a simplement échancré la pièce polaire T pour laisser apercevoir la bobine B. Enfin on a dessiné à part la deuxième pièce polaire N. On voit en F le double câble qui est relié à la ligne.

Cet appareil et le précédent comptent parmi les plus puissants, et s'entendent aisément à distance.

XXII

LES GALVANOMÈTRES

ET AUTRES APPAREILS DE MESURES ÉLECTRO-MAGNÉTIQUES

Nous ne nous proposons pas de donner ici la théorie ni la description complète des galvanomètres en général, mais seulement de rappeler les propriétés fondamentales de quelques-uns, autant que cela peut être utile au point de vue des manipulations. Nous passerons sous silence le galvanomètre bien connu de Nobili, classique pour ainsi dire, parce qu'il est à peu près abandonné aujourd'hui et remplacé par des appareils plus sensibles ou plus commodes. Nous nous arrêterons particulièrement à deux types très répandus : le galvanomètre de Thomson à quatre bobines, et le galvanomètre apériodique de MM. Deprez et d'Arsonval.

Galvanomètre de Thomson.

La figure 121 représente cet appareil dans l'une de ses formes les plus usitées. L'équipage mobile (représenté à part), est formé de deux petits groupes d'aiguilles aimantées très courtes ab, $a'b'$, formant un système astatique, comme dans l'appareil de Nobili. Ces deux groupes sont reliés par une petite tige légère et rigide. L'un d'eux est fixé à la cire au dos d'un petit miroir concave qui sert à mesurer les déviations, comme nous l'avons indiqué à propos de l'électromètre à quadrants (page 285).

Les quatre bobines de l'appareil, rapprochées deux à deux comme on le voit sur la figure, laissent entre elles deux petites

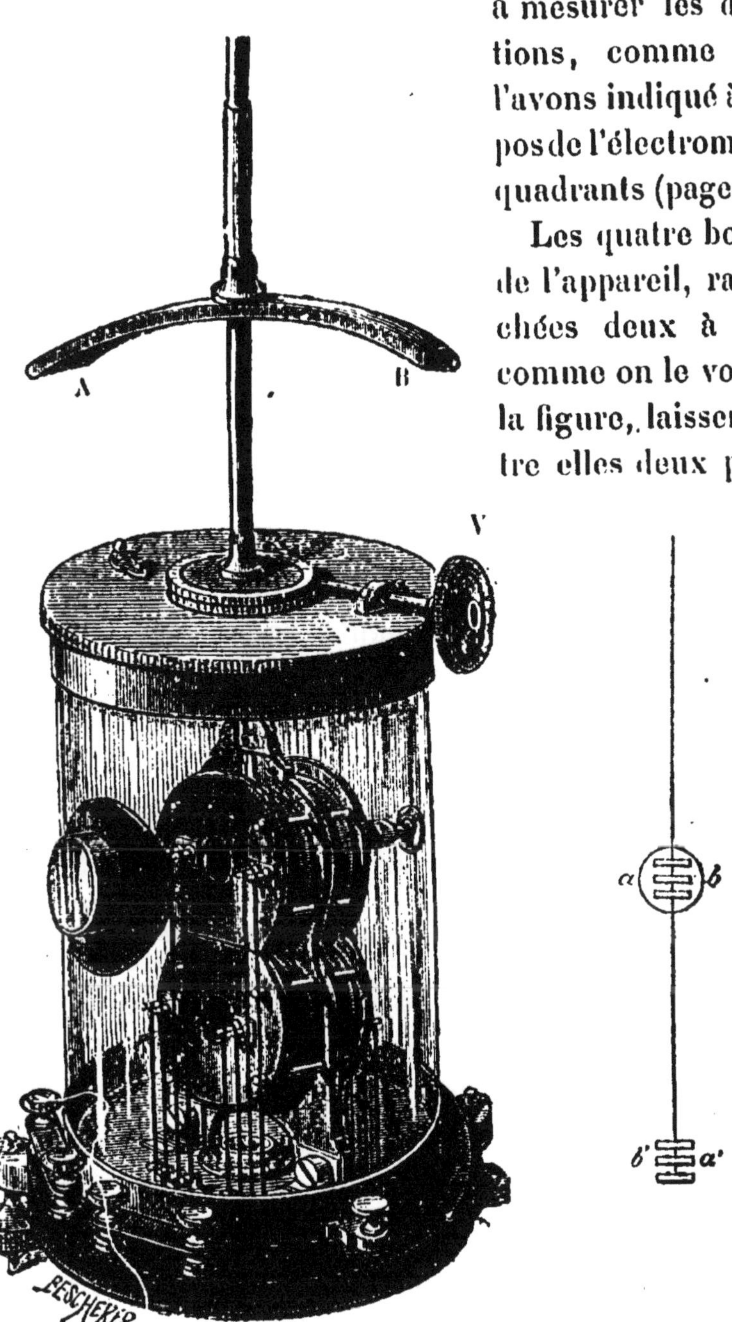

Fig. 121. — Galvanomètre de Thomson.

cavités juste suffisantes pour que l'équipage mobile y oscille librement lorsque l'appareil a été convenablement calé au moyen de trois vis qui le supportent. — Il est à peine utile d'ajouter que l'enroulement des bobines est tel que leurs actions sur les aimants ab et a' b' coïncident.

Cet appareil, tel que nous venons de le décrire, est très sensible ; mais on en augmente encore beaucoup la sensibilité au moyen de l'*aimant directeur* AB, que l'on peut fixer plus ou moins haut sur la tige qui le supporte et orienter ensuite au moyen de la vis tangente V.

Le champ magnétique créé par cet aimant se compose avec le champ terrestre, et peut le détruire entièrement ou le réduire en tous cas à une valeur très faible dans la région occupée par l'équipage mobile. De plus, on peut donner à ce champ telle direction que l'on veut par une orientation convenable de l'aimant ; l'action de celui-ci peut d'ailleurs être rendue prépondérante.

On peut donc, sans se préoccuper de la direction du méridien, comme on était obligé de le faire avec les anciens appareils, installer le galvanomètre sur une tablette solidement fixée au mur à l'endroit le plus commode, la face antérieure tournée du côté où l'on se propose de placer l'échelle divisée. On agit alors sur les vis calantes, puis sur l'aimant directeur, de manière que l'équipage soit parfaitement mobile, et que le petit miroir tourne sa face réfléchissante vers la règle divisée.

Un bec de gaz placé à côté de celle-ci éclaire par réflexion ce petit miroir ; le réglage est achevé lorsque l'image du fil tendu (voir page 285) vient se faire exactement au-dessus de lui sur l'échelle. On avance alors ou l'on recule l'échelle jusqu'à ce que cette image soit nette. A ce moment, avons-nous dit, la distance de l'échelle au miroir est égale au rayon de courbure de ce dernier. Trouve-t-on, au cours des expériences, la sensibilité de l'instrument insuffisante? On relève l'aimant si son action était prépondérante, on l'abaisse dans le cas contraire (¹).

Ces galvanomètres, dont le prix est d'ailleurs très élevé, possèdent en général plusieurs systèmes de bobines de rechange, formées, suivant l'usage auquel elles sont destinées, d'une longueur plus ou moins considérable de fil plus ou moins fin.

SHUNT. — En tous cas ce sont des appareils à la fois très sensibles et très délicats, et il faut prendre grand soin de n'y point faire passer de courants trop forts, qui les mettraient vite hors d'usage. — On prend à cet égard deux précautions indispensables :

1° L'instrument est presque toujours employé comme appareil de zéro, c'est-à-dire pour constater que la portion de circuit dans laquelle il se trouve n'est traversée par aucun courant. Il n'est jamais intercalé directement dans un circuit où passe un courant d'une manière permanente. Un interrupteur est toujours placé sur l'un des fils qui sont attachés à ses bornes et sous la main de l'opérateur, afin de ne lancer le courant dans le galvanomètre qu'au moment où, tous les détails de l'expérience étant réglés, on veut observer le sens ou la grandeur de la déviation. Dans les premiers essais, on n'appuie sur l'interrupteur que pendant un temps très court.

2° Malgré cela, l'ajustement pouvant être très défectueux, il se peut que l'appareil reçoive un courant dangereux

____

(¹) On fait l'inverse si l'instrument est jugé trop sensible ; lorsqu'en effet l'équipage se trouve placé dans un champ trop faible, et oscille par conséquent sous l'influence d'une force très petite, les oscillations sont très lentes, ce qui est souvent très gênant.

pour lui. Mais on établit entre ses bornes une *dérivation* ayant pour but de faire passer la majeure partie de ce courant par cette sorte de pont jeté entre les bornes, en dehors de l'instrument.

Supposons, par exemple, que la résistance totale des bobines du galvanomètre soit de 100 ohms, et réunissons les bornes par un fil ayant une résistance de 1 ohm seulement. S'il passe dans l'instrument un certain courant i, ce pont extérieur auquel on donne le nom de *shunt*, recevra un courant 100 fois plus fort ($100\ i$). Le courant i est donc la $1/101^e$ partie du courant total.

Afin de graduer commodément cet effet de la dérivation, on adjoint ordinairement à chaque galvanomètre un système de trois bobines enfermées dans une petite boîte (¹) que représente la figure 122. Les résistances de ces bobines sont respectivement $1/9$, $1/99$ et $1/999$ de celle du galvanomètre ; elles

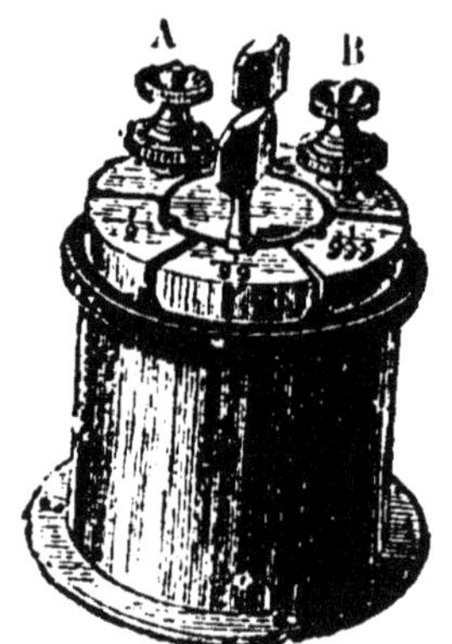

Fig. 122. — Shunt.

permettent par conséquent de réduire à $1/10$, $1/100$ ou $1/1000$, l'intensité du courant qui traverse l'instrument, et par suite la sensibilité de celui-ci.

Les deux bornes du galvanomètre étant réunies aux bornes A et B, enlevons la fiche qui les sépare, et laissons celle qui bouche le trou portant l'indication $1/99$: il passe dans le galvanomètre $1/100$ du courant total. Si nous voulons que rien n'y passe, il suffit de replacer la fiche enlevée entre A et B ; car tout le courant passe alors directement de A à B.

<hr>

(¹) Cette petite boîte de résistances est souvent désignée aussi sous le nom de *shunt*.

On voit donc qu'au début d'un réglage on doit toujours mettre la fiche sur le n° 1/999, puis successivement sur 1/99 et 1/9, à mesure que le réglage s'améliore, la déviation ayant été rendue très faible dans chaque cas. On enlève enfin les deux fiches à la fois ; tout le courant résiduel traverse l'instrument, auquel on a rendu par conséquent toute sa sensibilité comme *galvanoscope*.

On trouvera une application de ce qui précède dans la mesure des résistances.

Galvanomètre apériodique Deprez-d'Arsonval.

Lorsqu'on place la fiche entre les bornes A et B, le circuit du galvanomètre est, comme on le voit, fermé sur lui-même. Il en résulte que les oscillations de l'équipage sont amorties, grâce aux courants induits que ces mouvements eux-mêmes développent dans le circuit (loi de Lenz).

Dans l'instrument que nous allons décrire maintenant, les courants induits prennent plus d'importance, et grâce à une combinaison sur laquelle nous ne pouvons nous étendre, l'équipage mobile revient au zéro ou d'une manière générale se fixe dans sa position d'équilibre sans osciller. On dit qu'il est *apériodique*. Il n'est pas besoin d'insister sur l'importance pratique d'une pareille propriété.

Dans cet instrument, que représente notre figure 123, c'est la bobine qui est mobile, l'aimant étant fixe. — Il se compose de trois ou quatre aimants en fer à cheval appliqués les uns contre les autres, et disposés verticalement dans le modèle courant. Un cylindre creux en fer doux, placé entre les deux pôles, dirige les lignes de force de manière à produire entre ces surfaces polaires et lui-même un champ magnétique d'une intensité d'autant plus grande que les surfaces sont plus rapprochées.

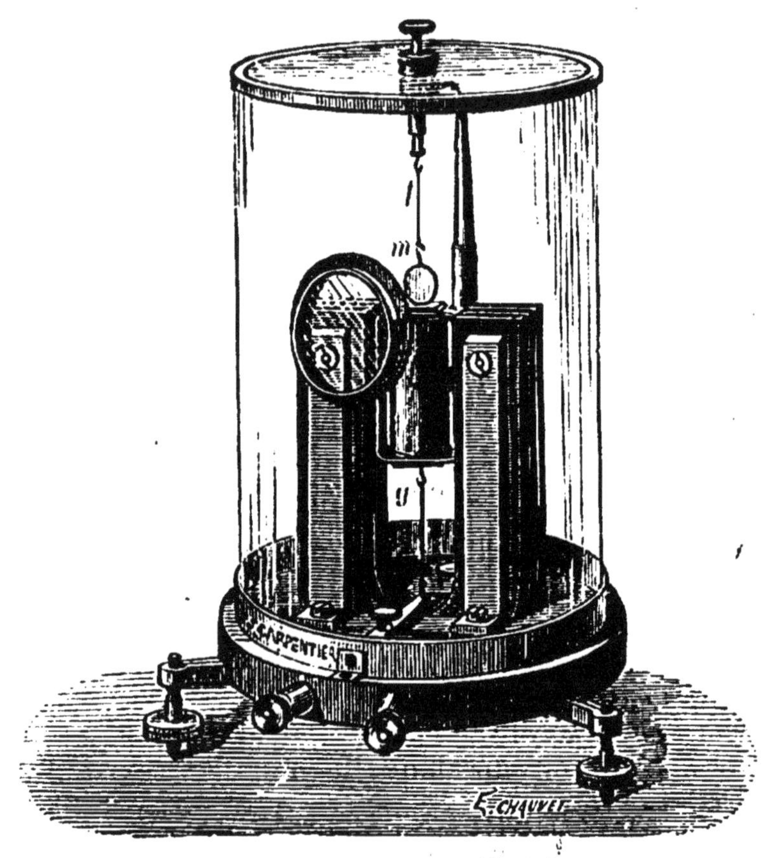

Fig. 123. — Galvanomètre de MM. Deprez et d'Arsonval.

L'équipage mobile est formé d'un cadre en fil de cuivre isolé que traverse le courant à mesurer. La figure montre bien le mode de suspension de ce cadre ; mais nous ajouterons que dans les modèles de grande sensibilité, les fils métalliques fg qui conduisent ici le courant sont remplacés par des fils de soie ; ceux-ci ont l'avantage d'offrir beaucoup moins de résistance à la torsion. Des fils métalliques spéciaux non tendus conduisent alors le courant des bornes aux extrémités du cadre.

On voit en *m* le miroir servant à observer les déviations par la méthode de réflexion. Ajoutons que la cage étant cylindrique, on est obligé, pour obtenir de bonnes images, de percer la paroi d'un trou que l'on ferme par une glace circulaire à faces parallèles.

Comme dans tous les galvanomètres en général, on donne une résistance plus ou moins considérable à la bobine mobile, suivant l'usage auquel l'instrument est plus spécialement destiné.

Bien que celui-ci soit beaucoup plus robuste que le galvanomètre précédemment décrit, on fera bien d'observer les mêmes précautions dans son usage. Ainsi, il n'est pas inutile de le *shunter*, comme nous l'avons expliqué plus haut.

Outre qu'il est apériodique, cet instrument a l'avantage de pouvoir être utilisé partout, sans que l'on ait à se préoccuper du champ magnétique terrestre ni des champs, même très intenses, qui peuvent être produits par des machines voisines.

Galvanomètres balistiques.

Dans les galvanomètres les plus usuels, les oscillations de l'équipage mobile sont plus ou moins amorties, soit par les courants induits qui se produisent par suite du mouvement des aiguilles aimantées dans les pièces métalliques voisines, soit par suite des frottements sur l'air ou autres. En particulier le galvanomètre de MM. Deprez et d'Arsonval, qui est apériodique en circuit fermé, peut osciller très longtemps au contraire en circuit ouvert, lorsque certaines précautions sont prises dans sa construction : il devient alors *balistique*, c'est-à-dire que l'amplitude des oscillations ne diminue que très lentement.

On arrive au même résultat avec les galvanomètres à aiguille, en remplaçant toutes les pièces métalliques voisines de l'aiguille par des pièces en ivoire, en ébonite ou en bois, en réduisant autant que possible les frottements sur l'air, et en augmentant le moment d'inertie de l'équipage mobile par l'addition d'une sphère de cuivre dont le centre est placé sur l'axe rigide qui relie les diverses parties de cet équipage.

Le galvanomètre serait parfaitement balistique si les élongations successives de l'image lumineuse, d'un même côté de l'échelle graduée, ne différaient pas visiblement l'une de l'autre. On prévoit que cela ne sera pas réalisé dans la pratique. Supposons que l'aiguille, partant du repos, soit lancée par une cause quelconque, et que l'image partie du zéro atteigne le n° 127, puis s'en retourne et revienne au n° 123. Nous admettrons que si toutes les causes d'amortissement avaient été supprimées la première élongation eût été de 128 ; car la perte d'une division pendant la première élongation correspond bien à une perte de 4 divisions (127-123) pour un aller et retour complet, c'est-à-dire pour une oscillation entière.

Il est clair que cette correction est d'autant plus incertaine qu'elle est plus considérable.

Ampèremètres.

Nous ne nous arrêterons pas à décrire ces instruments, en général grossiers, et dont les types sont aujourd'hui très nombreux, grâce à l'extension qu'a prise l'industrie électrique.

D'une manière générale, un petit barreau aimanté est soumis à l'action d'un cr .re de très faible résistance traversé par le courant à mesurer, ou bien inversement, comme dans le galvanomètre Deprez-d'Arsonval, une portion de circuit mobile est placée dans le champ d'un aimant permanent.

En tous cas la pièce mobile tend à revenir à une certaine position, qui correspond au zéro de la graduation, sous l'action d'un fort aimant directeur (voy. fig. 100) ou d'un petit ressort antagoniste, soit encore sous l'influence de la pesanteur. Dans ce dernier cas l'appareil ne peut être utilisé que dans une certaine position (station verticale ou horizontale, suivant l'appareil); mais il est bon de faire remarquer que l'on n'a pas alors à se préoccuper de l'altération que peuvent subir avec le temps le ressort ou l'aimant directeur.

Voltmètres.

Les voltmètres diffèrent essentiellement des ampèremètres en général par la grande résistance de leur bobine. La figure 124 montre la disposition de l'un de ces appareils fondé sur l'attraction d'une tige de fer doux de forme très particulière par une bobine traversée par le courant.

Lorsqu'on veut connaître la différence de potentiel aux

bornes d'une batterie d'accumulateurs ou de piles, ou entre deux points d'un circuit en service, on réunit les deux bornes de l'appareil à ces deux points (on voit que l'instrument est mis *en dérivation* dans ce dernier cas). La

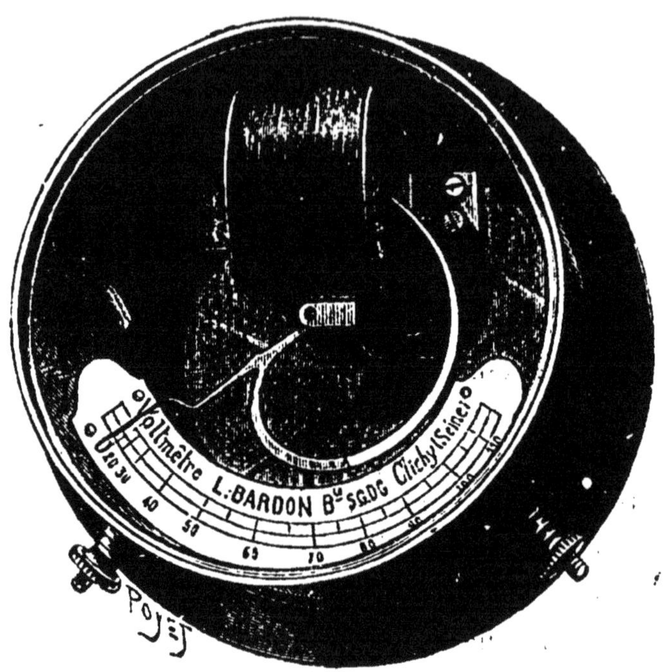

Fig. 121. — Voltmètre.

résistance de l'appareil est assez grande pour que l'on n'ait pas à craindre la production de courants trop intenses ni un changement important dans la distribution des potentiels le long du circuit principal.

Galvanomètre à mercure de M. Lippmann.

Cet instrument présente un caractère tout différent. Par son peu de sensibilité, il se place à côté des ampèremètres, mais, la dénivellation du mercure y étant proportionnelle à l'intensité du courant qui le traverse, ses indications ont une toute autre valeur que celle des ampèremètres.

Bien que l'usage de cet instrument ne soit pas encore très répandu, nous croyons qu'il peut rendre beaucoup de services dans un grand nombre de cas. Nous en rappellerons donc le principe.

On voit sur la figure 125 deux systèmes d'aimants opposés par leurs pôles de même nom, et entre ces pôles deux pièces de fer doux P et P' formant armatures et se touchant presque, de manière à fermer le circuit magnétique. L'espace très étroit laissé entre ces pièces est occupé par un petite cuve isolante très aplatie (son épaisseur $e = 0^{mm},2$ environ) et communiquant avec deux tubes

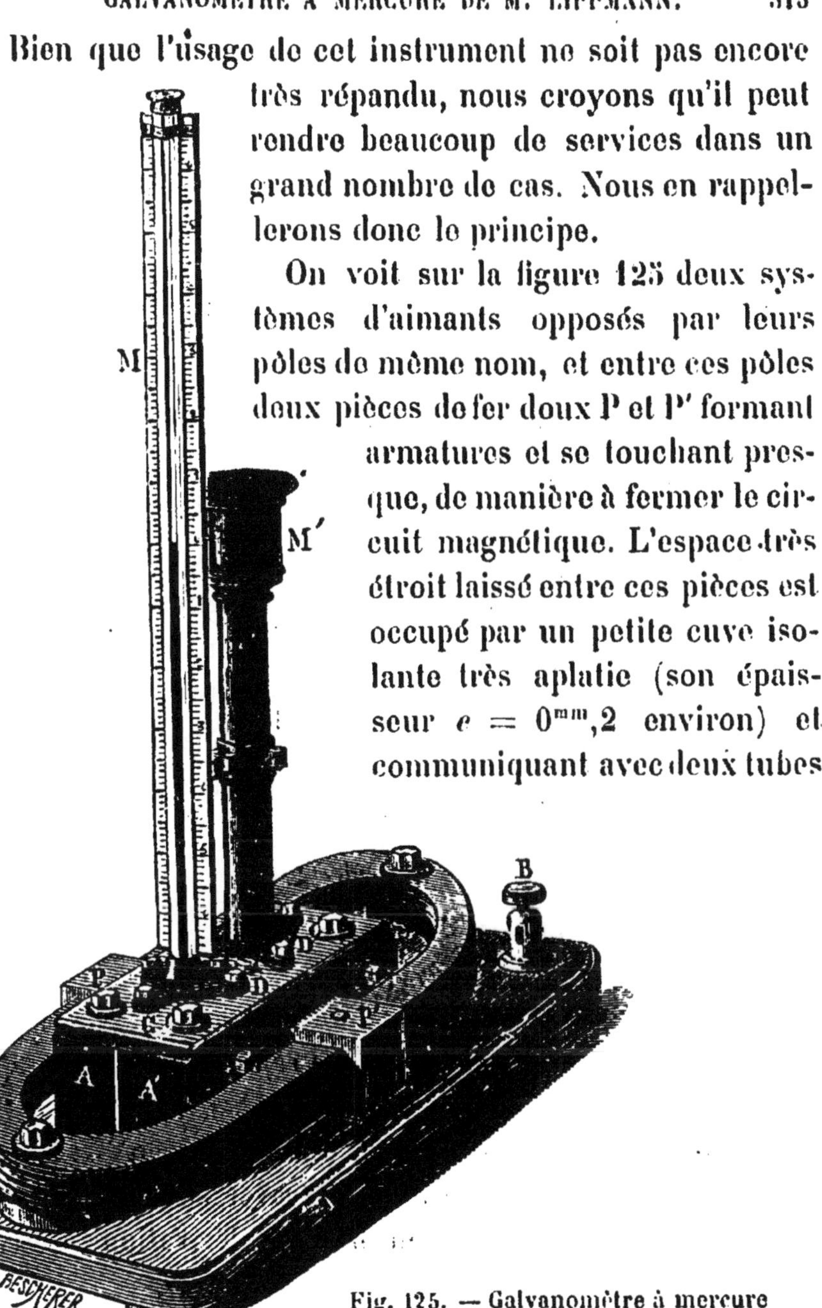

Fig. 125. — Galvanomètre à mercure
de M. Lippmann (¹).

(¹) Cette figure nous a été obligeamment prêtée par MM. Gauthier-Villars et fils (*Traité de physique* de MM. Chappuis et Berget).

verticaux, l'un en verre M, l'autre en ébonite, qui se termine par une cuvette M' à mi-hauteur du premier. Le système contient du mercure que l'on voit affleurer au niveau de la cuvette en l'absence de courant.

On voit que la lamelle de mercure est placée normalement aux lignes de force d'un champ magnétique intense. On peut la faire traverser par le courant à mesurer au moyen de deux électrodes de platine reliées aux bornes de l'appareil.

Suivant le sens du courant, le mercure est chassé dans un sens ou dans l'autre (réciproque de l'expérience d'Œrstedt) et la différence de niveau qui s'établit est de 2 à 3 centimètres par ampère, suivant l'épaisseur de la petite cuve et l'intensité du champ magnétique.

On voit que cet instrument, à la fois robuste et commode, permet de mesurer facilement et rapidement à $1/20^e$ d'ampère près un courant de quelques ampères. Il n'y a pas d'autre précaution à prendre que de rendre le tube M sensiblement vertical.

Électrodynamomètres.

Dans certains cas, et en particulier lorsqu'il s'agit de mesurer des courants alternatifs, on remplace les galvanomètres par des électrodynamomètres.

Ces instruments se composent essentiellement de 2 bobines, l'une fixe et l'autre mobile, traversées toutes deux par le courant à mesurer, ou par des dérivations de ce courant.

Lorsque les 2 bobines sont intercalées à la suite l'une de l'autre dans le circuit, elles sont constituées par un fil assez court et d'assez fort diamètre pour n'offrir qu'une

résistance insignifiante par rapport à celle du circuit tout
entier.

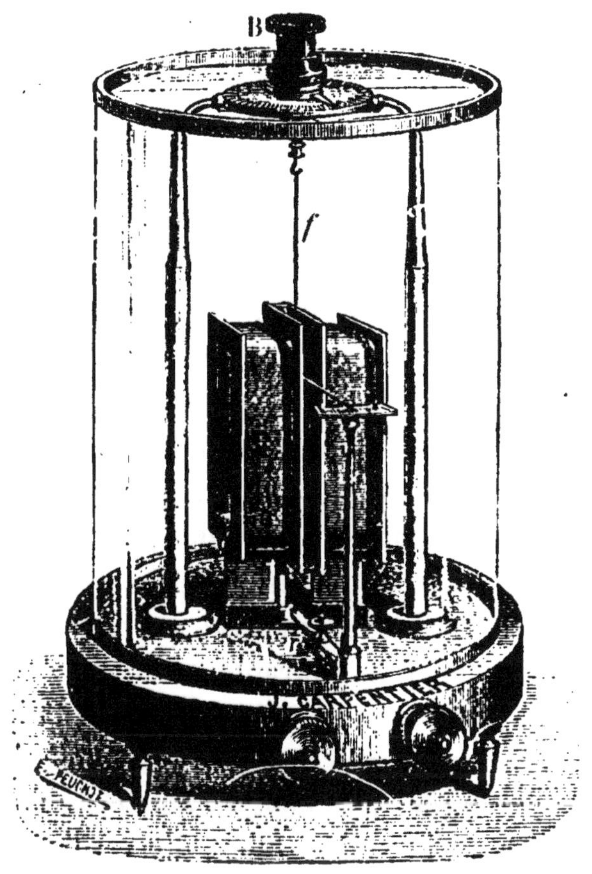

Fig. 126. — Électrodynamomètre.

La figure 126 représente l'appareil construit par M. Carpentier, dans lequel la bobine mobile est, au contraire,
formée de fil fin et ne reçoit qu'une dérivation du courant
à mesurer.

Dans un galvanomètre ordinaire, le système mobile
(aiguilles aimantées) possède un moment magnétique
invariable et se déplace dans un champ proportionnel
à l'intensité du courant. L'action du champ sur l'équipage

dans une position donnée est donc proportionnelle à cette même intensité, et il en est à peu près de même de la déviation dans certaines limites.

Dans le galvanomètre Deprez-d'Arsonval, le champ magnétique est constant et le moment magnétique de la bobine mobile est proportionnel à l'intensité du courant, ce qui conduit au même résultat.

Dans l'électrodynamomètre, le moment magnétique de la bobine mobile et le champ créé par la bobine fixe sont tous deux proportionnels à l'intensité du courant, de sorte que leur action mutuelle est proportionnelle au carré de cette intensité.

Trois méthodes sont employées pour mesurer les courants au moyen des électrodynamomètres.

1° **Méthode de torsion.** — La bobine mobile de l'électrodynamomètre de Carpentier est suspendue, comme celle du galvanomètre Deprez-d'Arsonval, par un fil métallique qui sert à y amener le courant, en même temps qu'il joue le rôle de *fil de torsion*. Ce fil, légèrement tendu par un ressort à réglage *r*, que l'on voit au bas de l'appareil, s'oppose d'autant plus à la déviation de la bobine mobile qu'il est plus gros et plus court. En le tordant convenablement, au moyen du bouton B en ébonite placé à la partie supérieure, on peut ramener la bobine mobile dans la position qu'elle prend à l'état d'équilibre et en l'absence de courant.

C'est ce dont on s'assure au moyen d'un index solidaire de cette bobine, qui se déplace devant un arc gradué ; le zéro de cet arc sert de repère. Une aiguille indicatrice fixée au bouton se déplace sur un cercle divisé en degrés, et fait connaître par conséquent la torsion du fil *f*.

Expérience. — Pour se servir de l'instrument, on le

place sur une table horizontale, et on s'assure de ce que la bobine est bien mobile; puis on fait tourner le bouton de manière à amener l'index vis-à-vis du repère (¹).

On note la position de l'aiguille sur le cercle gradué supérieur; si l'appareil est en bon état, elle doit se trouver au zéro.

Puis on attache les fils qui amènent le courant aux 2 bornes extérieures de l'appareil, et l'on fait passer ce courant au moyen d'un interrupteur que l'on a eu le soin de disposer dans le circuit.

La bobine mobile est déviée toujours dans le même sens, quelle que soit la direction du courant. On tourne le bouton en sens contraire, jusqu'à ce que l'index de la bobine reprenne sa première position, ainsi que nous l'avons dit tout à l'heure. On a soin de compter les tours, si la torsion est supérieure à 360°, et on lit sur le cercle gradué le degré sur lequel s'arrête l'aiguille. Les connexions entre les deux bobines sont établies de telle sorte qu'il faille toujours tourner dans le sens des numéros croissants. Supposons qu'il ait fallu faire un tour complet, et que l'aiguille s'arrête sur le n° 16 : la torsion est de 376°.

Cette torsion, avons-nous dit, mesure le couple appliqué à la bobine mobile, qui est proportionnel au carré de l'intensité du courant. Si donc nous diminuons celle-ci de moitié, la torsion sera réduite au quart de sa valeur, soit 94°, et ainsi de suite.

C'est ce que l'on pourra constater en plaçant à la suite l'un de l'autre, dans le même circuit, cet appareil et un galvanomètre à mercure de M. Lippmann. On pourra par

(¹) A ce moment les axes des deux bobines sont rectangulaires.

exemple atteler trois accumulateurs ($E = 6$ volts environ), sur une résistance capable de varier progressivement de 6 ohms à 2 ohms environ, un rhéostat de Wheatstone par exemple. On s'arrêtera aux valeurs de cette résistance (6^ω, 3^ω, 2^ω), telles que le galvanomètre à mercure marque 1, 2, 3 ampères, et l'on constatera que les torsions nécessaires pour ramener au zéro l'index de la bobine mobile sont entre elles comme 1, 4, 9.

On voit que la sensibilité d'un électrodynamomètre est très faible pour les faibles courants, ou plus exactement pour les petites torsions, et qu'elle augmente rapidement avec l'intensité du courant.

Remarque. — Nous n'avons pas tenu compte de l'action directrice exercée par la terre sur la bobine mobile ; cette action est en général négligeable et rentre dans les limites des erreurs des expériences ordinaires. Mais il convient de l'éviter en tous cas en plaçant les spires de cette bobine perpendiculairement au méridien magnétique et faisant passer de préférence le courant dans un sens tel que le côté gauche de la bobine soit au nord [1]. On sait, en effet, que cette position est précisément la position d'équilibre stable que prendrait la bobine sous l'action de la terre seule.

2° Méthode de la déviation. — Si la bobine fixe était au moins dix fois plus longue que large, on pourrait admettre sans grande erreur que la bobine mobile se déplace dans un champ uniforme. Nous n'insisterons pas sur ce point, qui a été développé dans le cours, et que

[1] Ceci suppose qu'il s'agit d'un courant continu et non d'un courant alternatif. Dans ce dernier cas, la position de la bobine que nous indiquons est encore une position d'équilibre, alternativement stable et instable, de sorte que l'action de la terre est encore nulle.

nous ne nous proposons pas d'appliquer; mais nous rappellerons qu'on peut alors déterminer par le calcul la loi suivant laquelle varie la déviation avec l'intensité du courant.

Il n'en est plus de même avec les appareils usuels. Il faut se contenter de les graduer empiriquement, c'est-à-dire de construire une table ou une courbe qui donne l'intensité du courant pour chaque valeur de la déviation.

Les petites déviations seules sont à peu près proportionnelles au carré de l'intensité, pourvu que l'on ait soin de disposer l'appareil comme nous l'avons dit plus haut par rapport au méridien magnétique.

3° **Méthode de la pesée.** — Nous ne ferons que rappeler ici les électrodynamomètres-balances, dans lesquels la bobine mobile, suspendue à l'une des extrémités d'un fléau de balance, est maintenue dans une certaine position (son axe vertical, le fléau de la balance horizontal) au moyen de poids placés dans le plateau opposé.

A la même condition que plus haut, les poids sont proportionnels au carré de l'intensité.

Mesure des courants alternatifs. — Si l'on fait passer dans un galvanomètre le courant d'une machine alternative (de Gramme, de Clarke ou de Ruhmkorff, etc.), l'aiguille s'agite sur place, mais ne subit pas de déviation, parce qu'elle subit des impulsions égales à droite et à gauche alternativement.

L'équipage de l'électrodynamomètre est dévié, au contraire, puisque le couple auquel il est soumis à chaque instant est proportionnel à i^2, et par suite ne change pas de sens avec i. C'est ce qui fait surtout le grand intérêt de cet appareil.

On démontre que si, en particulier, le courant alternatif

est sinusoïdal, c'est-à-dire si l'intensité à chaque instant est proportionnelle aux ordonnées d'une sinusoïde

$$i = \mathrm{I} \sin kt$$

l'effet produit sur l'électrodynamomètre est le même que celui d'un courant continu dont l'intensité serait $\dfrac{\mathrm{I}}{\sqrt{2}}$.

Si par exemple, dans notre première expérience ci-dessus, le courant continu équilibré par une torsion de 376° était de 3 ampères, un courant sinusoïdal équilibré par la même torsion a pour valeur maximum $3\sqrt{2} = 4{,}24$ ampères.

La mesure des courants alternatifs s'effectue donc exactement comme celle des courants continus; on doit seulement observer que si l'instrument a été étalonné au moyen d'un courant continu de valeur connue, le résultat obtenu avec un courant alternatif, et que l'on appelle *intensité moyenne*, est défini comme nous venons de le dire par $\dfrac{\mathrm{I}}{\sqrt{2}}$. C'est précisément cette intensité moyenne dont le carré multiplié par la résistance r du circuit exprime l'énergie dépensée dans celui-ci :

$$\mathrm{W} = r\left(\frac{\mathrm{I}}{\sqrt{2}}\right)^{2} = \frac{r\mathrm{I}^{2}}{2}.$$

De là le nom de *Watts-mètres* donné à certains électro-dynamomètres employés dans l'industrie.

On voit que pour mesurer cette énergie en watts, il suffit d'étalonner l'appareil en ampères au moyen d'un courant continu, comme nous l'avons indiqué précé-demment.

Électromètre capillaire de M. Lippmann.

Dans la plupart des mesures électriques on emploie des méthodes de zéro ; on peut remplacer alors le galvanomètre de précision par l'électromètre capillaire. Le plus souvent, en effet, le galvanomètre n'est employé que pour constater si deux points d'un circuit plus ou moins complexe traversé par un courant sont ou non au même potentiel ; dans le premier cas, l'instrument n'accuse aucun courant lorsqu'on réunit à ses bornes les deux points considérés ; s'il y a une différence de potentiel, l'instrument est traversé par un courant, qui se traduit par un déplacement à peu près proportionnel de l'image sur la règle divisée.

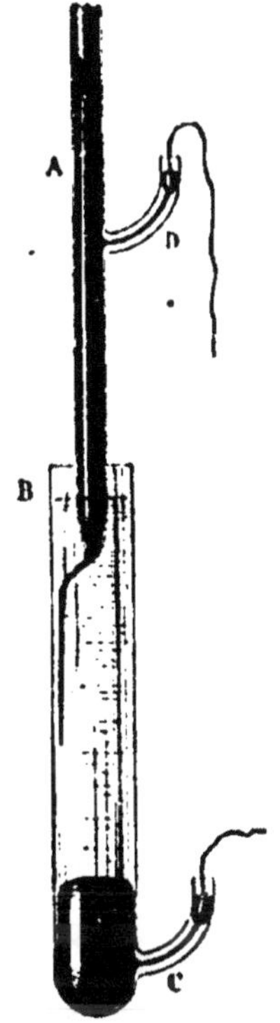

On obtiendrait les mêmes effets en réunissant les deux points en question *aux quadrants* d'un électromètre de Thomson, comme nous l'avons expliqué plus haut ; mais la sensibilité de cet instrument est insuffisante. L'électromètre capillaire est au contraire omparable sous ce rapport aux galvanomètres.

Fig. 127. — Électromètre capillaire : tube et cuvette.

Il se compose, comme on le sait, d'un tube vertical AB (fig. 127) terminé inférieurement par une pointe extrêmement fine qui plonge dans une petite cuvette en verre. Le tube contient une colonne de mercure dont la hauteur varie ordinairement entre 40 et 70 centimètres. On y voit pénétrer en D un fil de platine relié d'autre part avec l'une des bornes D' d'un interrupteur spécial fixé au bâti de l'appareil. La cuvette contient de l'eau acidulée au 1/6ᵉ par l'acide sulfurique, et du mercure relié par un deuxième fil C à la deuxième borne C' de l'interrupteur.

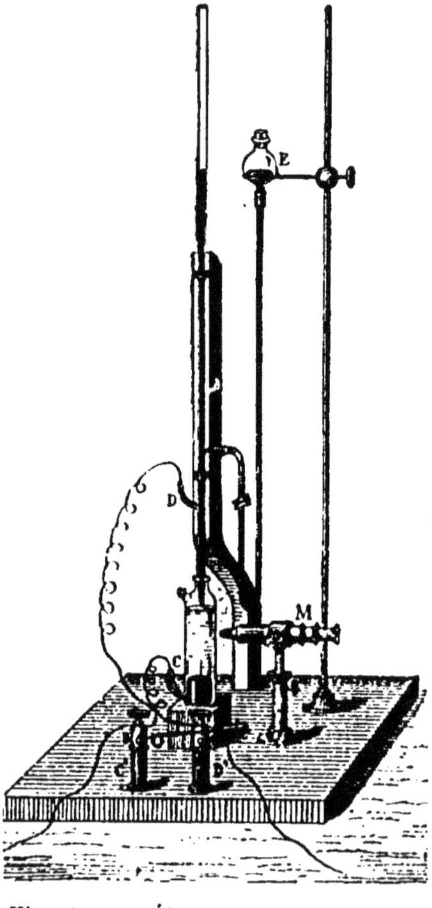

La figure 128 montre la disposition des appareils actuellement en usage au laboratoire d'enseignement de la Sorbonne. On y voit les bornes C' D' montées sur des colonnes d'ébonite, et réunies par une sorte de ressort métallique que l'on peut abaisser en appuyant le doigt sur le petit cylindre d'ébonite ,L qui le termine. Sur le côté, une petite cuvette E reliée au tube A B par un caoutchouc, et qui contient aussi du mercure. En faisant monter plus ou moins cette cuvette le long de son support vertical, on fait monter également le mercure dans le tube, et l'on charge

Fig. 128. — Électromètre capillaire.

à volonté le ménisque du mercure, qui soutient, comme on le sait, cette colonne en vertu d'un phénomène (capillaire) sur la théorie duquel nous n'avons pas besoin d'insister ici.

Il nous suffit de retenir que si l'on établit une différence de potentiel entre C et D, le pont L ayant été supprimé bien entendu, le mercure monte dans le tube capillaire s'il est à un potentiel inférieur à celui de la cuvette (ou comme on dit, polarisé par l'hydrogène), et descend dans le cas contraire. On observe ces mouvements au moyen du microscope M.

Mode opératoire. — On règle d'abord la position du microscope de manière à voir nettement la pointe de l'électromètre, que l'on éclaire à cet effet au moyen d'un petit miroir; puis, laissant réunies les bornes C' D', on fait monter la cuvette E jusqu'à ce que le mercure s'écoule par la pointe. On l'abaisse alors légèrement, de manière que l'extrémité de la colonne se fixe à une petite distance du bout. On rectifie au besoin l'ajustement du microscope de manière que l'extrémité de la colonne soit à peu près au milieu du champ de vision.

On réunit alors les deux bornes C' D' aux deux points entre lesquels existe la différence de potentiel à constater ou à mesurer, en ayant soin autant que possible de polariser le mercure par l'hydrogène. — On risquerait, en faisant l'inverse, de l'oxyder et de voir se déposer dans le tube capillaire des cristaux de sulfate de mercure, qui s'opposeraient au déplacement de la colonne.

Lorsque l'instrument n'est plus en expérience, il convient d'abaisser la cuvette E, afin de laisser le mercure remonter dans une partie moins étroite du tube; celui-ci, baigné par l'eau acidulée, se conserve ainsi dans un parfait état de propreté, tandis qu'il se salit parfois à la longue au contact du mercure, ce qui met l'appareil hors d'usage.

Nous donnerons plus loin une application de cet instrument. Nous dirons seulement ici qu'il est en général sensible au dix-millième de volt.

XXIII

MESURES ÉLECTROMAGNÉTIQUES

I. — MESURE DES RÉSISTANCES.

La résistance d'un conducteur *en valeur absolue* est définie par la loi d'Ohm. On peut, en effet, calculer certaines forces électromotrices (phénomènes d'induction), et mesurer au moyen de galvanomètres absolus, tels que la boussole des tangentes de Pouillet, l'intensité du courant produit par l'une de ces forces électromotrices dans un circuit donné.

On a donc
$$R = \frac{E}{I}.$$

C'est ainsi que l'on a déterminé l'unité pratique de résistance appelée l'*Ohm*. Comme on le voit, une force électromotrice de 1 volt attelée sur une résistance de 1 ohm donne un courant de 1 ampère.

Cette unité de résistance est matérialisée par une colonne de mercure pur à 0° ayant un millimètre carré de section et $1^m,063$ de longueur. Mais, pour plus de commodité, on emploie dans la pratique courante des bobines de fil de maillechort ou de certains autres alliages qui ont exactement à 0° (ou à une certaine température que le constructeur a le soin d'indiquer) des résistances de 1, 2, 5, 10 ohms, etc... Ces bobines, graduées comme les poids d'une balance, sont enfermées dans une caisse dite *boîte de résistances* (fig. 111).

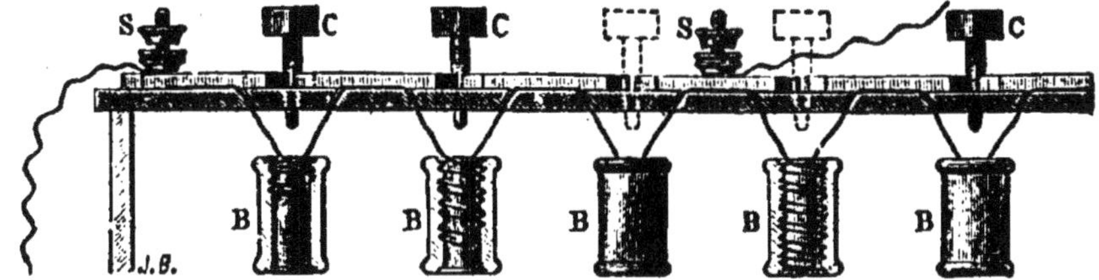

Fig. 129. — Connexions d'une boîte de résistances.

Diverses dispositions sont employées pour permettre de les grouper commodément. La plus simple est la suivante : Sur le couvercle de la boîte sont fixés des blocs de laiton que l'on peut réunir par des fiches mobiles. Le premier de ces blocs porte une borne à laquelle on attache le fil qui amène le courant; la première bobine est intercalée entre le premier bloc et le deuxième (fig. 129), de sorte que le courant passe de l'un à l'autre directement lorsque la fiche est en place, et traverse la résistance dans le cas contraire.

Les choses sont disposées de même jusqu'au dernier bloc, qui reçoit l'un des bouts de la dernière bobine et une borne par laquelle sort le courant.

Grâce à ces étalons, la mesure d'une résistance en valeur absolue se réduit à une *comparaison* de la résistance à mesurer à trois autres supposées connues au moyen du dispositif appelé *pont de Wheatstone.*

Soit un courant qui se partage entre deux fils ACB, ADB (fig. 130), et deux points C et D

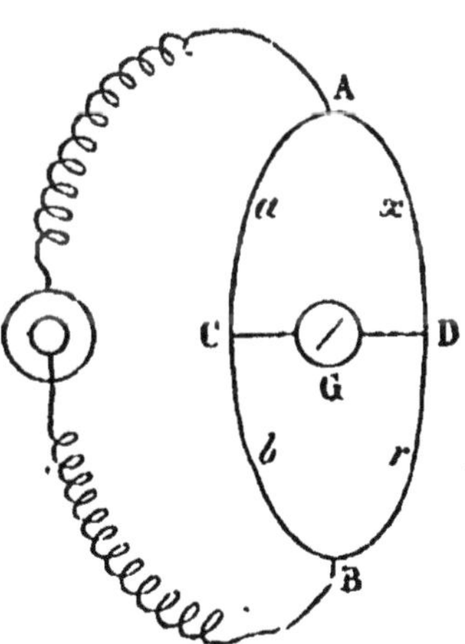

Fig. 130. — Pont de Wheatstone.

des deux branches qui sont au même potentiel. Si l'on désigne par a, b, x et r les résistances des quatre portions de circuit, on a

$$\frac{x}{r} = \frac{a}{b}.$$

On peut s'assurer de l'égalité des potentiels de C et D en réunissant ces deux points aux bornes d'un galvanomètre ou d'un électromètre très sensibles.

On peut réaliser d'ailleurs le pont au moyen d'un rhéocorde de Pouillet ou d'une boîte de résistances composée d'une manière spéciale.

Pont à corde.

Le rhéocorde se compose d'un fil de maillechort AB (fig. 131) bien homogène, tendu le long d'une règle divisée ayant 1 mètre de longueur. Un curseur C qui se déplace au-dessus de ce fil est muni d'un bouton permettant de mettre en communication un certain point du fil avec le galvanomètre G ; la position exacte du point de contact est donnée par un index. Cette *corde* représente les deux résistances a et b, et le point du contact n'est autre que C de la figure précédente.

La partie ADB est représentée par une barre de cuivre de résistance négligeable interrompue en deux endroits où l'on introduit la résistance x à mesurer, et une résistance r connue, ou une boîte de résistances dont on a enlevé les fiches convenables. Le point D est représenté par une borne à laquelle on attache le deuxième fil allant au galvanomètre.

OPÉRATION. — Après avoir placé les résistances x et r (celle-ci étant autant que possible voisine de x), et relié les

pôles de la pile aux deux bouts du rhéocorde, on shunte
fortement le galvanomètre (voy. p. 308), puis on appuie
sur le bouton C que l'on a placé vers le milieu du fil
tendu. On observe le sens de la déviation; puis on porte
le point de contact vers l'une ou l'autre extrémité jusqu'à
ce que l'on ait obtenu une déviation en sens contraire.

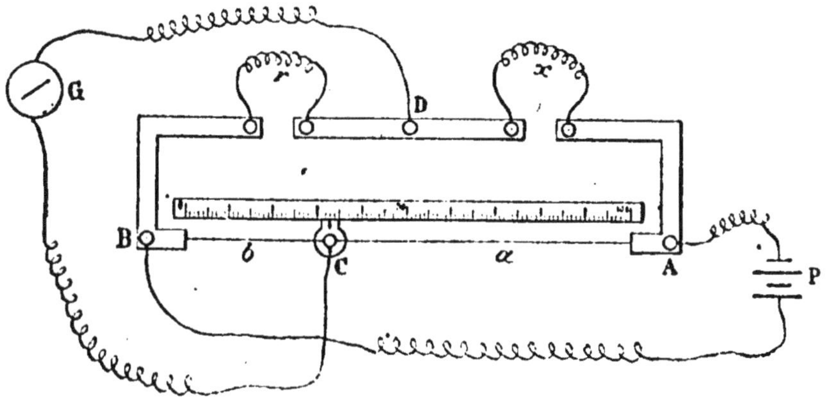

Fig. 131. — Pont à corde.

La position d'équilibre du pont est comprise entre celle-
ci et la première. Après quelques tâtonnements, on réduit
la déviation à être très faible; on diminue la dérivation
par le shunt, et l'on rend enfin toute sa sensibilité à l'instrument, tandis que d'autre part on modifie progressivement la position du point de contact C jusqu'à ce qu'en
appuyant dessus on ne produise plus aucune déviation.

Supposons qu'à ce moment a soit représenté par 427 millimètres; b correspond à 573 (1000-427), et l'on a :

$$x = \frac{427}{573} \times r.$$

Cette méthode est surtout convenable pour des résistances de même ordre de grandeur que celle du rhéocorde.

Nous insistons sur ce point, la résistan ~ doit être

choisie de façon que les deux longueurs de corde qui mesurent a et b soient voisines, c'est-à-dire que r doit être voisin de x.

Ainsi, dans le cas présent, les deux termes de la fraction $\frac{427}{573}$ peuvent être connus aisément à $\frac{1}{400^e}$ et $\frac{1}{500^e}$ près de leur valeur, tandis que si r était rendu 10 fois plus grand, le curseur devrait s'arrêter au n° 69, et l'on aurait

$$x = \frac{69}{931} \times (10\,r).$$

Une erreur de 1 millimètre sur la position du curseur correspondrait alors à une erreur de 1/69° sur le résultat.

Ajoutons enfin que cet appareil ne donne de résultats exacts que si le fil est parfaitement homogène, puisque nous avons supposé que chaque unité de longueur avait la même résistance. Un appareil qui a longtemps servi risque. fort de ne point réaliser cette condition.

Boîte à pont.

Quelle que soit la disposition des bornes et des blocs à la surface, les bobines sont distribuées à l'intérieur de la manière suivante :

Entre A et C, ainsi qu'entre C et B (fig. 132), se trouvent des bobines ayant pour résistances 1, 10, 100, 1000 ohms, par exemple. Les bornes D et B' sont réunies par une série de bobines formant une boîte de résistances ordinaire, qui permet de composer toutes les résistances r de 1 à 10.000 ohms. La résistance x est placée entre les bornes A et D.

Les bornes B et B' sont réunies par une barre sans résistance appréciable; mais cette barre est formée de deux pièces que l'on réunit par une fiche mobile, de sorte que l'on peut placer, à titre de contrôle, la résistance x entre B

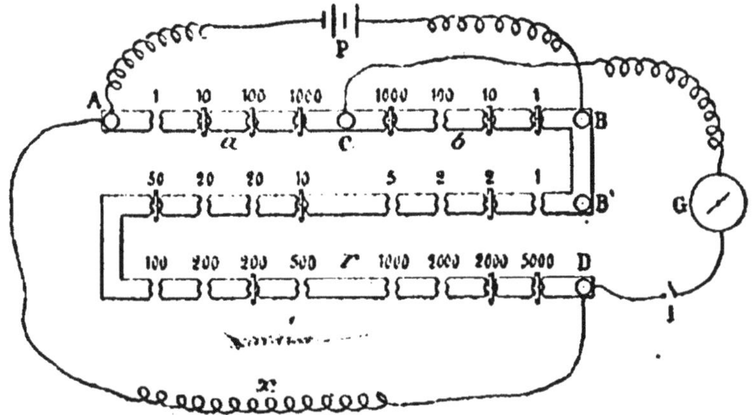

Fig. 132. — Disposition d'une boîte à pont.

et B', les bornes A et D étant cette fois réunies directement par une tige de résistance négligeable.

Nous donnons la figure en perspective (fig. 133) d'une

Fig. 133. — Boîte à pont, à décades.

boîte à pont de la maison Elliot, dans laquelle la résistance r est formée de quatre décades disposées en cercle. La troisième décade, par exemple, est formée de 10 bo-

bines de 100 ohms chacune, que l'on introduit successivement dans le circuit en mettant la fiche unique de la
décade sur les numéros 1, 2, 3, etc. Quand la fiche est sur
le 0, toute la décade est hors du circuit.

La figure 134 représente une autre boîte à décades de
la maison Carpentier, de Paris ; elle paraît un peu plus com-
pliquée au premier abord, parce que le constructeur y a
adjoint un système de deux touches, visibles en avant de

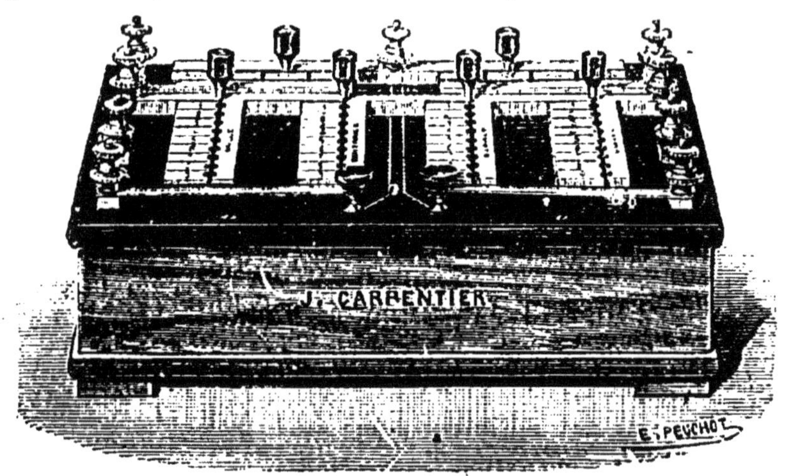

Fig. 134. — Boîte à pont, à décades.

la figure, dont l'une est destinée à fermer le circuit pendant le temps juste nécessaire à l'observation, et l'autre
à fermer sur elle-même la bobine du galvanomètre avant
chaque essai, afin d'amortir les oscillations.

OPÉRATION. — Le galvanomètre étant shunté au maximum, et relié comme plus haut aux bornes C et D, les
pôles d'une pile formée d'un ou deux éléments de Daniell
étant attachés en A et B, et la résistance x à mesurer placée en AD, introduire d'abord dans le circuit en a et b
100 ohms : il suffit pour cela d'enlever les deux fiches
correspondantes ; mettre en r une résistance de l'ordre
de celle que l'on suppose à x.

Toucher un instant l'interrupteur I de manière à lancer le courant dans le galvanomètre, et observer le sens de la déviation. Augmenter alors ou diminuer par sauts brusques cette résistance, jusqu'à ce que la déviation se produise en sens contraire.

Ainsi je suppose qu'on ait obtenu les résultats suivants. En donnant à r la valeur

10 ohms, on obtient une déviation à droite sur l'échelle;
1 ohm,   —   id.   —
100 ohms,   —   à gauche   —

La résistance est comprise entre 10 et 100. Introduisons successivement

20, puis 30 ohms : déviation à droite.
40 —   —   à gauche.

Laissons la fiche des dizaines sur le numéro 3 et introduisons les unités. Nous trouvons que la résistance est comprise entre 34 et 35.

Fig. 135. — Rhéostat de Pouillet.

Remplaçons en a les 100 ohms par 10, et mettons en r 340 ; si les bobines du pont sont exactes, la déviation doit se faire à droite, et à gauche avec $r = 350$.

En augmentant au besoin la sensibilité du galvanomètre (diminution du shunt), on constate par exemple que la résistance est comprise entre 34,5 et 34,6 ohms.

Enfin mettons en b 1000ᵘ et en r des résistances croissant de 3450 à 3460 ; donnons au galvanomètre toute sa sensibilité, et nous trouverons par exemple que la résistance est comprise entre 34,52 et 34,53.

La boîte à pont ne permet pas, lorsqu'on l'emploie seule, d'aller plus loin ; la mesure se fait avec une précision comprise entre 1/1000ᵉ et 1/10000ᵉ, par cela même que r ne peut pas dépasser 10.000 unités. Mais on peut augmenter cette précision en ajoutant à la résistance r un rhéostat formé par deux fils parallèles (fig. 135) ayant ensemble une résistance de 1 ohm. Ce rhéostat est alors intercalé entre B et B' au moyen de deux gros fils de cuivre qui réuniront ses bornes à ces deux points. — Supposons que, le réglage que nous venons de dire étant achevé, on ait trouvé qu'il faut ajouter à r pour parfaire l'équilibre du galvanomètre les 4 dixièmes du rhéostat ; la résistance à mesurer est de :

$$34^\omega,524.$$

Il est généralement inutile d'aller plus loin, même dans les expériences de précision. Il ne faut pas oublier d'ailleurs que la température a une influence assez considérable sur les résistances ; il faudra donc opérer à température bien connue, si l'on veut que le dernier chiffre inscrit ici et même l'avant-dernier aient quelque sens.

Remarque. — En faisant varier le rapport $\dfrac{a}{b}$ de 1/1000ᵉ à 1000, on peut mesurer avec la boîte à pont employée seule toutes les résistances comprises entre 1 ohm et 1 mégohm (un million d'ohms), avec une précision comprise entre 1/1000ᵉ et 1/10000ᵉ. Une résistance de 0,1 ohm ne pouvant être mesurée qu'en millièmes d'ohm, l'erreur atteint dans ce cas 1/100ᵉ. On pourrait aller plus loin en remplaçant les bobines 1 ohm et 10ᵂ de b par les résistances 10.000 et 100.000, et plaçant suivant les cas la résistance x en AD ou en BB'.

MESURE DE LA RÉSISTANCE D'UNE PILE

La méthode du pont est encore applicable. Supposons que la résistance inconnue x du pont soit formée par un élément de pile Q (fig. 136) et que les branches du pont aient été réglées de manière que

$$\frac{x}{r} = \frac{a}{b}.$$

Imaginons qu'une pile P, placée comme d'ordinaire, puisse être mise en communication avec les deux bornes opposées A et B au moyen de l'interrupteur I. Lorsque le circuit est ouvert en I, la pile Q envoie seule des courants dans les divers circuits et en particulier dans le galvanomètre G.

Fermons le circuit ABP en I. La pile P, quelle qu'en soit la force électromotrice, n'envoie aucun courant dans le galvanomètre, puisque le pont est supposé réglé : la déviation ne doit pas changer. Il en sera encore de même si l'on supprime la pile P ; car la fermeture du circuit APB par une résistance quelconque revient toujours à modifier la différence de potentiel en A et B. — On

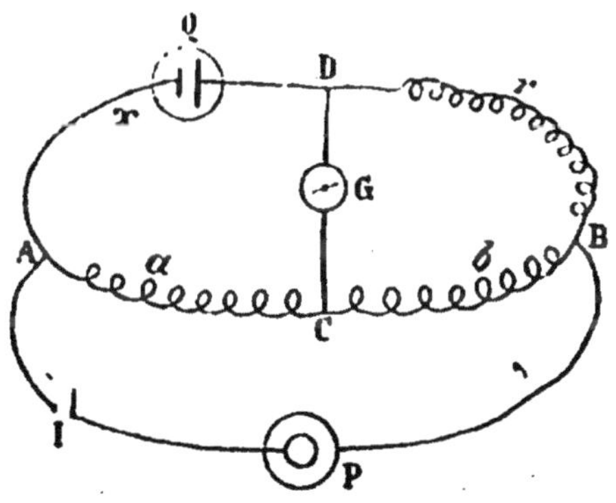

Fig. 136. — Mesure de la résistance d'une pile.

pourrait s'en assurer d'ailleurs en appliquant les théorèmes bien connus de Kirchoff.

Voici donc la marche à suivre :

On prend par exemple un pont à corde dont le fil forme

les 2 résistances a et b. On intercale, comme plus haut, la pile Q entre A et D au moyen de fils de cuivre de faible résistance, c'est-à-dire de fort diamètre et aussi courts que possible; d'autre part, on fixe en A et C les extrémités d'une bobine dont la résistance x, connue au préalable, est de l'ordre de grandeur de celle de la pile, c'est-à-dire 1, 2 ou 5 ohms suivant les cas.

Enfin on réunit le contact mobile B, placé tout d'abord vers le milieu de CD, à la borne A par l'intermédiaire d'un interrupteur I, puis les extrémités C et D du fil tendu CBD aux bornes d'un galvanomètre apériodique de Deprez et d'Arsonval; cet instrument est muni d'un shunt afin de diminuer la déviation si elle est trop grande (voir p. 308). On met d'abord le shunt au millième, puis au centième, au dixième s'il y a lieu, et on laisse enfin passer tout le courant dans le galvanomètre si l'image du réticule ne sort pas de l'échelle divisée.

Cette image s'arrête rapidement, comme on le sait; on appuie un instant sur l'interrupteur I pour établir la dérivation AIB; en général l'image se déplace. On déplace aussi le contact B dans un certain sens, et l'on répète le contact en I. Si le déplacement de l'image est moindre, on continue dans le même sens jusqu'à ce qu'il soit annulé; sinon, on pousse le contact B dans la direction opposée.

Observons que, comme nous l'avons déjà dit, dans une expérience bien conduite le contact B doit s'arrêter à l'équilibre vers le milieu du fil CD. Supposons que nous mesurions la résistance d'un élément de Daniell, et que nous ayons mis 5 ohms en AC. Nous allons trouver par exemple : $a = 163$ millimètres, et par suite $b = 837$ millimètres.

$$x = 5 \times \frac{163}{837} = 0,974.$$

Mais le numérateur n'étant connu qu'à une unité près, nous ne pouvons pas compter sur le 3ᵉ chiffre.

Il serait plus avantageux à cet égard de prendre $r = 1$ ohm. On trouverait alors $a = 495$ mm., et la valeur plus probable :

$$x = 1 \times \frac{495}{505} = 0,980.$$

Toutefois, nous ferons remarquer qu'il ne faut point chercher à connaître avec précision la résistance d'une pile ; car cet élément est très variable.

Remarque. — La *résistance d'un galvanomètre* se mesure d'une manière toute semblable. On intervertit seulement les positions de la pile Q et de ce galvanomètre G.

Le circuit AIB (qui ne comprend pas de pile, bien entendu) étant ouvert en I, le courant de la pile placée en G se partage entre les deux branches DAC et DBC.

Lorsque le pont est réglé, c'est-à-dire que l'on a $\frac{x}{r} = \frac{a}{b}$, les deux points A et B sont au même potentiel ; on n'altère donc pas l'équilibre en les réunissant par le conducteur AIB : la déviation du galvanomètre placé en Q ne change pas.

II. — MESURE DES FORCES ÉLECTROMOTRICES.

La méthode la plus employée aujourd'hui pour mesurer avec précision une force électromotrice consiste à opposer à celle-ci la différence de potentiel créée par le passage d'un courant connu dans une résistance pouvant varier à volonté, et d'une manière continue.

Prenons une pile de Daniell formée de deux éléments

au moins, de sorte que sa force électromotrice soit supérieure à celle d'un élément étalon de Latimer Clark ou de M. Gouy, et attelons-la sur une boîte de résistances dont les bobines forment ensemble 10.000 ohms [1].

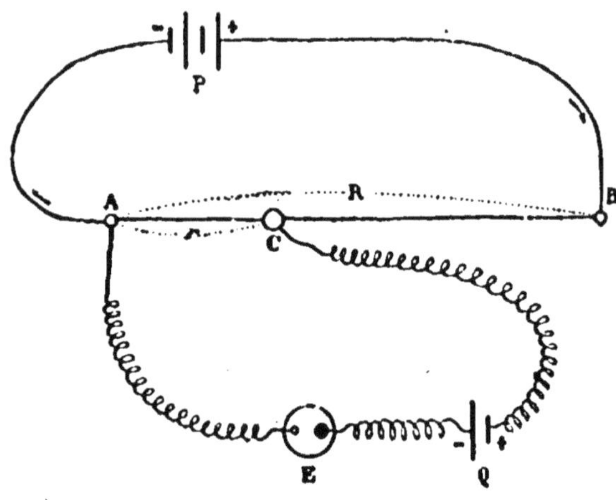

Fig. 137. — Principe des potentiomètres (Méthode d'opposition).

Fixons les deux pôles de la pile aux extrémités A et B de la boîte (fig. 137), et plaçons une fiche C comme prise de potentiel sur le premier bloc séparé de A par une résistance r de 5.000 ohms ; enfin enlevons entre C et B les fiches convenables pour former une résistance de n ohms (n étant < 5.000 dans le cas présent). Si la force électromotrice de la pile de Daniell est E', l'intensité du courant est $\dfrac{E}{5.000 + n}$ amp. ; car il est permis de négliger la résistance de la pile vis-à-vis de 5.000 ohms et plus. La différence de potentiel entre C et B est donc $\dfrac{n\,E}{5.000 + n}$.

Celle-ci est $\leqslant \dfrac{E}{2}$; mais on peut augmenter E à volonté en prenant un nombre convenable d'éléments.

[1] Cette boîte est constituée comme celle que représente la fig. 111 : les blocs sont percés de trous où l'on peut placer une fiche mobile.

Cette disposition très simple a l'inconvénient de produire dans la boîte de résistances un courant variable, de sorte que E n'est peut-être pas tout à fait constant. On évite cet inconvénient, et d'ailleurs l'ennui d'avoir à faire souvent la division $\dfrac{n.\,E}{5.000+n}$, en employant, comme l'a fait M. Bouty, deux boîtes de résistances identiques AB, CD (fig. 138), placées à la suite l'une de l'autre dans le circuit de la pile de Daniell, et sup-

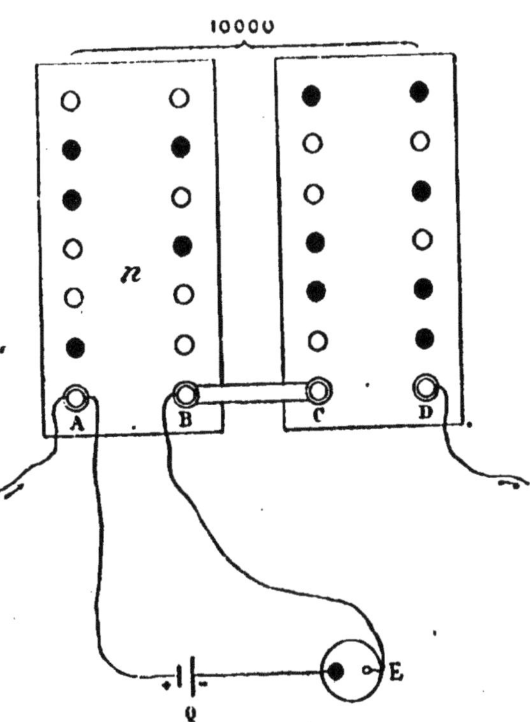

Fig. 138. — Potentiomètre de M. Bouty.

primant d'abord toutes les fiches de l'une d'elles, AB par exemple. La différence de potentiel entre C et D est à ce moment négligeable, puisque la résistance intercalée est seulement celle des blocs et des fiches, que l'on a eu le soin de serrer de manière à obtenir de bons contacts. Si l'on enlève de CD les fiches correspondant à une résistance de n ohms (plus généralement n unités de la boîte) pour les reporter sur la boîte voisine et aux places correspondantes, la résistance totale du système est toujours de 10.000 ohms, et, par suite, la différence de potentiel varie de zéro à E par dix-millièmes.

Ici, E désigne exactement la différence de potentiel créée

par le courant entre A et D ; elle ne diffère pas sensiblement de la force électromotrice de la pile.

Enfin, on peut faire varier cette différence de potentiel d'une manière continue au moyen d'un rhéostat. Un fil bien homogène tendu sur une table, ou mieux enroulé sur un cylindre isolant (potentiomètre de M. Limb), est traversé dans toute sa longueur par le courant d'une pile de Daniell ; il se produit donc entre ses extrémités A et B (fig. 137) une différence de potentiel E d'autant plus voisine de la force électromotrice de la pile que la résistance R de ce rhéostat est plus grande. Soit r la résistance de la portion AC ; la différence de potentiel entre A et C est $\dfrac{Er}{R}$, ou si le fil est bien homogène, et en désignant par l et L les longueurs AC et AB : $\dfrac{El}{E}$.

Pour plus de commodité, on peut, par exemple, eprouler le fil A B sur un cylindre mobile autour de son axe, où il forme 100 tours, et disposer sur l'axe une tête graduée en 100 parties ; chacune de ces parties correspond alors à $\dfrac{1}{10.000}$ de la résistance totale R.

Expérience. — La manière d'opérer ne varie pas sensiblement avec la nature du potentiomètre. Prenons ce dernier sous la forme d'un fil tendu, et supposons qu'il s'agisse de mesurer la force électromotrice d'un élément de pile Q, et que l'on emploie comme instrument de zéro l'électromètre capillaire de M. Lippmann. Relions le pôle — de Q à la colonne de mercure de l'électromètre, et le pôle + au curseur C ; le mercure de la cuvette peut communiquer avec A par le jeu d'un interrupteur.

On place d'abord le curseur de manière que la diffé-

rence de potentiel AC soit voisine de 1 volt, c'est-à-dire
vers le milieu de AB si la pile de comparaison comprend
2 éléments de Daniell ; on soulève le pont de l'électromètre
et on établit un instant la communication EA, juste assez
longtemps pour voir dans quel sens se déplace le mercure.
S'il monte dans le tube capillaire (vu dans le microscope,
il paraît alors descendre), c'est que la différence de potentiel AC est insuffisante ; on éloigne progressivement le
curseur jusqu'à ce que le mercure reste immobile lorsqu'on répète la manœuvre précédente.

Il faut avoir soin, lorsque l'équilibre paraît atteint, de
faire varier un peu, et dans les deux sens, la position du
curseur, afin d'être bien sûr que l'immobilité du mercure
n'est pas due à une inertie quelconque, telle qu'une adhérence du mercure pour le verre, l'un ou l'autre n'étant pas
suffisamment propres.

Il reste à déterminer E en valeur absolue. On sait produire par induction des forces électromotrices calculables
que l'on peut comparer à E par la méthode que nous venons
de rappeler. Mais il est beaucoup plus commode d'utiliser
les *éléments étalons* dont les forces électromotrices ont été
comparées par divers savants aux forces d'induction.
Soit, par exemple, un élément de Latimer Clark dont la
force électromotrice est $1^v,435$. Opérons sur lui comme
nous l'avons fait sur l'élément Q dans l'expérience précédente ; nous trouvons que sa force électromotrice E′ est
exprimée en fonction de E par

$$E' = \frac{n\,E}{10.000}, \quad \text{ou bien} \quad E' = \frac{l\,E}{L}$$

suivant la disposition du potentiomètre. On en tire E.

Remarque. — Il est essentiel que les éléments étalons
ne fournissent aucun courant, ainsi d'ailleurs que les

éléments plus ou moins polarisables que l'on peut avoir à examiner. Cette condition a été réalisée dans notre expérience.

Si l'on voulait remplacer l'électromètre capillaire par un galvanomètre, il faudrait avoir grand soin de ne fermer le circuit de celui-ci que tout juste pendant le temps nécessaire pour constater la déviation. Encore serait-il bon de laisser reposer un peu l'élément avant de constater définitivement l'équilibre.

III. — INTENSITÉ D'UN COURANT.

Les courants peuvent se mesurer en valeur absolue au moyen de certains galvanomètres, tels que la boussole des tangentes, imaginée autrefois par Pouillet, ou bien par l'électrolyse. Mais il est beaucoup plus commode de mesurer par la méthode que nous venons de décrire la différence de potentiel e que fait naître ce courant d'intensité i aux extrémités d'un fil de résistance r.

On aura $i = \dfrac{e}{r}$.

Il est clair que cette méthode sera difficilement applicable aux courants de très faible intensité, parce que la force électromotrice e sera très petite; mais elle est au contraire d'un usage constant toutes les fois qu'il s'agit de courants de l'ordre de grandeur de l'ampère.

On fait varier r suivant la valeur de l'intensité et la précision que l'on se propose d'atteindre. Autant que possible, on prend pour r une résistance de 1 ohm, $0^{w},1$ ou bien $0^{w},01$, afin d'éviter tout calcul autre que celui déjà très simplifié qui donne e.

Quant aux courants très faibles, on les mesure directement au moyen d'un galvanomètre approprié, et étalonné lui-même au moyen de courants connus. Dans ce but, on peut faire passer le courant d'un élément de Daniell à la fois dans l'instrument et dans une boîte de résistances. Connaissant la force électromotrice, par la méthode étudiée plus haut, et la résistance totale du circuit, on a l'intensité par la loi d'Ohm : $i = \dfrac{E}{R}$.

MESURE DE L'INTENSITÉ DES COURANTS PAR L'ÉLECTROLYSE

Lois de Faraday. — Nous rappellerons d'abord les lois relatives à l'électrolyse, établies par Faraday, et quelques-unes de leurs conséquences.

1re *loi*. — Si l'on place les uns à la suite des autres dans le circuit d'une pile plusieurs voltamètres, le volume d'hydrogène recueilli dans chacun de ces appareils est le même. Le poids de cet hydrogène est proportionnel à l'intensité du courant.

2e *loi*. — Si l'on remplace quelques-uns de ces voltamètres par des appareils où l'on décompose divers sels d'or, d'argent, de cuivre, etc., les poids de ces divers métaux mis en liberté dans un temps donné sont proportionnels à leurs « équivalents électro-chimiques ».

Ainsi, pendant qu'il s'est dégagé 1 milligramme d'hydrogène (12 cent. cubes environ) dans un voltamètre à eau acidulée, il a été mis en liberté $31^{\text{mgr}},5$ de cuivre dans un voltamètre à sulfate de cuivre, $107^{\text{mgr}},2$ d'argent dans un autre chargé avec une dissolution d'azotate d'argent, etc.

On peut donc dire que 107,2 d'argent équivalent ici à 1 d'hydrogène, ou que 107,2 est l'équivalent électrochimique de l'argent. En conséquence, si l'on divise le poids d'argent recueilli dans une expérience par 107,2, on obtient le *poids équivalent d'hydrogène*.

Des expériences exécutées par divers savants ont montré qu'un courant de 1 ampère met en liberté par minute 67,45 milligrammes d'argent, et par suite 0,628 milligramme d'hydrogène, — soit 7,5 centimètres cubes environ dans les conditions ordinaires.

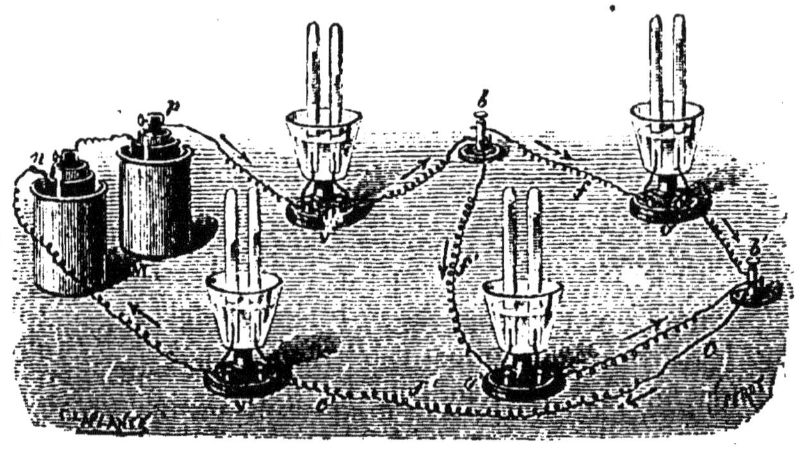

Fig. 139. — Lois de Faraday.

3e *loi.* — Si l'on place dans un circuit plusieurs voltamètres comme le montre la figure 139, savoir : V et V′ sur le circuit principal, O et O′ sur deux conducteurs formant une dérivation entre b et b', la somme des poids d'hydrogène recueillis en O et O′, est égale au poids de ce gaz recueilli en V ou en V′.

Si l'on remplace par exemple O et O′, par un appareil à cuivre et un autre à argent, ce sont les poids de ces métaux réduits en hydrogène (c'est-à-dire divisés par leurs équivalents) dont il faut faire la somme.

EXPÉRIENCE. — On peut vérifier à la fois toutes ces lois en disposant l'expérience comme le représente la figure 139.

Deux ou trois éléments de Bunsen, ou mieux autant d'accumulateurs, envoient un courant dans une série de voltamètres variés :

V voltamètre ordinaire de grandes dimensions et à lames de platine;

V' voltamètre à électrodes en fer, chargé d'une dissolution de potasse;

O vase ou tube contenant une dissolution de sulfate de cuivre pur, avec électrodes de platine ou de cuivre pur;

O' appareil contenant une dissolution d'azotate d'argent, avec électrodes en platine ou en argent.

Il sera utile de placer en outre sur le circuit un ou plusieurs ampèremètres. Nous y reviendrons tout à l'heure.

De plus, on interrompt quelque part le fil C, et l'on en plonge les deux extrémités dans deux godets en porcelaine contenant du mercure. Ce système forme un interrupteur très commode et d'une grande simplicité. Il suffit, pour lancer le courant dans le circuit, de faire plonger à la fois dans les deux godets un gros fil de cuivre recourbé, qui forme ainsi une sorte de pont.

Les électrodes négatives (ou de sortie) de V et V', sont recouvertes d'éprouvettes graduées; celles de O et O' ont été pesées ou tarées avant d'être mises en place.

On lance le courant, et on le laisse passer jusqu'à ce que l'une des éprouvettes à hydrogène soit à peu près remplie. On enlève alors le pont de l'interrupteur.

On constate d'abord que les volumes d'hydrogène recueillis en V et V' sont identiques, mesurés dans les mêmes conditions bien entendu.

Il faut avoir soin, en particulier, pour faire la lecture des volumes, de porter les éprouvettes sur la cuve à eau et de les enfoncer de manière que le niveau soit à peu près le même à l'intérieur qu'à l'extérieur, et de placer l'œil à la hauteur du niveau à observer.

On calcule alors le poids de cet hydrogène. Si v est son volume, mesuré en centimètres cubes, Π la pression atmosphérique en millimètres de mercure, t la température, et F la tension maxima de la vapeur d'eau à cette température, on a pour ce poids en milligrammes.

$$p^{mgr} = \frac{v^{cmc} \times 1,293 \times 0,0695 \times (\Pi - F)}{(1 + \alpha t) \times 760}.$$

D'autre part, on enlève les électrodes négatives de O et O' aussitôt que le courant a cessé, on les lave bien à l'eau distillée, puis on les sèche à l'étuve à air ou simplement en les plaçant à quelque distance au-dessus d'un bec de gaz. Puis on les pèse de nouveau; soient q et q' leurs augmentations de poids. La somme des poids d'hydrogène équivalents doit être égale à p, c'est-à-dire

que : $$p = \frac{q}{31,5} + \frac{q'}{170,2}.$$

Mesures des intensités par l'électrolyse. — Pour mesurer un courant, supposé constant, il suffit de le faire passer dans un voltamètre ordinaire et de mesurer le volume d'hydrogène dégagé en une minute.

A titre de première approximation, on peut compter sur autant d'ampères qu'il y a de fois 12 centimètres cubes d'hydrogène dégagé par minute.

Pour plus d'exactitude, on peut calculer comme ci-dessus le poids de cet hydrogène, et le diviser par 0,628. Si v est le nombre de centimètres cubes d'hydrogène recueillis en une minute, le courant est exprimé en ampères par

$$I = \frac{v \times 1,293 \times 0,0695 \times (\Pi - F)}{0,628 \times 760 \times (1 + \alpha t)}.$$

Mais, outre que l'interposition de ce voltamètre dans le circuit peut, dans certains cas, diminuer beaucoup l'intensité du courant, il est plus simple et plus sûr d'opérer sur l'argent.

Un voltamètre à argent est facilement institué au moyen d'une coupelle de ce métal, qui forme elle-même l'une des électrodes (la négative de préférence) et d'une lame d'argent pur formant la deuxième électrode. Après avoir taré la coupelle, on y fixe l'un des fils qui terminent le circuit au moyen d'une pince à serre-fil, on l'installe sur un support et on y verse une dissolution d'azotate d'argent pur ; puis on plonge dans ce liquide une lame d'argent à laquelle on a fixé l'autre fil, en ayant soin que cette lame ne touche pas la coupelle.

On fait passer le courant, en mettant le pont de l'interrupteur, pendant un temps plus ou moins long suivant l'intensité du courant et la précision que l'on désire apporter à la mesure, — 10 minutes par exemple.

On enlève alors la lame d'argent, on sépare la pince et l'on reverse dans le flacon la dissolution d'azotate d'argent (¹).

On rince la coupelle à l'eau distillée, puis on la sèche à l'étuve, ou simplement en la tenant pendant quelques instants au-dessus d'un bec de gaz. Enfin on la pèse.

Soit P son augmentation de poids ; cela fait par minute $\frac{P}{10}$, et comme un courant d'un ampère met en liberté 67,45 milligrammes d'argent par minute, le courant est

____

(¹) On sait que la concentration de cette dissolution n'a pas été altérée pendant cette opération ; l'électrode négative a perdu un poids d'argent exactement égal à celui qui s'est déposé sur l'électrode négative.

exprimé en ampères par $\dfrac{P}{10 \times 67,45}$ ou $\dfrac{P}{674,5}$, le poids P étant compté en milligrammes.

On trouvera peut-être plus commode de laisser passer le courant pendant 14 min. 50 sec. : le poids d'argent recueilli, exprimé en grammes, représente justement l'intensité du courant en ampères. Si l'on ne fait durer l'expérience que 7 min. 25 sec., il faudra multiplier le poids de l'argent par 2 pour obtenir l'intensité du courant en ampères, etc.

On obtient ainsi avec toute la précision désirable l'intensité moyenne d'un courant de plusieurs ampères. Mais celle d'un courant de 1/10e d'ampère, par exemple, ne serait connue qu'à 1/100e près tout au plus, à moins que l'on ne fasse durer l'expérience pendant une ou plusieurs heures, et pendant ce temps l'intensité peut varier beaucoup.

Etalonnage des ampèremètres. — Mettons dans le circuit d'une pile bien montée, ou d'accumulateurs, un ou plusieurs ampèremètres à étalonner, ainsi que le voltamètre à argent dont nous venons de nous occuper. Mesurons l'intensité du courant comme nous venons de le dire, et relevons les indications correspondantes des divers appareils. Répétons cette expérience pour diverses intensités de courant, obtenues en modifiant la résistance d'un rhéostat intercalé dans le circuit.

Nous pourrons dresser ainsi un tableau, ou construire pour chaque appareil une courbe, en prenant comme abcisses les valeurs vraies du courant et pour ordonnées les indications de cet appareil.

Supposons qu'ensuite nous ayons mesuré un courant au moyen de cet ampèremètre, et qu'il marque 4,7 ampères.

Prenons sur la courbe le point dont l'ordonnée est égale à 4,7, et menons par ce point la perpendiculaire à l'axe des abcisses. L'abcisse du pied de cette perpendiculaire mesure exactement l'intensité du courant.

N.-B. — Pour étalonner ainsi l'ampèremètre à mercure de M. Lippmann, il suffit d'une seule détermination, puisque les variations de niveau du mercure sont proportionnelles à l'intensité du courant. On la fera de préférence au voisinage de l'intensité maxima que peut mesurer l'instrument.

APPLICATION. — ÉTUDE D'UNE LAMPE A INCANDESCENCE

Une lampe à incandescence est caractérisée par le nombre de *bougies* qu'elle représente, en fonctionnement normal. Nous avons vu antérieurement comment on peut déterminer ce pouvoir éclairant (voy. Photométrie); mais nous devons faire remarquer qu'il varie beaucoup avec l'intensité du courant qui la traverse ou encore avec la différence de potentiel établie par le courant entre les extrémités du filament de charbon (voltage). Le rendement lumineux d'une lampe construite pour fonctionner entre 100 et 110 volts est bien plus grand à 110 volts qu'à 100 volts ([1]). Aussi doit-on se préoccuper dans les mesures photométriques du voltage auquel l'expérience est faite.

L'énergie consommée par une lampe a pour mesure le produit $e\,i$ de la différence de potentiel aux bornes par l'intensité du courant. Il importe donc de déterminer ces deux facteurs en même temps que le pouvoir éclairant. Toutefois il est d'usage de désigner une lampe seulement

____

([1]) Ajoutons que la durée se trouve notablement diminuée dans le dernier cas.

par le nombre de volts et de bougies (exemple : 105 volts, 12 bougies). On obtiendra le complément d'informations nécessaire au calcul du rendement en mesurant l'intensité i qui correspond au voltage indiqué.

L'expérience peut se faire avec précision en déterminant le voltage au moyen de l'électromètre à quadrants et l'intensité du courant par la méthode que nous avons indiquée plus haut. On se contente généralement de déterminer ces données au moyen d'instruments plus grossiers dont l'exactitude correspond mieux à celle des photomètres employés dans l'industrie; ce sont le *voltmètre* et l'*ampèremètre* dont nous avons parlé plus haut.

On a par là même une mesure de la résistance du filament de charbon « en service ». Il ne faut pas oublier en effet que la résistance des filaments, aussi bien que celle des métaux, varie beaucoup avec la température, et qu'il serait par suite illusoire de la mesurer à la température ordinaire; car on ne connaît pas la loi de variation de cette résistance avec la température, et il est probable qu'elle diffère notablement d'un filament à un autre, quand même ils sont de même fabrication.

En résumé, pour obtenir la résistance du filament, on s'appuie sur la loi d'Ohm, dont nous avons déjà fait usage si fréquemment :

$$r = \frac{e}{i}.$$

On pourra, à titre d'exercice, — sans grand intérêt pratique, il est vrai, — mesurer la résistance à froid du même filament par la méthode du pont, et en déduire le coefficient moyen de variation de la résistance électrique du filament avec la température. Comme il ne s'agit que d'obtenir un renseignement grossier, on pourra admettre, suivant que la lampe est plus ou moins poussée, que la température du charbon est de 1000 à 1200°.

IV. — MESURE ÉLECTROMAGNÉTIQUE DES CAPACITÉS.

Formule du galvanomètre balistique. — On démontre que si l'on décharge sur un galvanomètre balistique une quantité Q d'électricité, dans un temps très court par rapport à la durée d'une oscillation de l'équipage, celui-ci est dévié d'un angle x tel que le sinus de $\frac{x}{2}$ soit proportionnel à Q, c'est-à-dire que l'on a :

$$Q = K \sin \frac{x}{2}.$$

Le coefficient K n'est calculable que dans certains cas particuliers.

Si l'on mesure les déviations par le procédé de la réflexion, l'angle x est petit, et le $\sin \frac{x}{2}$ est très sensiblement proportionnel au nombre n de divisions de l'échelle dont s'est déplacée l'image. On peut donc écrire

$$Q = Pn.$$

en désignant par P un coefficient dont on peut disposer dans certaines limites, et qui est en raison inverse de la sensibilité de l'instrument.

Détermination de la constante. — Pour déterminer P, on charge un condensateur de capacité connue à un potentiel connu, et on le décharge sur le galvanomètre.

Voici comment on procède :

On prend un condensateur dont la capacité est de 1 microfarad (10^{-15} CGS), et qui est formé de 4 condensateurs dont les capacités sont respectivement 1, 2, 2 et 5 dixièmes réunis dans une même boîte analogue aux boîtes de résistances, mais ordinairement circulaire (fig. 140).

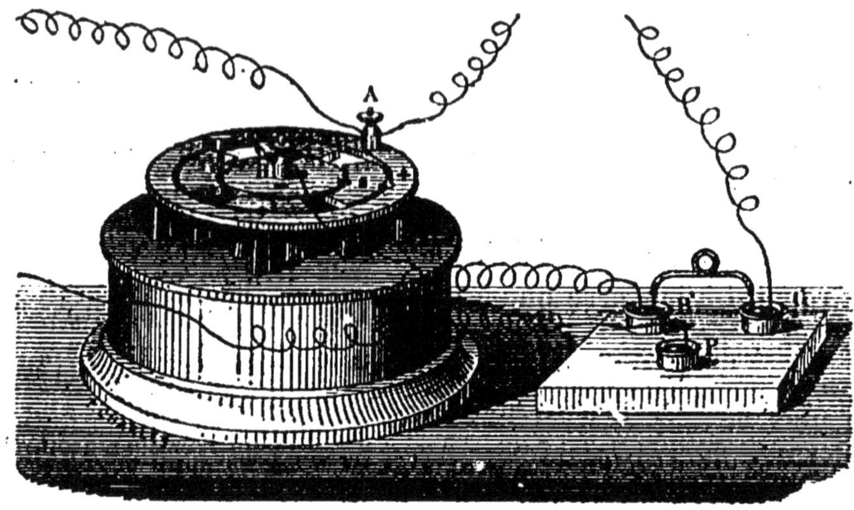

Fig. 140. — Condensateur étalonné (Microfarad).

Ces condensateurs sont formés par des feuilles d'étain séparées par des lames minces de mica. Toutes les armatures d'une espèce sont réunies à un cercle de laiton portant une borne A, et marqué du signe +; nous les appellerons positives. Les autres sont réunies respectivement à 4 blocs portant les n°˙ 1, 2, 2 et 5, que l'on peut faire communiquer au moyen de fiches avec une borne centrale B marqué du signe —. Ces diverses pièces sont soigneusement isolées les unes des autres, et montées à cet effet sur ébonite.

Relions la borne A au pôle + d'un élément de pile de Daniell et, d'autre part, à l'une des bornes du galvanomètre balistique. Relions la borne B à un godet isolé B' contenant du mercure, et deux godets voisins P et G respectivement au pôle — de la pile et à la deuxième borne du galvanomètre.

Plaçons d'abord toutes les fiches du condensateur et faisons communiquer B' et P au moyen d'un pont mobile formé d'un fil de cuivre recourbé et recouvert, sauf aux extrémités, d'une épaisse couche de gutta.

Le condensateur se charge à refus en beaucoup moins de temps qu'il n'en faut pour le dire. Enlevons le pont en ayant soin de ne pas toucher le métal, et plaçons-le en B'G : le condensateur se décharge à travers la bobine du galvanomètre, et l'image qu'on avait amenée au zéro de l'échelle est lancée vivement à droite par exemple. Supposons qu'elle atteigne le n° 127, puis revienne après une oscillation complète au n° 123, etc. Nous dirons que l'élongation corrigée est $n = 128$ (voir page 312).

La force électromotrice de l'élément ordinaire étant $1^v,07$, la quantité d'électricité $(Q = CV)$ lancée dans le galvanomètre était de 1,07 micro-coulomb [1]. Si l'on convient de compter toujours Q avec cette unité, on a :

$$P = \frac{1,07}{128} = 0,00836.$$

Il faut bien observer que P dépend de la distance de l'échelle au miroir, de la résistance du circuit de décharge, et surtout de la dérivation mise entre les bornes du galvanomètre, s'il est shunté. — Il faut donc avoir soin de ne rien changer à l'installation lorsque ce coefficient a été déterminé.

Vérification du condensateur et mesure des capacités. — Enlevons maintenant la fiche 5, ou bien au contraire toutes les autres en laissant celle-là, et recommençons

[1] Cette quantité d'électricité est à peu près celle que débite en un millionnième de seconde un élément de Daniell de taille moyenne fermé sur lui-même, c'est-à-dire dont les pôles sont réunis par un fil de faible résistance.

l'expérience : la capacité du condensateur est réduite à 0,5 mf., et, puisque la différence de potentiel est toujours la même (1,07) la quantité d'électricité doit être moitié de la précédente : on doit trouver pour l'élongation corrigée $n' = 64$.

Enlevons encore l'une des fiches 2 ; la capacité est réduite à 0,3 mf. et l'élongation ne doit plus être que 38,4, etc.

Si maintenant nous remplaçons notre microfarad par un condensateur de capacité inconnue, qui nous donne, dans les mêmes conditions, une élongation de $102^{div},5$ (n corrigé) nous pouvons dire que sa capacité est

$$C = \frac{102,5}{128} = 0,8 \text{ microfarads.}$$

Mesure des forces électromotrices. — Remplaçons dans la première expérience l'élément de Daniell par un élément de Leclanché ; nous trouverons pour l'élongation corrigée

$$n = 180.$$

La force électromotrice de cet élément est donc, en circuit ouvert,

$$1^v,07 \times \frac{180}{128} = 1^v,50.$$

Première remarque. — On peut aisément déterminer par cette méthode les forces électromotrices à moins de 1 demi-centième près, pourvu que l'on prenne comme terme de comparaison un élément dont la force électromotrice est bien connue, c'est-à-dire un élément étalon comme ceux de Latimer Clark ou de M. Gouy.

Il convient aussi, dans toutes les mesures dont nous venons de parler, d'utiliser autant que possible toute l'échelle, c'est-à-dire de rendre n aussi grand que possible.

Si la déviation obtenue avec le microfarad tout entier et un élément de pile est trop faible, on emploie deux ou plusieurs éléments.

Deuxième remarque. — Après que l'on a déterminé comme nous l'avons montré plus haut la constante P du galvanomètre balistique, cet instrument peut servir à mesurer les quantités d'électricité produites par un moyen quelconque, pourvu qu'elles soient de l'ordre de grandeur du micro-coulomb. C'est ainsi qu'on l'applique à l'étude de l'induction et à la mesure des champs magnétiques.

V. — CHALEUR DÉGAGÉE PAR LES COURANTS.

DÉTERMINATION DE L'ÉQUIVALENT MÉCANIQUE DE LA CALORIE

Loi de Joule. — On sait depuis Joule que la quantité de chaleur dégagée par un courant électrique dans un circuit est proportionnelle à la résistance de celui-ci et au carré de l'intensité du courant.

On a donc, en désignant par Q la quantité de chaleur dégagée en T secondes dans un circuit de résistance R par un courant d'intensité I, et par A un coefficient constant

$$Q = ARI^2T.$$

Si R et I étaient exprimés en unités CGS, le produit RI^2 exprimerait des ergs ; mais nous comptons d'ordinaire les résistances en ohms et les intensités en ampères ; il en résulte que le produit RI^2 exprime des watts ([1]).

([1]) 1 watt équivaut à dix millions d'ergs ou $\frac{1}{9,81}$ kilogrammètre par seconde. Un cheval-vapeur, valant 75 kilogrammètres par seconde, correspond donc à 735 watts environ, c'est-à-dire à un courant de 7 ampères débité au potentiel de 105 volts, que fournissent habituellement les secteurs.

Pour le transformer en kilogrammètres, il faut diviser RI^2 par 9, 81, et le quotient $E = \dfrac{RI^2T}{9,81}$: Q n'est autre chose que l'équivalent mécanique de la grande calorie, si Q est mesuré en grandes calories.

On doit trouver $E = 425$ environ, ou, si l'on exprime Q en petites calories,

$$\frac{RI^2T}{Q} = \frac{9,81 \times 425}{1000} = 4,17.$$

Détermination de l'équivalent mécanique. — Plongeons dans un calorimètre disposé comme pour la mesure des chaleurs spécifiques, et contenant de l'eau distillée, un fil de platine assez fin, enroulé en hélice.

Aux extrémités A et B de ce fil sont réunis deux fils plus gros, destinés à amener le courant, et deux autres quelconques reliés à un potentiomètre ou à un voltmètre sensible et préalablement étalonné. On peut donc connaître à chaque instant la différence de potentiel É créée par le courant entre A et B, et d'autre part l'intensité de ce courant par l'une des méthodes précédemment décrites. On a donc EI ou RI^2.

Au moyen d'un rhéostat intercalé dans le circuit, on rend l'intensité aussi constante que possible. Après avoir agité l'eau du calorimètre, et relevé avec soin la température, on fait commencer le courant, et l'on met en marche au même moment un compteur à secondes.

Au bout de quelques minutes, la température du calorimètre s'est élevée de 4 ou 5 degrés; on interrompt le courant et l'on arrête en même temps le compteur à secondes. On agite encore l'eau du calorimètre, et l'on observe le thermomètre comme dans une expérience calorimétrique quelconque (page 98 et suiv.).

Soit t la température initiale du calorimètre, θ sa température maxima (corrigée, s'il y a lieu, comme on l'a vu antérieurement) et M sa capacité calorifique totale, y compris celle des fils qui y plongent.

On a
$$Q = M(\theta - t),$$

M étant exprimé en grammes.

On a donc toutes les données nécessaires pour calculer

$$\frac{RI^2T}{Q} = \frac{EIT}{M(\theta - t)}.$$

On doit retrouver le nombre 4,17 environ, si l'expérience est bien conduite.

Nous pensons qu'un groupe de trois élèves suffisamment exercés aux diverses mesures que comporte cette expérience peut l'entreprendre avec profit. Mais on devra s'estimer très heureux si l'on trouve un résultat compris entre 4,05 et 4,30, c'est-à-dire approché à 3 ou 4 p. 100 près de sa valeur.

Si l'on répète cette expérience en faisant varier R, I et T, on devra toujours trouver à peu près le même nombre. La constance du résultat constituerait une excellente vérification des lois de Joule.

ENREGISTREMENT DES VIBRATIONS

Cylindre enregistreur. — Dans un grand nombre d'observations physiologiques, on emploie comme chronographe un diapason dont les vibrations sont inscrites sur un cylindre tournant en même temps que les mouvements que l'on étudie. L'instrument composé qui permet de réaliser cette double inscription porte des noms divers, suivant l'usage spécial auquel il est destiné : cardiographe, myographe, etc.

Sans vouloir empiéter sur le programme de la physique médicale, nous croyons utile de mettre entre les mains des élèves la partie essentielle de tous ces appareils, le chronographe, et de les exercer à enregistrer les vibrations d'un diapason.

L'appareil le plus simple se compose d'un cylindre métallique M (fig. 141) que l'on fait mouvoir à la main au moyen d'une manette. L'axe du cylindre est formé de deux parties ayant chacune une longueur supérieure à celle du cylindre. La distance des supports est égale au double de cette dernière. L'une des parties de l'axe est filetée et s'engage dans un écrou qui fait office de tourillon, de sorte que le cylindre se déplace dans le sens de l'axe en même temps qu'il tourne autour de celui-ci.

Enregistrement des vibrations d'un diapason. — L'expérience classique consiste à inscrire sur ce cylindre les vibrations d'un diapason D que l'on fixe ordinairement au socle de l'appareil au moyen d'un dispositif approprié.

Fig. 141. — Inscription simultanée des vibrations d'une corde de violon et de celles d'un diapason.

A cet effet, on recouvre le cylindre d'une feuille de papier ayant même longueur que lui, et une largeur un peu supérieure à son périmètre. L'un des bords de cette feuille a été gommé ; on la mouille légèrement du côté gommé, et on l'applique aussitôt (de ce même côté) sur le cylindre en la tenant par les extrémités de la bande gommée ; on ramène celle-ci sur l'autre extrémité de la feuille, que l'on tend aussi bien que possible.

On se met pour faire cette opération du côté opposé au support qui va recevoir le diapason.

A mesure que la feuille se sèche, elle se tend de mieux en mieux et la gomme fait prise rapidement. Pour la noircir, on place sous le cylindre une lampe semblable aux lampes à alcool, mais alimentée avec de l'essence de térébenthine, et l'on fait tourner le cylindre. La flamme, étant très fumeuse, n'a sur le papier d'autre effet que de le sécher davantage, et celui-ci s'enduit de noir de fumée.

Cela fait, on amène le cylindre à l'une des extrémités de sa course. On place le diapason, après avoir fixé avec un peu de cire sur l'une de ses branches un style léger tel . qu'une soie de porc ou un fragment de plume d'oie, puis on règle sa position au moyen d'une vis spéciale, pour que le style s'appuie légèrement sur le cylindre.

On le met alors en vibration en frottant l'une de ses branches avec un archet, vers le haut et dans le sens parallèle au plan de la figure ; puis on fait tourner le cylindre (la flèche indique le sens du mouvement). Le style enlève le noir de fumée partout où il passe, et laisse une trace sinusoïdale, comme on le voit sur la figure.

Étude d'un son. — En acoustique, cette expérience sert à déterminer la hauteur du son produit par un diapason inconnu, une verge ou une corde vibrante, etc. C'est cette dernière expérience que représente la figure 141.

A cet effet, on dispose l'organe vibrant à étudier à côté d'un diapason connu, et muni comme celui-ci d'un style destiné à inscrire les vibrations, ou simplement en communication avec ce style. — Après avoir mis en vibration les deux appareils, on fait tourner le cylindre.

L'expérience terminée, on coupe la feuille de papier suivant une génératrice du cylindre ; puis on compte les sinuosités des deux courbes voisines, c'est-à-dire inscrites dans le même temps (¹). Supposons que l'appareil vibrant inconnu ait inscrit dans la largeur de la feuille déroulée 162 vibrations, tandis que le diapason en a inscrit 243. L'intervalle du premier son au deuxième est donc 2/3,

---

(¹) La largeur de la feuille correspond à un tour complet du cylindre.

c'est-à-dire que le premier son est la quinte grave du second.

Si, d'autre part, le diapason employé est le diapason normal, qui donne 435 vibrations par seconde, le premier son correspond à $435 \times \dfrac{2}{3} = 290$ vibrations par seconde.

Chronographe de M. Marey. — En physiologie, on peut faire usage du même appareil pour étudier, par exemple, le battement du pouls. Il suffit, en effet, de disposer à côté du style de notre diapason un autre style mis en mouvement, dans le sens de l'axe du cylindre, par une capsule de Marey appliquée sur l'artère dont on étudie la pulsation.

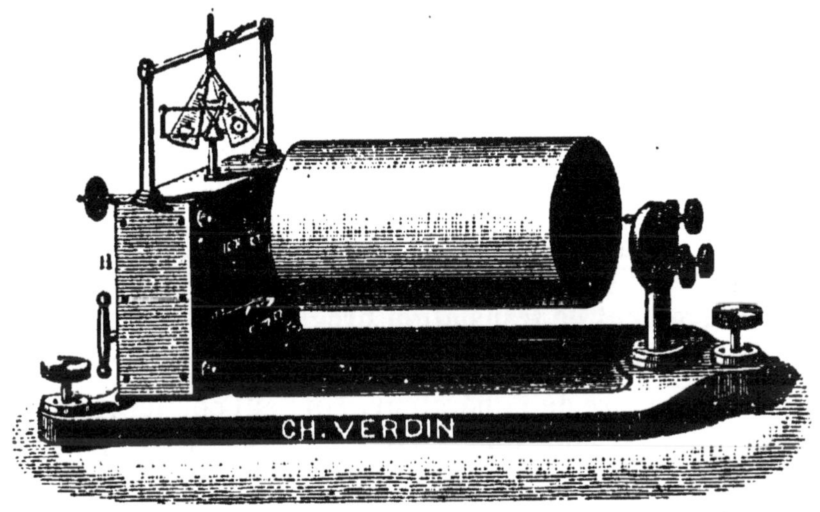

Fig. 142. — Cylindre enregistreur.

Nous n'avons pas fait entrer dans notre programme l'étude de cette capsule. Nous nous contenterons de remarquer que les mouvements quelconques qu'elle transmet sont accusés par des déplacements du style proportionnels à leur amplitude, et qu'à côté de la courbe dessinée par ce dernier sont inscrites les vibrations du diapason chronographe : chaque sinuosité de la courbe décrite par celui-ci représente un centième de seconde s'il effectue 100 vibrations par seconde. On peut donc relever sur le graphique la durée d'une pulsation en centièmes de seconde, et de plus la loi suivant laquelle varie son amplitude à chaque instant.

On emploie dans les laboratoires de physiologie des appareils beaucoup plus perfectionnés. Notre figure 142 représente un cylindre mû par un mouvement d'horlogerie H. Ce cylindre peut être monté à volonté sur les axes de 3 rouages de l'horloge, et l'on voit à droite de la figure les 3 vis avec contre-écrous, terminées par des crapaudines qui reçoivent, suivant la vitesse désirée, l'extrémité libre de l'axe. On peut ainsi faire faire au cylindre un tour en 1/2 seconde, en 7 secondes, ou en 1 minute.

Le cylindre ne possède plus ici le mouvement dans le sens de l'axe; si l'observation doit porter sur plus d'un tour (40 centimètres de papier), on déplace les appareils inscripteurs après chaque tour, ou bien on leur imprime un mouvement de translation progressif.

Cet appareil a l'avantage de tourner régulièrement et sans le concours de l'opérateur. On peut connaître exactement le temps qu'il met à faire un tour, et si l'on se reporte à l'expérience précédente, on voit que le diapason témoin ou chronographe n'est plus absolument nécessaire.

Ainsi, pour connaître la hauteur d'un son, il suffit de disposer le corps sonore muni d'un style devant le cylindre noirci, comme nous l'avons indiqué plus haut, et de compter le nombre de sinuosités correspondant à un tour du cylindre. Si, ayant donné à celui-ci sa vitesse maximum (2 tours par seconde), on compte 128 sinuosités dans un tour, c'est que le son étudié correspond à 256 vibrations par seconde.

Toutefois il serait téméraire de compter sur une régularité parfaite et sur une vitesse exactement connue du mouvement. Aussi emploie-t-on toujours dans les recherches de quelque précision le diapason chronographe. Il est très commode, dans ce cas, d'employer le dispositif représenté par la figure 143.

Fig. 143. — Chronographe de M. Marey.

On voit à côté de l'appareil un diapason entretenu électriquement au moyen d'une pile au bichromate de potasse. Le circuit de cette pile comprend de plus un petit électro-aimant représenté à part (fig. 144) et porté à l'extrémité d'une tige que l'on installe sur un support spécial comme le montre la figure.

La petite pièce de fer doux qui forme le contact de cet électro-aimant en miniature est terminée par le style qui doit gratter le noir de fumée.

Lorsqu'on fait plonger le zinc de la pile dans le liquide actif, l'électro-aimant fixé au support du diapason attire la branche voisine de celui-ci; en même temps le style est déplacé dans un certain sens. A ce moment le circuit de la pile est rompu, exactement comme dans la sonnerie électrique (voir p. 299) et le style reprend sa première position, tandis que la branche du diapason revient en arrière. De nouveau les attractions se reproduisent, et ainsi de suite, de sorte que le style inscrit les vibrations du diapason exactement comme s'il faisait corps avec lui : leurs mouvements sont *synchrones*.

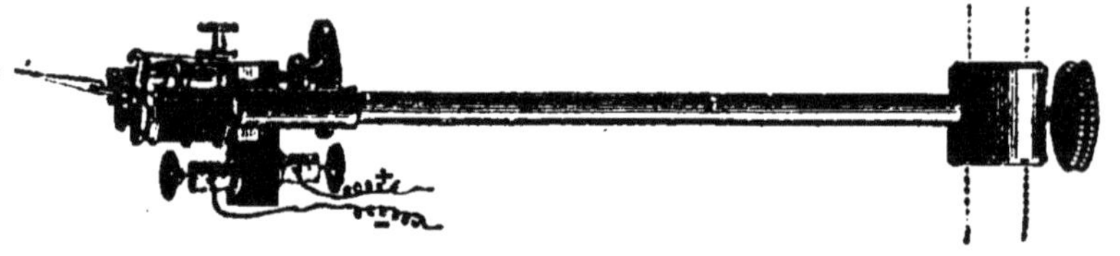

Fig. 144. — Signal électromagnétique de M. Marcel Deprez.

Cet appareil auxiliaire a l'avantage d'être plus maniable que le diapason lui-même, surtout s'il 'est animé électriquement, et de se régler aisément à l'endroit choisi en regard du cylindre. On évite en outre, par son emploi, de surcharger le diapason : on sait que la surcharge a pour effet de diminuer le nombre de ses vibrations, et cela d'une manière inconnue.

Nous croyons intéressant pour les élèves de s'exercer à l'emploi de ce chronographe, qui est devenu l'un des instruments indispensables de tout laboratoire de physiologie ou de physique médicale.

TABLEAUX ET DOCUMENTS DIVERS

DENSITÉ DE QUELQUES CORPS SOLIDES

Métaux.		Divers.	
Aluminium fondu	2,56	Beurre	0,94
Antimoine fondu	6,72	Bois de Chêne (cœur)	1,17
Argent fondu	10,51	— de Chêne (le plus léger).	0,61
Bismuth fondu	9,82	— de Frêne (en moyenne).	0,77
Cadmium fondu	8,60	— de Hêtre	0,74
Cobalt fondu	7,81	— d'Orme	0,65
Cuivre fondu	8,65	— de Peuplier	0,45
Étain fondu	7,29	— de Sapin	0,58
Fer forgé	7,79	— de Tilleul	0,60
Acier non écroui	7,82	Camphre	0,98
Fonte de fer	7,20	Caoutchouc	0,92
Laiton	8,24	Cire	0,97
Manganèse	8,01	Corail	2,68
Nickel fondu	8,28	Cristal (Flint glass)	3,34
Or fondu	19,26	Cristal de roche (quartz)	2,65
Or laminé	19,36	Diamant	3,52
Platine fondu	21,15	Glace fondante	0,92
Plomb	11,35	Gypse	2,18
Palladium	11,30	Houille compacte	1,33
Zinc fondu	6,86	Ivoire	1,92
Zinc laminé	7,17	Liège	0,24
Métalloïdes.		Marbre	2,80
		Porcelaine de Sèvres	2,24
Arsenic	5,67	Résine	1,70
Iode	4,95	Sable pur	1,90
Phosphore ordinaire	1,77	Spath d'Islande	2,72
Phosphore amorphe	1,96	Spath fluor	3,17
Soufre en canons	1,99	Verre (crown glass)	2,53
Soufre cristallisé	2,07	Verre de Saint-Gobain	2,49

DENSITÉS DE QUELQUES LIQUIDES USUELS

Acide acétique cristallisable ($C^2H^4O^3$)	1,06	Chloroforme	1,48
— azotique fumant	1,52	Essence de térébenthine	0,86
— — ordinaire ou quadrihydraté	1,42	Éther éthylique	0,73
— chlorhydr. ($HCl,3H^2O$)	1,21	Huile d'olive	0,915
— sulfurique normal	1,84	— de lin	0,94
Alcool éthylique absolu	0,79	Lait	1,03
— méthylique	0,80	Mercure	13,60
Benzine	0,89	Sulfure de carbone	1,26
Brome	2,97	Vin	0,995
		Vinaigre	1,01

RAPPORT DES DEGRÉS DU PÈSE-ACIDES DE BAUMÉ AVEC LE POIDS DU LITRE DE LIQUIDE

PESÉ DANS L'AIR, SOUS LA PRESSION DE 760^{mm} ET A LA TEMPÉRATURE DE 12°,5.

Degrés.	Poids du litre.	Degrés.	Poids du litre.	Degrés.	Poids du litre.	Degrés.	Poids du litre.
0	998,4	18	1136	36	1318	54	1569
1	1005	19	1145	37	1330	55	1586
2	1012	20	1154	38	1342	56	1603
3	1019	21	1163	39	1354	57	1620
4	1026	22	1172	40	1366	58	1638
5	1033	23	1181,5	41	1379	59	1656,5
6	1040	24	1191	42	1392	60	1675
7	1047,5	25	1200,5	43	1405	61	1684
8	1055	26	1210	44	1418,5	62	1714
9	1063	27	1220	45	1432,5	63	1734
10	1070,5	28	1230	46	1446,5	64	1754,5
11	1078	29	1240,5	47	1460,5	65	1775,5
12	1086	30	1251	48	1475	66	1797
13	1094	31	1262	49	1490	67	1819
14	1102	32	1272,5	50	1505	68	1841,5
15	1110,57	33	1283	51	1520,5	69	1865
16	1119	34	1295	52	1536	70	1889
17	1127,5	35	1300	53	1552,5	71	1911

Cette table, dressée par MM. Berthelot, Coulier et d'Almeida, peut servir non seulement pour des liquides dont la température est égale à 12°,5, mais aussi pour des liquides dont la température ne diffère pas beaucoup de 12°,5 parce que la dilatation de l'aréomètre est négligeable.

DENSITÉ DE L'EAU ET VOLUME OCCUPÉ PAR 1 GRAMME D'EAU A DIVERSES TEMPÉRATURES (d'après M. Rossetti).

Température.	Densité.	Volume.	Température.	Densité.	Volume.
—10°	0,9981	1,0019	20°	0,9983	1,0017
— 5°	0,9993	1,0007	30°	0,9958	1,0012
0°	0,99987	1,00013	40°	0,9923	1,0077
2°	0,99997	1,00003	50°	0,9882	1,0120
4°	1,00000	1,0000	60°	0,9831	1,0169
6°	0,99997	1,00003	70°	0,9780	1,0226
8°	0,9999	1,0001	80°	0,972	1,020
10°	0,9997	1,0003	90°	0,966	1,036
15°	0,9992	1,0008	100°	0,959	1,013

CONVERSION DES DEGRÉS VOLUMÉTRIQUES EN DEGRÉS DENSIMÉTRIQUES POUR LÁ CONSTRUCTION DES DENSIMÈTRES.

I. Liquides moins denses que l'eau.				II. Liquides plus denses que l'eau.			
Volume spécifique.	Poids spécifique.	Volume spécifique.	Poids spécifique.	Volume spécifique.	Poids spécifique.	Volume spécifique.	Poids spécifique.
150	0,666	124	0,807	100	1,000	74	1,351
149	0,671	123	0,813	99	1,010	73	1,369
148	0,676	122	0,819	98	1,020	72	1,388
147	0,680	121	0,826	97	1,030	71	1,408
146	0,685	120	0,833	96	1,041	70	1,428
145	0,689	119	0,840	95	1,052	69	1,449
144	0,694	118	0,847	94	1,063	68	1,470
143	0,699	117	0,854	93	1,075	67	1,492
142	0,704	116	0,862	92	1,086	66	1,515
141	0,709	115	0,869	91	1,098	65	1,538
140	0,714	114	0,877	90	1,111	64	1,562
139	0,719	113	0,885	89	1,123	63	1,587
138	0,724	112	0,892	88	1,136	62	1,612
137	0,729	111	0,900	87	1,149	61	1,639
136	0,735	110	0,909	86	1,162	60	1,666
135	0,740	109	0,917	85	1,176	59	1,695
134	0,746	108	0,926	84	1,190	58	1,724
133	0,751	107	0,934	83	1,204	57	1,754
132	0,757	106	0,943	82	1,219	56	1,785
131	0,763	105	0,952	81	1,234	55	1,818
130	0,769	104	0,961	80	1,250	54	1,851
129	0,775	103	0,970	79	1,265	53	1,886
128	0,781	102	0,980	78	1,282	52	1,923
127	0,787	101	0,990	77	1,298	51	1,960
126	0,793	100	1,000	76	1,315	50	2,000
125	0,800			75	1,333		

Les volumètres sont des aréomètres à poids constant et à graduation uniforme qui indiquent le volume spécifique des liquides, c'est-à-dire le volume occupé par l'unité de poids. On a l'habitude de prendre pour unité de poids dans cette graduation le kilogramme, et pour unité de volume le centilitre.

RICHESSE ALCOOLIQUE DES VINS.

CORRECTIONS A FAIRE SUBIR AUX INDICATIONS DE L'ALCOOMÈTRE CENTÉSIMAL SUIVANT LA TEMPÉRATURE, L'APPAREIL AYANT ÉTÉ GRADUÉ A 15°.

(Les nombres de la première ligne, imprimés en caractères gras, représentent la température à laquelle a été faite l'observation de l'alcoomètre.

Degrés de l'alcoomètre	10°	11°	12°	13°	14°	16°	17°	18°	19°	20°	21°	22°	23°	24°	25°
5	5,5	5,4	5,3	5,2	5,1	4,9	4,8	4,7	4,5	4,4	4,3	4,1	4,0	3,8	3,6
6	6,5	6,4	6,3	6,2	6,1	5,9	5,8	5,7	5,5	5,4	5,2	5,1	4,9	4,8	4,6
7	7,5	7,4	7,3	7,2	7,1	6,9	6,8	6,7	6,5	6,4	6,2	6,1	5,9	5,8	5,5
8	8,5	8,4	8,3	8,2	8,1	7,9	7,8	7,7	7,5	7,3	7,1	7,0	6,8	6,7	6,5
9	9,5	9,4	9,3	9,2	9,1	8,9	8,8	8,7	8,5	8,3	8,1	7,9	7,8	7,6	7,4
10	10,6	10,5	10,4	10,3	10,2	9,9	9,8	9,7	9,5	9,3	9,1	8,9	8,7	8,5	8,3
11	11,7	11,6	11,5	11,4	11,2	10,9	10,8	10,7	10,5	10,3	10,1	9,9	9,7	9,5	9,3
12	12,7	12,6	12,5	12,4	12,2	11,9	11,7	11,6	11,4	11,2	11,0	10,8	10,6	10,4	10,2
13	13,8	13,6	13,5	13,4	13,2	12,9	12,7	12,5	12,4	12,2	11,9	11,7	11,5	11,3	11,1
14	14,9	14,7	14,6	14,4	14,2	13,9	13,7	13,5	13,3	13,1	12,8	12,6	12,4	12,2	12,0
15	16,0	15,8	15,6	15,4	15,2	14,9	14,7	14,5	14,3	14,0	13,7	13,5	13,3	13,1	12,8
16	17,0	16,8	16,6	16,4	16,2	15,9	15,6	15,4	15,2	14,9	14,6	14,4	14,1	13,9	13,6
17	18,1	17,9	17,6	17,4	17,2	16,9	16,6	16,3	16,1	15,8	15,5	15,3	15,0	14,8	14,5
18	19,2	19,0	18,7	18,5	18,2	17,8	17,5	17,3	17,0	16,7	16,4	16,2	15,9	15,7	15,4
19	20,2	20,0	19,7	19,5	19,2	18,7	18,4	18,2	17,9	17,6	17,3	17,0	16,7	16,5	16,2
20	21,3	21,0	20,7	20,5	20,2	19,7	19,4	19,1	18,8	18,5	18,2	17,9	17,6	17,4	17,1
21	22,4	22,1	21,8	21,5	21,2	20,7	20,4	20,1	19,8	19,5	19,1	18,8	18,5	18,2	17,9
22	23,5	23,2	22,9	22,6	22,3	21,7	21,4	21,1	20,8	20,5	20,1	19,8	19,4	19,1	18,8
23	24,6	24,3	24,0	23,7	23,3	22,7	22,4	22,0	21,7	21,4	21,1	20,7	20,3	20,0	19,7
24	25,8	25,4	25,1	24,7	24,3	23,7	23,4	23,0	22,7	22,4	22,1	21,6	21,3	21,0	20,6
25	26,9	26,5	26,1	25,7	25,3	24,7	24,4	24,0	23,6	23,3	22,9	22,5	22,2	21,8	21,5
26	28,0	27,7	27,2	26,8	26,4	25,7	25,4	25,0	24,6	24,3	23,9	23,5	23,1	22,7	22,4
27	29,1	28,7	28,2	27,8	27,4	26,7	26,3	25,9	25,5	25,2	24,8	24,3	24,0	23,6	23,2
28	30,1	29,7	29,2	28,8	28,4	27,6	27,3	26,9	26,4	26,1	25,6	25,2	24,9	24,5	24,2
29	31,1	30,7	30,2	29,8	29,4	28,6	28,2	27,8	27,3	27,0	26,6	26,2	25,8	25,4	25,1
30	32,1	31,7	31,2	30,8	30,4	29,6	29,2	28,8	28,3	27,9	27,5	27,1	26,7	26,3	26,0

RICHESSE ALCOOLIQUE DES VINS.

DENSITÉS ET ARÉOMÈTRES.

CORRESPONDANCE DES DEGRÉS DE L'ALCOOMÈTRE CENTÉSIMAL ET DE L'ARÉOMÈTRE DE CARTIER AVEC LES DENSITÉS.

Degrés centésimaux.	Degrés de Cartier.	Densités correspondantes.	Degrés centésimaux.	Densités de Cartier.	Densités correspondantes.
0	10,0	1,000	51	19,5	0,933
1	10,2	0,998	52	19,8	0,931
2	10,4	0,997	53	20,1	0,929
3	10,6	0,996	54	20,5	0,927
4	10,8	0,994	55	20,8	0,925
5	11,0	0,993	56	21,1	0,923
6	11,2	0,991	57	21,4	0,921
7	11,3	0,990	58	21,8	0,918
8	11,5	0,989	59	22,1	0,916
9	11,7	0,988	60	22,5	0,914
10	11,8	0,987	61	22,8	0,912
11	12,0	0,985	62	23,2	0,910
12	12,1	0,984	63	23,5	0,907
13	12,3	0,983	64	23,9	0,905
14	12,4	0,982	65	24,3	0,903
15	12,6	0,981	66	24,7	0,900
16	12,7	0,980	67	25,0	0,898
17	12,8	0,979	68	25,4	0,896
18	13,0	0,978	69	25,8	0,893
19	13,1	0,977	70	26,3	0,891
20	13,2	0,976	71	26,7	0,888
21	13,4	0,975	72	27,1	0,886
22	13,5	0,974	73	27,5	0,883
23	13,7	0,973	74	28,0	0,880
24	13,8	0,972	75	28,4	0,878
25	14,0	0,971	76	28,9	0,875
26	14,1	0,970	77	29,3	0,873
27	14,3	0,969	78	29,8	0,870
28	14,4	0,968	79	30,3	0,867
29	14,6	0,967	80	30,8	0,864
30	14,7	0,966	81	31,3	0,862
31	14,9	0,964	82	31,8	0,859
32	15,0	0,963	83	32,3	0,856
33	15,2	0,962	84	32,8	0,853
34	15,4	0,961	85	33,3	0,850
35	15,6	0,959	86	33,8	0,847
36	15,8	0,958	87	34,4	0,844
37	16,0	0,957	88	35,0	0,841
38	16,2	0,955	89	35,6	0,838
39	16,4	0,954	90	36,2	0,835
40	16,7	0,952	91	36,9	0,831
41	16,9	0,951	92	37,5	0,828
42	17,1	0,949	93	38,2	0,824
43	17,4	0,947	94	38,9	0,820
44	17,6	0,946	95	39,7	0,817
45	17,9	0,944	96	40,5	0,813
46	18,1	0,942	97	41,3	0,809
47	18,4	0,940	98	42,2	0,804
48	18,7	0,938	99	43,2	0,799
49	19,0	0,937	100	44,2	0,795
50	19,2	0,935			

TABLEAU INDIQUANT LES DÉPRESSIONS

QUE LA COLONNE BAROMÉTRIQUE ÉPROUVE PAR L'EFFET DE LA CAPILLARITÉ

(Table à double entrée de DELCROS.)

HAUTEUR DE LA FLÈCHE DU MÉNISQUE EN MILLIMÈTRES.

Rayon intérieur du tube barométrique en millimètres.	0mm,2	0mm,3	0mm,4	0mm,5	0mm,6	0mm,7	0mm,8	0mm,9	1mm,0
2,0....	0,60	0,89	1,16	1,41	1,65	1,86	2,05	2,21	2,35
2,2....	0,49	0,72	0,95	1,16	1,36	1,54	1,71	1,85	1,98
2,4....	0,40	0,60	0,79	0,97	1,14	1,29	1,44	1,57	1,68
2,6....	0,34	0,50	0,66	0,81	0,96	1,09	1,22	1,33	1,44
2,8....	0,29	0,43	0,55	0,69	0,82	0,93	1,04	1,14	1,24
3,0....	0,24	0,36	0,48	0,59	0,70	0,80	0,90	0,99	1,07
3,2....	0,21	0,31	0,41	0,51	0,60	0,69	0,78	0,86	0,93
3,4....	0,18	0,27	0,36	0,44	0,52	0,60	0,68	0,75	0,81
3,6....	0,16	0,23	0,31	0,38	0,46	0,52	0,59	0,65	0,71
3,8....	0,14	0,21	0,27	0,31	0,40	0,46	0,52	0,57	0,62
4,0....	0,12	0,18	0,24	0,30	0,35	0,40	0,46	0,50	0,55
4,4....	0,09	0,14	0,19	0,23	0,27	0,32	0,36	0,40	0,45
4,6....	0,08	0,12	0,16	0,20	0,24	0,28	0,32	0,35	0,38
5,0....	0,07	0,10	0,13	0,16	0,19	0,22	0,25	0,28	0,31
5,4....	0,05	0,08	0,10	0,13	0,15	0,18	0,20	0,22	0,24
5,6....	0,05	0,07	0,09	0,12	0,14	0,16	0,18	0,20	0,22
6,0....	0,04	0,06	0,07	0,09	0,11	0,13	0,14	0,16	0,18
6,4....	0,03	0,05	0,06	0,07	0,09	0,10	0,12	0,13	0,14
6,6....	0,03	0,04	0,05	0,07	0,08	0,09	0,11	0,12	0,13
7,0....	0,02	0,03	0,04	0,06	0,07	0,08	0,09	0,10	0,11

TABLE DE RÉDUCTION A 0° DES HAUTEURS BAROMÉTRIQUES

TEMPÉRATURE.	HAUTEURS BAROMÉTRIQUES.		
	750mm	760mm	770mm
	mm	mm	mm
2°	0,24	0,25	0,25
4°	0,49	0,50	0,50
6°	0,73	0,74	0,75
8°	0,97	0,98	0,99
10°	1,22	1,23	1,25
11°	1,34	1,35	1,37
12°	1,46	1,48	1,50
13°	1,58	1,60	1,62
14°	1,70	1,72	1,75
15°	1,82	1,85	1,87
16°	1,94	1,97	2,00
17°	2,07	2,09	2,12
18°	2,19	2,22	2,25
19°	2,31	2,34	2,37
20°	2,43	2,46	2,49
22°	2,67	2,71	2,74
24°	2,92	2,95	2,99
26°	3,16	3,20	3,24
28°	3,40	3,45	3,49
30°	3,65	3,69	3,74

La correction à apporter à la lecture brute est négative. On la trouve dans la colonne qui correspond à la hauteur observée en face de la température de l'expérience. Exemple : on a lu 760^{mm} à 15° ; la correction est de 1^{mm},85 et par suite la hauteur barométrique réduite à 0° est 758^{mm},15.

Pour les températures et les hauteurs non comprises dans le tableau, on voit facilement qu'il faut prendre un nombre compris entre les corrections extrêmes qui correspondent aux températures et hauteurs par défaut d'une part, et par excès d'autre part. Ainsi 15°,7, la correction à effectuer sur une hauteur de 753^{mm},2 est comprise entre 1,82 et 1,97. Un calcul de proportionnalité très rapide donne 1,91 ; mais on peut même se dispenser de le faire si l'on ne s'est point servi d'un baromètre normal, puisque les baromètres usuels ne permettent de mesurer la pression qu'à 0^{mm},1 près tout au plus. On prendra immédiatement pour correction dans le cas présent 1^{mm},9.

TABLEAU COMPARATIF DES THERMOMÈTRES CENTIGRADES, RÉAUMUR ET FAHRENHEIT

Centigrade.	Réaumur.	Fahrenheit.	Centigrade.	Réaumur.	Fahrenheit.
— 20°	— 16°	— 4°	+ 50°	+ 40°	+ 122°
— 17°,78	— 14°,22	0°	55°	44°	131°
— 15°	— 12°	+ 5°	60°	48°	140°
— 10°	— 8°	14°	65°	52°	149°
— 5°	— 4°	23°	70°	56°	158°
0°	0°	32°	75°	60°	167°
+ 5°	+ 4°	41°	80°	64°	176°
10°	8°	50°	85°	68°	185°
15°	12°	59°	90°	72°	194°
20°	16°	68°	95°	76°	203°
25°	20°	77°	100°	80°	212°
30°	24°	86°	105°	84°	221°
35°	28°	95°	110°	88°	230°
40°	32°	104°	115°	92°	239°
45°	36°	113°	120°	96°	248°

COEFFICIENTS DE DILATATION LINÉAIRE DE QUELQUES SOLIDES
(COEFFICIENTS MOYENS ENTRE 0° ET 100°).

	Coeff. $\times 10^7$		Coeff. $\times 10^7$
Acier	115	Laiton	190
Aluminium	222	Or	150
Argent	203	Pierres à bâtir et marbres div	42 à 90
Bois de sapin	43	Platine	88
Cadmium	313	Plomb	285
Cuivre	171	Verre	78 à 92
Étain	220	Zinc fondu	205
Fer	120		

COEFFICIENTS DE DILATATION DE QUELQUES LIQUIDES A 0°.

Alcool éthylique absolu..	0,00105	Éther éthylchlorhydrique	0,00150
— méthylique.......	0,00119	— éthylique..........	0,00151
Chloroforme............	0,00111	Sulfure de carbone......	0,00114
Essence de térébenthine..	0,00085	Mercure................	0,00018

TEMPÉRATURES DE FUSION DE QUELQUES CORPS

Protoxyde d'azote.......	— 90°	Stéarine..............	+ 61°
Anhydride sulfureux.....	— 79°	Potassium.............	+ 62°,5
— carbonique...	— 78°	Cire blanche..........	+ 69°
Mercure................	— 39°,5	Acide stéarique........	+ 70°
Huile de lin...........	— 20°	Sodium................	+ 95°
— de ricin..........	— 18°	Ambre gris............	+ 100°
— d'amandes douces..	— 12°	Iode..................	+ 113°
Essence de térébenthine..	— 10°	Soufre................	+ 113°,6
Protoxyde d'azote.......	— 9°	Étain.................	+ 235°
Brôme	— 7°	Bismuth...............	+ 268°
Huile d'olive..........	+ 2°,5	Cadmium...............	+ 320°
Benzine................	+ 4°,5	Plomb.................	+ 325°
Acide acétique.........	+ 16°	Zinc..................	+ 433°
Huile de palme........	+ 29°	Aluminium.............	+ 625°
Suif de bœuf..........	+ 33°	Argent................	+ 954°
Paraffine.............	+ 43°,7	Or....................	+1015°
Phosphore	+ 44°,1	Cuivre	+1050°
Margarine.............	+ 47°	Fer...................	+1500°
Blanc de baleine	+ 49°	Platine...............	+1775°
Suif de mouton........	+ 51°		

TEMPÉRATURES D'ÉBULLITION DE QUELQUES LIQUIDES

Éther chlorhydrique.	12°,5	Acide azotique ordinaire....	123°
Aldéhyde.................	21°	Alcool amylique...........	132°
Peroxyde d'azote..........	22°	Essence de térébenthine....	157°
Éther éthylique...........	35°	— d'amandes amères.	176°
Sulfure de carbone........	46°	Iode...................	176°
Brôme...................	59°	Créosote...............	203°
Chloroforme.............	60°,8	Nitrobenzine...........	213°
Alcool méthylique........	66°	Naphtaline.............	217°
— éthylique absolu	78°,3	Acide sulfurique normal ...	326°
Benzine.................	80°,4	Mercure	357°
Acide azotique normal.....	86°	Soufre.................	448°
— formique...........	105°	Cadmium...............	770°
— acétique cristallisable.	119°	Zinc..................	930°

DENSITÉS DES GAZ ET DES VAPEURS
PAR RAPPORT A L'AIR A LA MÊME TEMPÉRATURE ET SOUS LA MÊME PRESSION
(auteurs divers).

Gaz.		Vapeurs.	
Acétylène	0,920	Acétone	2,019
Acide bromhydrique	2,740	Acide acétique	3,19 à 2,080
— carbonique	1,529	— cyanhydrique	0,947
— chlorhydrique	1,247	Alcool absolu	1,613
— chloroxycarbonique	3,438	— amylique	3,147
— iodhydrique	4,443	— méthylique	1,120
— sulfhydrique	1,191	Aldéhyde	1,532
— sulfureux	2,234	Arsenic	10,600
Air	1,000	Brôme	5,540
Ammoniac (gaz)	0,596	Benzine	2,770
Azote	0,968	Chloroforme	4,200
— (Protoxyde d')	1,520	Eau	0,615 à 0,622
— (Bioxyde d')	1,039	Essence de citron	4,763
Carbone (oxyde de)	0,957	— de térébenthine	4,763
Chlore	2,470	Éther acétique	3,067
Cyanogène	1,806	— chlorhydrique	2,219
Hydrogène	0,069	— iodhydrique	5,475
— antimonié	4,561	— sulfurique	2,586
— arsénié	2,695	— oxalique	5,087
— phosphoré	1,214	Iode	8,70 à 5,06
— protocarboné (formène)	0,556	Mercure	6,97
— bicarboné (éthylène)	0,978	Phosphore	4,32
Oxygène	1,105	Soufre	6,66 à 2,21
		Sulfure de carbone	2,644

CHALEURS SPÉCIFIQUES D'UN CERTAIN NOMBRE DE SUBSTANCES SOLIDES

Corps simples.				Matières diverses.	
Acier	0,117	Iode	0,054	Soufre mou	0,184
Antimoine	0,051	Laiton	0,094	Zinc	0,095
Argent	0,057	Magnésium	0,250		
Arsenic	0,081	Manganèse	0,120	Bois de chêne	0,570
Bismuth	0,033	Nickel	0,108	Bois de pin	0,650
Cadmium	0,057	Or	0,032	Charbon de bois	0,241
Cobalt	0,107	Palladium	0,059	— coke	0,201
Cuivre	0,095	Phosphore ordinaire	0,179	— graphite	0,202
Étain	0,056	— rouge	0,170	— diamant	0,147
Fer	0,114	Platine	0,032	Cristal (flint glass)	0,190
Fonte	0,130	Plomb	0,031	Verre (crown glass)	0,198
		Soufre crist.	0,202		

CHALEURS SPÉCIFIQUES D'UN CERTAIN NOMBRE DE LIQUIDES [1]

Acétone	0,518	Chloroforme	0,225
Acide acétique cristallisable.	0,461	Essence de citron	0,483
— chlorhydrique à 1,17...	0,600	— de térébenthine	0,421
— cyanhydrique	0,588	Éther absolu	0,533
— nitrique à 1,30	0,661	— acétique	0,543
— sulfurique à 1,84	0,335	— bromhydrique	0,215
Alcool absolu	0,570	— cyanhydrique	0,516
— à 85°	0,659	— iodhydrique	0,158
— méthylique (esprit de		Huile d'olives	0,310
bois)	0,594	Mercure	0,033
Benzine	0,399	Sulfure de carbone	0,238
Brôme	0,111		

CHALEURS LATENTES DE FUSION ET DE VAPORISATION

DE QUELQUES SUBSTANCES.

I. — Chaleurs latentes de fusion.		II. — Chaleur totale de vaporisation de quelques liquides [2].	
Mercure	2,8	Brôme	51,0
Phosphore	5,3	Éther iodhydrique	59,0
Soufre	9,4	Sulfure de carbone	96,7
Iode	11,7	Éther chlorhydrique	97,7
Étain	14,2	— sulfurique	109,7
Brôme	16,2	Essence de térébenthine	139,1
Argent	21,7	Éther acétique	154,5
Zinc	28,1	Essence de citron	160,5
Glace	79,2	Alcool amylique	211,8
		Alcool absolu	271,5

[1] La chaleur spécifique des liquides varie avec la température, et l'accroissement qu'elle éprouve à mesure que la température s'élève est assez sensible pour qu'on ne puisse le négliger. Les nombres qui figurent dans ce tableau se rapportent à la température moyenne de 15 degrés.

[2] Ces nombres, donnés par Regnault, représentent les nombres de calories absorbées par 1 kilogramme de chacun des liquides, pour produire les deux effets suivants : 1° pour passer de zéro au point d'ébullition, sans changer d'état; 2° pour passer de l'état liquide à l'état de vapeur saturante, sans changer de température, c'est-à-dire en conservant celle qui correspond au point d'ébullition sous la pression normale 0,760.

III. — Chaleur totale de vaporisation de l'eau à diverses températures (Regnault).

Degrés.		Degrés.	
0°......	606,5	70°......	627,8
10°......	609,5	80°......	630,9
20°......	612,6	90°......	634,0
30°......	615,7	100°......	637,0
40°......	618,7	110°......	640,0
50°......	621,7	120°......	643,1
60°......	624,8	130°......	646,1
140°......	649,2	190°......	664,4
150°......	652,2	200°......	667,5
160°......	655,3	210°......	670,5
170°......	658,3	220°......	673,6
180°......	661,4	230°......	676,6

A une température quelconque t^o, la chaleur totale de vaporisation de l'eau est donnée par la formule suivante:

$$Q = 606,5 + 0,305\, t.$$

TABLE DES TENSIONS MAXIMA DE LA VAPEUR D'EAU

POUR LES TEMPÉRATURES COMPRISES ENTRE 0° ET 40°.

Degrés.	mm	Degrés.	mm	Degrés.	mm	Degrés.	mm
0 ...	4,60	10 ...	9,16	20 ...	17,39	30 ...	31,55
1 ...	4,94	11 ...	9,79	21 ...	18,49	31 ...	33,40
2 ...	5,30	12 ...	10,46	22 ...	19,66	32 ...	35,36
3 ...	5,69	13 ...	11,06	23 ...	20,89	33 ...	37,41
4 ...	6,10	14 ...	11,91	24 ...	22,18	34 ...	39,56
5 ...	6,53	15 ...	12,70	25 ...	23,55	35 ...	41,83
6 ...	7,00	16 ...	13,63	26 ...	24,99	36 ...	44,20
7 ...	7,49	17 ...	14,42	27 ...	26,50	37 ...	46,69
8 ...	8,02	18 ...	15,36	28 ...	28,10	38 ...	49,30
9 ...	8,57	19 ...	16,34	29 ...	29,78	40 ...	51,90

CORRÉLATION ENTRE LES

DEGRÉS DE L'HYGROMÈTRE DE SAUSSURE ET L'ÉTAT HYGROMÉTRIQUE
(en moyenne).

Degrés.	$\frac{f}{F}$	Degrés.	$\frac{f}{F}$	Degrés.	$\frac{f}{F}$	Degrés.	$\frac{f}{F}$
5....	0,022	28....	0,137	48....	0,263	68....	0,449
10....	0,046	30....	0,148	50....	0,278	70....	0,472
12....	0,055	32....	0,159	52....	0,294	72....	0,498
14....	0,065	34....	0,171	54....	0,310	74....	0,524
16....	0,075	36....	0,183	56....	0,327	76....	0,552
18....	0,084	38....	0,195	58....	0,345	78....	0,582
20....	0,094	40....	0,208	60....	0,363	80....	0,612
22....	0,105	42....	0,221	62....	0,381	85....	0,696
24....	0,115	44....	0,235	64....	0,404	90....	0,791
26....	0,126	46....	0,249	66....	0,426	95....	0,891

TABLE DES VALEURS DE : $760 \times (1 + 0,00366 t)$

POUR LES TEMPÉRATURES COMPRISES ENTRE 0° ET + 30°.

Degrés.		Degrés.		Degrés.		Degrés.	
0 ...	760,00	8 ...	782,25	16 ...	804,50	24 ...	826,75
1 ...	762,78	9 ...	785,03	17 ...	807,28	25 ...	829,54
2 ...	765,56	10 ...	787,81	18 ...	810,06	26 ...	832,32
3 ...	768,34	11 ...	790,59	19 ...	812,85	27 ...	835,10
4 ...	771,12	12 ...	793,37	20 ...	815,63	28 ...	837,88
5 ...	773,90	13 ...	796,16	21 ...	818,41	29 ...	840,66
6 ...	776,68	14 ...	798,94	22 ...	821,19	30 ..	843,44
7 ...	779,47	15 ...	801,72	23 ...	823,97		

INDICES DE RÉFRACTION DE QUELQUES SUBSTANCES

POUR LES RAYONS JAUNES.

Solides.

Diamant................	2,600
Quartz { rayon ordinaire.....	1,544
{ — extraordinaire.	1,553
Sel gemme...................	1,550
Spath { rayon ordinaire..	1,658
d'Islande { — extraordinaire.	1,486
Spath fluor.................	1,436
Verre léger (crown glass)....	1,529
Glace de Saint-Gobain.......	1,533
Cristal (flint glass)..........	1,605
Glace.....................	1,310

Liquides.

Alcool absolu (à 10°)........	1,366
— (à 30°).......,.	1,358
Alcool méthylique (à 20°) ...	1,338
Baume du Canada..........	1,532
Benzine....................	1,413
Chloroforme...............	1,449
Eau distillée	1,333
Essence de térébenthine.....	1,470
Éther éthylique	1,359
Glycérine (à 30°)...........	1,468
Sulfure de carbone (à 15°)...	1,630

Milieux de l'œil.

Cristallin..........	1,377 à 1,400
Humeur aqueuse.....................................	1,337
— vitrée.....................................	1,339
Indice moyen du cristallin par rapport aux milieux de l'œil.	1,034

LONGUEURS D'ONDE DES PRINCIPALES RAIES VISIBLES DES MÉTAUX
(Les plus vives sont marquées d'un *).

	$\lambda \times 10^{-8}$ cm.		$\lambda \times 10^{-8}$ cm.
Sodium	5895* / 5889*	Argent	5464* / 5207*
Potassium	7680* / 4045	Bismuth	4722*
Lithium	6705* / 6102	Cadmium	5085* / 4800
Strontium	6627 / 6364* / 6058* / 6031 / 4607	Étain	5631 / 4526
Calcium	6202* / 6181* / 5543 / 5517 / 5535	Fer	5326* / 5267* / 5231 / 4959 / 4923 / 4406
Baryum	5242* / 5136*	Magnésium	5183* / 5172 / 5167
Rubidium	4216 / 4202*	Mercure	5789 / 5769 / 5460* / 4357
Cæsium	4597* / 4560*	Plomb	5003 / 4056*
Thallium	5349*	Zinc	6361 / 4810* / 4721
Indium	4511* / 4101		
Gallium	4170		

POUVOIR ROTATOIRE D'UN CERTAIN NOMBRE DE SUBSTANCES EMPLOYÉES EN MÉDECINE ET EN PHARMACIE (1).

Quartz	±2400°,0	Eucaline	+ 65°,0
Sucre de canne.. $[a]j =$	+ 73°,8	Sorbine	− 46°,9
Mélitose	+ 102°,0	Galactose	− 83°,3
Mélézitose	+ 94°,1	Quercite	+ 33°,5
Tréhalose	+ 220°,0	Pinite	+ 58°,6
Sucre de lait	+ 60°,2	Amidon soluble	+ 211°,0
Glucose d'amidon	+ 53°,0	Dextrine	+ 138°,7
Lévulose à + 15°	− 106°,0	Inuline	− 31°,4
Sucre interverti à + 15°	− 26°,5	Arabine	− 36°,0

(1) Toutes ces substances sont supposées assez transparentes pour que la lumière les traverse sous l'épaisseur de 1 décimètre, et sous l'unité de densité. Le pouvoir $[a]$ se rapporte à la teinte sensible ou au rayon jaune.

FORCE ÉLECTROMOTRICE DES ÉLÉMENTS DE PILE USUELS

Élément étalon de Daniell... 1^v,074	Élément au bichromate..... 2^v,006
— — Latimer Clark 1 ,435	— Bunsen (au max.).. 1 ,942
— — Gouy......... 1 ,390	— Marié-Davy........ 1 ,508
— Leclanché.......... 1 ,465	

RÉSISTANCE DE QUELQUES FILS MÉTALLIQUES PAR MÈTRE DE LONGUEUR (en ohms légaux).

	1^{mmq} de sect.	1^{mm} de diam.	Coeff. de variat. de résist. par 2° aux env. de 20.
Argent recuit...........	0,0149	0,0190	0,0038
Cuivre recuit..........	0,0158	0,0202	0,00388
Or recuit..............	0,0201	0,0260	0,00365
Aluminium recuit	0,0289	0,0367	0,00390
Platine................	0,0898	0,1143	0,00247
Fer....................	0,0961	0,1227	0,00163
Nickel.................	0,1236	0,1573	
Mercure...............	0,9134	1,2012	0,00089
Maillechort............	0,2076	0,2613	0,00036
Platine iridié (10 p. 100.).	0,2163	0,02754	0,00133

FIN.

TABLE DES MATIÈRES

XXII. — Les galvanomètres et autres appareils de mesures électromagnétiques.

XXIII. — Mesures électromagnétiques.

XXIV. — Enregistrement des vibrations.

Tableaux et documents divers.

FIN DE LA TABLE DES MATIÈRES

9188-94. — Corbeil. Imprimerie Éd. Crété.